FAUNE

MÉRIDIONALE.

NIMES. — IMPRIMERIE BALLIVET ET FABRE,
RUE DE L'HÔTEL-DE-VILLE, 11.

FAUNE

MÉRIDIONALE

OU

DESCRIPTION DE TOUS LES ANIMAUX VERTÉBRÉS

VIVANS ET FOSSILES, SAUVAGES OU DOMESTIQUES

QUI SE RENCONTRENT TOUTE L'ANNÉE OU QUI NE SONT QUE DE PASSAGE
DANS LA PLUS GRANDE PARTIE DU MIDI DE LA FRANCE ;

SUIVIE

D'UNE MÉTHODE DE TAXIDERMIE

OU L'ART D'EMPAILLER LES OISEAUX,

PAR J. CRESPON,

Propriétaire et Fondateur du Cabinet de Zoologie de la ville de Nîmes, Auteur de
l'Ornithologie du Gard, Membre correspondant du Jardin du Roi.

TOME PREMIER.

NIMES.

CHEZ L'AUTEUR, A LA FONTAINE, ET CHEZ LES LIBRAIRES.

A MONTPELLIER,

CHEZ M. LEBRUN, RUE DES ÉTUVES, AU COIN DU BOULEVART.

1844.

Ayant offert la dédicace de la FAUNE MÉRIDIONALE à l'Académie Royale du Gard, voici la gracieuse et honorable réponse que cette Compagnie a bien voulu me faire :

» Le Secrétaire perpétuel de l'Académie Royale du Gard.

» MONSIEUR,

» L'Académie Royale du Gard avait depuis longtemps apprécié » les efforts que vous avez faits pour le progrès et la propagation » des sciences naturelles et en particulier de l'Ornithologie. Votre » nouvel ouvrage, qui complète vos premiers travaux, a encore » vivement attiré l'attention et mérité les éloges de notre Compa- » gnie. Aussi, Monsieur, c'est avec empressement qu'elle accepte » la dédicace de la FAUNE MÉRIDIONALE, et elle est heureuse de » pouvoir, en encourageant ainsi la publication d'un livre si utile, » témoigner ses vives sympathies pour tout ce qui peut honorer et » servir le pays.

» Agréez, Monsieur, l'assurance de ma considération distin- » guée.

NICOT.

A Messieurs les Membres

De l'Académie Royale du Gard.

Messieurs,

Vous avez daigné accepter la dédicace de l'ouvrage que j'offre aujourd'hui au public; veuillez recevoir ici l'expression de ma profonde reconnaissance.

Revêtu d'un témoignage de si haut intérêt, mon œuvre peut désormais affronter les écueils de la publicité; votre approbation est pour elle le présage certain de l'indulgent accueil du public.

Livrés vous-mêmes, Messieurs, dans des spécialités diverses, aux constans labeurs qu'exige le culte des sciences, votre appréciation honorable est la plus douce récompense que je pusse ambitionner pour mes modestes travaux et le plus flatteur encouragement pour l'avenir.

Daignez agréer,

Messieurs,

l'hommage de ma gratitude sincère et de mon profond dévoûment.

J. CRESPON.

TABLE

DES MATIÈRES CONTENUES DANS CE VOLUME

Avec les noms français & languedociens de chaque espèce.

AVANT-PROPOS.

—

A aucune époque l'étude de la zoologie n'avait donné lieu à des publications aussi multipliées que de nos jours. Dans toutes les contrées de l'Europe, ainsi qu'en France, le zèle de ceux qui se vouent au progrès de cette science intéressante se signale par de nombreux écrits qui ont pour effet d'agrandir le domaine de l'histoire des animaux et de rendre celle-ci plus facilement accessible.

Il y a quelques années à peine que le soin de recueillir et de coordonner les faits observés par les naturalistes des provinces était exclusivement dévolu aux savans de la capitale ; de nos jours, des recueils estimables, des *Faunes locales*, viennent d'être publiés dans quelques départemens, et ont été accueillis avec faveur par les hommes haut placés dans la science, qui ont su apprécier l'incontestable utilité de ces travaux partiels.

Tout le monde a compris que, pour bien connaître les productions de chaque contrée, il faut les étudier sur les lieux, et qu'on n'en saurait faire l'histoire naturelle et rester vrai dans les détails d'une tâche aussi minutieuse, sans avoir habité de longues années le pays dont on entreprend la description zoologique.

En remplissant presque des premiers, et pour la seconde fois, cette laborieuse mission, je n'ai nullement la prétention de composer un traité d'histoire naturelle ; je ne me dissimule point qu'il faut plus de science et de savoir que je n'en possède pour une œuvre pareille ; aussi, je n'hésite point à reconnaître que mon livre peut donner prise à la critique. Mais, tout en reconnaissant hautement mon infériorité, je n'ai pas cru devoir m'arrêter à cette considération ; l'utilité de mon but et les encouragemens bienveillans qu'a reçu de la part du public et des hommes compétens ma première publication, me rassurent cependant sur l'accueil qu'attend celle-ci. Quoique les difficultés que j'ai eu à surmonter pour achever cette nouvelle tâche soient encore plus grandes que celles dont la première était entourée, je n'ai point désespéré de les surmonter en partie ; j'y ai été encouragé par l'entraînement d'un goût impérieux pour cette belle science ; par le désir de mettre à la portée d'une jeunesse studieuse les richesses zoologiques de notre pays, et surtout pour répondre aux honorables conseils que des hommes illustres dans la culture de l'histoire naturelle ont bien voulu m'adresser.

L'on me pardonnera le sentiment qui me porte à mettre sous les yeux du public quelques-unes des lettres qui m'ont été adressées à ce sujet. Mon but, en mettant mes lecteurs dans la confidence de ces éloges, bien au-dessus sans doute de mon faible mérite, n'est pas de me procurer une satisfaction per-

sonnelle ; ce que j'ai voulu, surtout, c'est une justi-
fication publique de la hardiesse de mon entreprise,
en montrant quelles sont les hautes approbations qui
m'ont aidé à surmonter la juste méfiance que j'avais
de mes forces.

Entre toutes les lettres de félicitation dont plusieurs naturalistes ont bien voulu m'honorer, j'en
choisis deux qui m'ont été adressées par des hommes
dont la réputation est européenne, et dont le nom
est invoqué comme autorité par les naturalistes de
tous les pays. La première, dont je me bornerai à citer
quelque passage, est de M. Isidore Geoffroy St-Hilaire, professeur et administrateur du Muséum d'histoire naturelle de Paris ; l'autre est du célèbre Temminck, l'homme qui a rendu, sans contredit, le plus
de services à l'ornithologie, et dont les ouvrages sont
dans les mains de toutes les personnes qui s'occupent de former une collection d'oiseaux

Après la réception de l'*Ornithologie du Gard*, je
reçus de M. Geoffroy la lettre suivante :

Paris, le 21 juin 1840.

Monsieur,

Je viens de parcourir votre livre d'un bout à l'autre
avec un véritable intérêt, et j'y ai trouvé beaucoup
d'observations et de remarques nouvelles dont je me
propose de vous faire l'emprunt pour mes cours. Votre
ouvrage sera utilement consulté par tous ceux qui voudront écrire sur les oiseaux d'Europe ; car il est fait sur
la nature et non sur les livres comme tant d'autres. La

bonne exécution de ce livre, et le succès qu'il aura sans doute parmi les Ornithologistes de notre pays , doivent vous engager à le compléter par un semblable travail sur les mammifères du Midi, et, par suite, sur d'autres classes du règne animal , etc...

I. GEOFFROY ST-HILAIRE.

De son côté, M. Temminck, qui n'est pas habituellement prodigue d'éloges en pareille matière , m'écrivit aussi.

Je transcris ici la lettre dont il daigna m'honorer :

Leyden (Hollande) , ce 24 décembre 1840.

MONSIEUR ,

Je me vois honoré par l'envoi que vous avez bien voulu me faire de votre excellent livre, l'*Ornithologie du Gard*. Je me range bien sincèrement avec tous ceux qui vous ont témoigné leur satisfaction de voir paraître cet ouvrage. Si j'avais eu de pareils devanciers dans les localités différentes de l'Europe , mon travail aurait été plus facile et l'erreur ne s'y serait pas montrée si souvent. J'ai été très-satisfait de voir dans votre recueil, à tous égards fort intéressant, que plusieurs espèces sur lesquelles je conservais quelques doutes à l'égard de leur identité avec les individus capturés dans le Nord ou au Japon , se sont trouvées exactement semblables ; par là vos descriptions ont empreint le cachet de vérité à celles que j'en avais données. Vous me permettrez donc , Monsieur , d'attacher un double intérêt à votre publica-

tion, que je me propose bien de citer comme autorité
dans une nouvelle édition de mon Manuel.

Veuillez recevoir l'assurance de ma considération et
de mon dévoûment parfaits.

T.-J. Temminck.

J'ose espérer que les deux illustres naturalistes
dont je viens de reproduire les indulgentes apprécia-
tions voudront bien pardonner la liberté que j'ai prise
de livrer leurs lettres au public. Mais j'avais besoin
de m'abriter sous l'autorité de leurs noms pour me
préserver du dédain avec lequel on est trop généralement porté en province à accueillir les ouvrages dont
les auteurs écrivent loin de la capitale. Je n'essaierai
point de contester les nombreux et inappréciables
avantages que Paris, ce vaste foyer de toutes les lu-
mières, offre aux hommes qui se livrent dans son sein
à l'étude des sciences ; mais, sans vouloir établir entre leurs ouvrages et les modestes travaux des naturalistes de province une comparaison insoutenable,
n'est-il pas au pouvoir des hommes laborieux qui se
livrent avec constance, et pendant de longues années,
à l'exploration du pays qu'ils habitent, de recueillir des observations plus précises et plus complètes,
dans le cercle restreint où ils se renferment, que celles des hommes obligés d'embrasser d'une vue générale les faits innombrables dont l'ensemble constitue
la science proprement dite ?

En histoire naturelle, comme dans toutes les bran-

ches des connaissances humaines, il faut des spécialités ; c'est à ce rôle modeste que j'ai borné mon am-
bition, et je puis me rendre le témoignage de l'avoir
rempli avec zèle et conscience, sinon avec tout le
succès désirable. Je n'ai épargné ni peine, ni dépenses pour atteindre mon but ; j'ai parcouru non-seulement le département du Gard, mais aussi les contrées voisines, soit pour m'y livrer à des recherches
personnelles, soit pour y établir des relations avec
les personnes en position de me procurer une partie
des objets que j'avais besoin d'étudier. J'ai visité les
champs, les bois, la plupart des vieux édifices, des
grottes et des cavernes qui servent de refuge aux
chauves-souris, et pendant les chaleurs de l'été je
suis allé fouiller les eaux croupissantes et la boue infecte des marais, pour tâcher d'y trouver quelques
nouveaux reptiles, ou pour y étudier quelques-unes
de leurs habitudes.

J'ai lieu d'être satisfait du résultat de ces pénibles
recherches, dont un amour ardent de la science peut
seul faire surmonter les dégoûts, car elles me donnent
le droit de dire qu'à défaut d'autres mérites la
Faune Méridionale aura du moins celui de renfermer une nomenclature d'espèces d'animaux plus
étendue et plus complète que la plupart des ouvrages de ce genre publiés en province. Elle ne compren-
dra pas seulement, comme quelques personnes ont
paru le croire ici, le nom et la description des espèces propres au département, mais encore, parmi

les volatiles, des espèces bien plus nombreuses qui le traversent ou qui y font un séjour momentané.

Car, pour ce qui touche les oiseaux seulement, sur 500 espèces environ que les naturalistes connaissent en Europe, j'en aurai mentionné au moins 350, parce qu'ainsi que j'ai eu occasion de le faire observer ailleurs la situation géographique de nos contrées méridionales fait à la fois le refuge des oiseaux obligés de fuir les glaces du Nord, aux approches de l'hiver, le lieu de passage de celles qui s'échappent au printemps des contrées brûlantes de l'Asie et de l'Afrique, et le but du voyage des espèces nombreuses qui viennent des îles de la Méditerranée pour se reproduire dans nos contrées.

J'ai fait connaître la manière dont plusieurs espèces d'oiseaux se reproduisent, et dont on ignorait la propagation. J'ai ajouté quelques faits nouveaux à leurs habitudes, j'en mentionne plus de 27 espèces qui ne sont point publiés dans l'*Ornithologie du Gard*, dont une espèce nouvelle de Bec-Fin et d'autres étrangères encore à l'Europe ou à la France ; l'on verra, à l'article qui les concerne en particulier, quel est le motif qui m'a fait comprendre ces oiseaux dans cet ouvrage.

Dans la classe des mammifères, j'ai été assez heureux pour découvrir plusieurs espèces qui n'étaient pas connues jusqu'à ce jour, et j'ai pu constater la présence dans notre pays de quelques autres qu'on croyait étrangères à la France.

A bien peu de chose près, tous les reptiles qui

ont été observés en France , sont mentionnés dans cet ouvrage , et deux paraissent être nouveaux.

Quant aux poissons , quoique m'étant borné à ne décrire que ceux qui habitent nos eaux douces , ils ont été pour moi d'un travail pénible, à cause des divers noms patois sous lesquels on les désigne , et de la difficulté de pouvoir se les procurer ; je crois pourtant en avoir trouvé deux qui ne sont pas mentionnés ainsi qu'on le verra au genre *Epinoche* , mais je pense qu'il y a encore beaucoup à faire dans cette classe que je n'ai pu bien étudier faute de temps.

Les ouvrages où j'ai puisé quelques notions générales , et ceux auxquels j'ai emprunté des matériaux qui n'ont pas besoin d'être refaits , sont ceux des hommes les plus connus par le mérite de leurs travaux. Ainsi , nommer Buffon , Sonnini , Daudin , Cuvier , Temminck , Duméril , Desmarest , Geoffroy St-Hilaire père et fils, Lesson, Roux Polydore, Vieillot et de Selys Lonchamps , c'est dire que j'ai consulté les guides les plus sûrs dont la science puisse s'énorgueillir. Et pourtant , malgré un pareil secours , j'ai eu de nombreuses difficultés à surmonter si j'ai voulu être exact dans mes citations ; parce que , éloigné du Muséum de la capitale , j'ai quelquefois manqué d'objets de comparaison , et n'ai pu recevoir les conseils des hommes spéciaux.

J'ai suivi autant que possible la classification du règne animal de Cuvier ; je dis autant que possible, parce que n'ayant que les animaux d'une seule contrée à décrire, j'ai dû nécessairement me trouver souvent arrêté par les lacunes qui se présentent naturellement dans la série des ordres, des genres et des nombreuses divisions. Pour les oiseaux, j'ai continué, comme je l'avais fait précédemment pour l'*Ornithologie du Gard*, à suivre la méthode de Temminck, dont la supériorité n'est pas contestée. Quant aux reptiles, à l'exception des Ophidiens, c'est d'après l'excellent ouvrage de MM. Duméril et Bibron que je les ai classés. Je regrette que la partie qui doit traiter des serpents, ne soit pas encore parue ; je dois dire pourtant que cet ouvrage m'a été du plus grand secours, car je lui ai beaucoup emprunté.

Les Musaraignes, les Rats et les Campagnols ont été classés d'après l'ordre régulier que vient de leur donner M. de Selys-Lonchamps, dans son livre intitulé *Micromemmalogie*. Ce savant est appelé à rendre de grands services à la zoologie par ses connaissances et son exactitude dans la description des espèces qu'il décrit.

Je n'ai pas voulu comprendre une seule espèce sur la foi d'autrui, et sur des renseignemens vagues ; tous les animaux dont il est fait mention dans le livre que j'offre au public, je les ai vus et examinés moi-même. Pour cela, il m'a fallu visiter en détail les principales collections zoologiques de la Provence et du Languedoc ; partout j'ai éprouvé, de la part des directeurs et propriétaires de ces établissemens, l'accueil le plus bienveillant et le concours le plus empressé. Qu'ils reçoivent ici le témoignage public de ma gratitude que je suis heureux de leur adresser.

Je dois, en particulier, des remercîmens à M. Westphal-Castelnau, consul des villes anséatiques, à Montpellier; ce savant et patient collecteur est parvenu à rassembler dans ses galeries les plus beaux reptiles connus sur le globe ainsi que tous ceux du midi de la France. Sa collection est aussi riche en espèces que bien tenue.

Je dois à M. Lebrun, de Montpellier, amateur distingué d'ornithologie, la connaissance de deux oiseaux qui n'ont pas été mentionnés parmi les espèces européennes.

A Marseille, M. Barthélemy, directeur du beau cabinet d'histoire naturelle de cette ville, m'a également donné connaissance de deux oiseaux nouveaux pour la France.

M. Lunel, conservateur du muséum de zoologie d'Avignon, a eu la complaisance non-seulement de m'envoyer plusieurs reptiles et poissons du département de Vaucluse, mais encore de me communiquer une liste très-détaillée des animaux fossiles rassemblés dans les galeries de cet établissement, par les soins éclairés de M. Requiem.

M. Miergue, médecin à Anduze, a bien voulu m'adresser plusieur reptiles et poissons du pays qu'il habite.

MM. Eugène de Chastelier, de Nimes ; Argeliés, du Vigan, et Valette, de St-Hippolyte, ont également eu la bonté de m'envoyer, conservés dans l'alcool, plusieurs petits animaux que je les avais priés de me procurer.

Je dois encore à l'obligeance de M. de Roussel-Correnson , dont les herbages de sa vaste campagne d'Aiguesmortes nourrissent un grand nombre de taureaux sauvages, d'excellentes notes sur les mœurs de ces animaux.

Des renseignemens pleins d'intérêt sur les habitudes des chevaux camargues m'ont été communiqués par M. Valentin Martin-Corraud, qui en possède un grand nombre dans son domaine situé dans l'île de la Camargue.

Enfin , M. Gabriel Azaïs , de Béziers, qui se livre comme amateur à l'étude de l'ornithologie , a bien voulu m'envoyer des notes sur le passage des oiseaux qu'il a observés dans son pays.

Les indications des personnes que je viens de nommer, et d'autres encore qui voudront bien me pardonner de passer leurs noms sous silence, sont venues augmenter les connaissances que vingt années d'études et de pratique m'avaient acquises , ce qui me permet de croire qu'à bien peu de chose près j'ai parlé de tous les animaux vertébrés qui peuvent se rencontrer dans la Provence , le Languedoc , ainsi que dans la chaîne de montagnes qui bornent ces deux provinces au Nord. Cependant, je ne compte pas m'arrêter là ; je continuerai toujours mes recherches, car il y en a beaucoup à faire dans nos contrées , et les animaux qui jusqu'à ce jour ont pu échapper à nos recherches ne doivent être que plus précieux à connaître. Je compte aussi m'occuper avec plus de soins que je n'ai encore pu le faire de l'étude des insectes qui ravagent nos récoltes ; j'espère que je serai secondé par beaucoup de personnes dans cette œuvre utile pour tous, et, si la réussite ne répond pas à mes désirs, j'aurai du moins la satisfaction d'avoir tenté une entreprise qui intéresse vivement l'avenir de notre agriculture.

Je ne terminerai point sans adresser l'hommage de ma sincère reconnaissance à nos autorités municipales et administratives pour l'encouragement qu'elles donnent à mes modestes travaux ; mais on peut être assuré que moi et mon fils, nous ne cesserons pas de faire tous nos efforts pour donner, autant que nous le pourrons, une plus grande extension à notre collection. Lorsque nous savons qus dans toutes les villes du Midi, cette science prend un grand développement, notre cité romaine, qui sous tant de rapports est appelée à devenir une grande ville, doit aussi posséder dans son sein un établissement de ce genre qui réponde à son rang et aux besoins d'une jeunesse animée de l'amour de la science, et avide de connaître toutes les beautés sorties des mains du Créateur, et c'est pour mieux leur en favoriser les moyens que j'ai voulu faire suivre mon livre d'une méthode abrégée de *Taxidermie*.

FAUNE
MÉRIDIONALE.

PREMIÈRE CLASSE DES ANIMAUX VERTÉBRÉS.

LES MAMMIFÈRES.

LES Mammifères sont, à bon droit, placés en tête de toutes les races d'animaux connus. Le premier rang leur appartient incontestablement parmi les êtres de la création, non-seulement parce que l'homme fait partie de cette classe sous le rapport de sa constitution physique, mais encore parce qu'elle renferme tous les animaux doués d'une organisation plus développée, comparativement aux autres êtres vivans : des mouvemens plus expressifs, des sensations plus délicates, plus vives ; des facultés plus complètes et plus multipliées ; chez lesquels, enfin, les fonctions de tous les organes paraissent combinés de manière à produire une intelligence féconde en ressources, moins soumise aux lois aveugles de l'instinct et capable de perfectionnement. Cette classe, intéressante sous divers rapports, est encore surtout digne de fixer d'une manière toute spéciale l'attention des naturalistes, parce qu'elle renferme la plupart des animaux que l'homme a su utiliser pour les besoins de l'agriculture, de l'industrie et des transports. Nous ne saurions mieux faire ressortir sa supériorité qu'en transcrivant ici la belle page que le plus célèbre des naturalistes modernes a consa-

crée à démontrer, par l'observation des faits zoologiques, combien cette place éminente dans la hiérarchie
des êtres est légitimement acquise aux *mammifères*, dé-
terminée qu'elle est par la succession des opérations de
la nature et par la série des transformations que la vie
a subies sur notre globe.

« Quoique toutes les œuvres sorties des mains de Dieu,
dit Cuvier, soient également parfaites en elles-mêmes,
puisqu'elles remplissent le but pour lequel elles ont été
formées, il est néanmoins certain que les *mammifères*,
considérés par rapport à l'homme, jouissent d'une supériorité incontestable sur tous les êtres de la création,
et cette supériorité semble leur avoir été accordée par
la nature elle-même, qui ne les a mis sur la terre qu'en
dernier lieu, après leur avoir préparé une demeure convenable et les alimens nécessaires à leur subsistance. En
effet, dans les fouilles que l'on a faites dans l'intérieur du
globe, on s'est assuré que les *plantes*, les *zéophytes*, les
mollusques, les *poissons*, les *reptiles* peuplaient depuis
longtemps la terre, lorsque les *mammifères* ont paru à
sa surface. Ces animaux sont donc les plus importans à
connaître pour l'homme. Doués des facultés analogues
aux siennes, leurs actions se ressentent de cette ressemblance, et leurs habitudes ont avec les nôtres des rapports très-remarquables. »

Les anciens naturalistes avaient imposé à ces *vertébrés*
le nom de quadrupèdes; mais les modernes ont préféré
les appeler *mammifères*, voici par quelle raison : Le nom
de *quadrupèdes*, uniquement fondé sur la conformation
et les habitudes extérieures, peut s'appliquer avec autant d'exactitude à une foule d'animaux, tels que les
tortues, les *lézards*, les *crocodiles*, les *grenouilles*, etc.,

qui marchent, en effet, comme la plupart des *mammi-fères*, sur quatre pattes, mais dont la conformation intérieure et les habitudes caractérisques sont tout-à-fait opposées à celles des animaux appartenant à la classe dont nous nous occupons. D'ailleurs, la dénomination de quadrupèdes ne pouvant s'appliquer ni à l'homme ni à la *chauve-souris*, pas plus qu'aux *phoques*, aux *dauphins*, aux *baleines*, et à tant d'autres *vertébrés* qui doivent pourtant trouver place dans cette classe selon les règles fondées sur une étude approfondie de la nature, ces nombreuses et importantes espèces s'en trouvaient exclues par suite d'une classification vicieuse que la science moderne a dû rejeter.

Personne n'ignore que les *mammifères* sont *vivipares*, c'est-à-dire qu'ils naissent vivans, pourvus de tous leurs organes et qu'ils ont en naissant la même forme que celle de leurs parens. Dans le premier temps de leur vie, ils sont nourris avec le plus grand soin par leur mère, et leur premier aliment consiste dans le lait qui se forme dans des glandes appelées *mamelles*. Ces animaux étant les seuls pourvus de semblables organes, toujours plus développés, du reste, chez les *femelles* que chez les *mâles*, cette particularité leur a valu la désignation de *mammifères*.

La durée de l'allaitement non plus que celle de la gestation n'est pas égale pour tous les *mammifères* : tandis qu'elle est très-courte pour certaines espèces, elle se prolonge pendant plusieurs mois, et même au-delà d'une année pour d'autres. Du reste, la durée de l'existence et la puissance de l'organisation sont généralement proportionnelles à la durée de l'allaitement.

Presque tous restent sous la garde de leur mère longtemps après qu'ils sont sevrés; c'est elle qui les guide

dans la recherche et le choix de leurs alimens, qui les
protége contre toutes les causes de destruction, et les
défend avec un courage admirable contre les attaques de
leurs ennemis, quel que soit leur nombre et leur force.

La robe de ces animaux varie à l'infini : tantôt elle offre des dessins bizarres ou réguliers, tantôt elle est d'une
seule couleur. Les poils, vus au microscope, présentent des caractères distincts, qui échappent à l'œil nu.

La conformation des membres n'est pas non plus la
même chez toutes les espèces; elle varie suivant les habitudes, les allures, le mode d'alimentation, de locomotion, etc., que la nature a imposés à chacune d'elles.
Ces membres sont robustes et vigoureux pour les animaux qui se meuvent d'une marche tranquille ou d'une
course rapide; pourvus de muscles puissans et élastiques pour ceux qui s'avancent par bonds successifs; ils
sont propres enfin soit à la nage, soit au vol, et construits
de manière à donner la faculté de saisir les objets ou
seulement de les toucher; mais il est à remarquer que
ces aptitudes sont réparties de telle sorte qu'on ne les
rencontre jamais réunies à un haut degré chez une
même espèce. Les dents n'existent que très-rarement à
l'époque de la naissance de l'animal; la durée de la
dentition est subordonnée généralement à celle du développement du corps. Chez certaines espèces, la période
pendant laquelle s'accomplit le travail est très-limitée,
chez d'autres, elle dure plusieurs mois. On distingue les
dents des *mammifères* en *incisives*, *canines* et *molaires*. Le
nombre, la forme ou l'absence de chacune de ces sortes
de dents influe d'une manière toute particulière sur le
genre de vie, les mœurs et le mode d'alimentation de
chaque espèce, à tel point que plusieurs auteurs ont cru

pouvoir fonder leur méthode d'après cette seule indication.

Les *mammifères* sont répandus sur toutes les parties du globe. Il n'existe pas d'îles tant soit peu considérables qui n'en renferment quelques espèces. Mais la plupart ont besoin pour vivre et se développer de certaines conditions de température et de climat, et, de plus, il en est qui, par la nature spéciale des alimens qu'ils préfèrent, sont attachés invariablement aux contrées qui produisent la nourriture qui leur est propre.

Il n'existe qu'un petit nombre d'espèces qui soient vraiment cosmopolites, ainsi que l'homme, et qui puissent vivre et propager leurs races sous toutes les latitudes ; ce sont pour la plupart des animaux que l'homme a domptés et associés à ses travaux ou qui trouvent un abri dans sa demeure.

Les *mammifères* sont divisés en neuf ordres, savoir :

1er Ordre. Les BIMANES.
2e — Les QUADRUMANES.
3e — Les CARNASSIERS.
4e — Les MARSUPIAUX.
5e — Les RONGEURS.
6a — Les ÉDENTÉS.
7e — Les PACHIDERMES.
8e — Les RUMINANS.
9e — Les CÉTACÉS.

PREMIER ORDRE DES MAMMIFÈRES.

LES BIMANES. — *BIMANA*.

GENRE HOMME. — *HOMO*.

L'homme ne forme qu'un genre qui est unique dans son ordre : tous les naturalistes le placent en tête des êtres organisés, comme étant le plus parfait et comme celui qui a reçu de Dieu une intelligence supérieure à celle de tous les animaux ; lui seul possède l'avantage d'exprimer par la parole les diverses sensations qu'il éprouve, et, s'élevant par la pensée vers son créateur, il reconnaît qu'il est le chef-d'œuvre et le résultat le plus parfait des êtres organisés.

Néanmoins, quoique l'homme ne forme qu'un seul genre, les naturalistes reconnaissent plusieurs races chez l'espèce humaine. Blumenbach, le comte de Lacepède et Cuvier en distinguent trois ; M. Duméril, six ; d'autres portent le nombre à seize.

La première, à laquelle nous appartenons, qu'on nomme blanche ou *caucasique*, se distingue par la beauté de l'ovale de sa tête et la régularité de ses traits. Ses yeux sont bien fendus en travers, ses lèvres fort plates, peu grosses ; le menton et les pommettes peu saillans ; les cheveux passant du noir au blond par gradations, longs et doux au toucher.

Les traditions et les filiations des peuples semblent la faire remonter jusqu'à ce groupe de montagnes situé entre la mer Caspienne et la mer Noire d'où elle s'est répandue en étendant ses rayons. C'est elle qui a porté au plus haut degré la civilisation, les sciences, les arts, et ses rameaux se sont étendus sur une vaste partie du globe.

La race *jaune ou mongolienne* a les pommettes saillantes, les yeux étroits et obliques, le nez un peu écrasé, les cheveux droits et noirs, la barbe peu fournie, quelquefois grêle, le teint olivâtre; elle a créé les grands empires de la Chine et du Japon; elle habite presque toute l'Asie orientale, elle a porté ses conquêtes jusqu'en deçà du grand désert, mais sa civilisation est restée la même.

La troisième race est la race NÈGRE ou ETHIOPIQUE, qu'on nomme aussi *mélanienne*. Elle est confinée au midi de l'Atlas. Son crâne est comprimé, son teint est noir, son nez écrasé, son museau saillant, ses grosses lèvres et ses cheveux crépus la rapprochent sensiblement des singes. Les peuplades qui la composent sont misérables et barbares.

Nous n'avons mentionné ici ces deux dernières races que pour ordre.

DEUXIÈME ORDRE DES MAMMIFÈRES.

QUADRUMANES.

Cet ordre comprend les singes et autres animaux analogues. On ne les trouve ni fossiles ni vivant à l'état sauvage dans nos contrées.

TROISIÈME ORDRE DES MAMMIFÈRES.

LES CARNASSIERS.

CARACTÈRES — Trois sortes de dents modifiées selon le genre de nourriture; point de pouce opposable à leurs pieds antérieurs ; le nombre de mamelles variable.

Le mot carnassier, pris dans son acception, ne devrait appartenir qu'aux animaux qui se nourrissent exclusivement de chair ; mais les naturalistes l'ont aussi appliqué à beaucoup d'autres espèces qui ont la même analogie de mœurs et de caractère.

Aussi, cet ordre est tellement nombreux que l'on a été obligé d'en former plusieurs familles.

La première est celle des

CHÉIROPTÈRES.

Les anciens naturalistes regardaient ces animaux comme des espèces de monstres qui ne pouvaient convenablement trouver place parmi les êtres connus. Mais de nos jours l'on sait que ce sont des mammifères véritables dont un repli de la peau des flancs étendu de chaque côté entre les membres postérieurs et les doigts de la main imite une voile et forme une sorte de parachute qui les soutient dans l'air lorsqu'ils s'y lancent d'un point élevé. Mais, comme tous les Chéiroptères n'ont pas la faculté de pouvoir voler, l'on en a formé plusieurs subdivisions.

La première est celle des

CHAUVES-SOURIS. — *VESPERTILIO*. (LINN.)

CARACTÈRES de cette subdivision. — Les doigts des

mains excessivement alongés et enveloppés dans une membrane formant de véritables ailes qui égalent et surpassent celles de beaucoup d'oiseaux. Le pouce porte un ongle crochu qui leur sert à se suspendre aux voûtes des cavernes, ou contre les murailles. Les pieds de derrière sont faibles, ayant cinq doigts onguiculés et séparés ; les mâchoires portent trois sortes de dents bien caractérisées.

Les Chauves-souris fuient la grande lumière et ne sortent de leur retraite obscure qu'au crépuscule du soir ou pendant la nuit. Leur nourriture consiste en insectes dont elles s'emparent en volant. Leur vol est indécis, oblique et mal dirigé. Il est ordinairement bas. Les femelles portent leurs petits attachés à leurs mamelles, qu'elles soutiennent en repliant leur membrane interfémorale.

L'Amérique et les Indes en produisent de très-grandes espèces qu'on nomme *Roussettes* et *Vampires*, etc.

GENRE **RHINOLOPHE**. — *RHINOLOPHUS*. (Géoff.)

COLORATION. — Le nez est placé dans une cavité bordée de membranes fort compliquées qui ont la forme d'un fer à cheval au-dessus duquel s'élève une feuille. Oreilles moyennes, manquant d'oreillons. Queue enveloppée jusqu'à son extrêmité dans la membrane interfémorale.

Les dents sont au nombre de 32, dont 4 incisives en bas et deux plus petites en haut, 5 molaires à la mâchoire supérieure et 6 à l'inférieure.

LE GRAND FER-A-CHEVAL. — *RH. UNIHASTATUS*. (GÉOFF.)

Nom du pays : *Rato panado* ou *Rato pénado**.

Cette espèce et la suivante sont fort remarquables par les appendices qu'elles ont sur le nez.

COLORATION. — Poils longs et doux au toucher, d'un joli fauve clair en dessus, qui est encore plus clair en dessous ; il y en a qui sont d'un cendré fauve, avec les parties inférieures de couleur isabelle, selon la saison. La feuille nasale est double ; la postérieure est en fer de lance ; l'antérieure est sinueuse à ses bords et à son sommet ; oreilles grandes, pointues, dirigées en dehors ; membranes brunâtres. On reconnaîtra d'ailleurs toujours cette espèce à la forme de son nez. Longueur totale de la tête et du corps, 7 centimètres, envergure, environ 27 centimètres.

Les *jeunes* sont d'un gris clair ou d'uu gris cendré.

LA CHAUVE-SOURIS FER-à-CHEVAL, Buff. — Ce Chéiroptére a été trouvé pour la première fois par Daubanton. Il habite les grottes et les cavernes où il se suspend par les pieds, la tête en bas, en s'enveloppant dans ses ailes comme dans un manteau. Je l'ai rencontré communément dans les grottes et les carrières de notre département. Il n'est pas rare dans tout le Midi ainsi que dans le reste de la France. En été il se retire aussi dans les vieux édifices et les trous des maisons.

LE PETIT FER-A-CHEVAL. — *RH. BIHASTATUS*. (GÉOFF.)

COLORATION. — Elle diffère peu par la couleur de

---

* Ce nom, qui signifie Rat à *pennes* ou Rat *ailé*, est appliqué ici à toutes les espèces de Chauves-Souris.

l'espèce précédente. La feuille nasale est double; mais l'une et l'autre ont la forme d'un fer à cheval. Les oreilles très-échancrées. Sa taille est moindre que celle du Grand Fer-à-Cheval.

Le Petit Fer-a-Cheval , Daubanton. — Quelques naturalistes regardent cette espèce comme n'étant qu'une variété de la précédente , tandis que d'autres, et c'est le plus grand nombre , en font un animal différent.

Elle vit dans les cavernes et s'y suspend par les pieds à leur voûte ; soit qu'on la surprenne dans cet état ou fixée contre un mur on serait tenté de la prendre pour une chrysalide tant elle est resserrée dans la membrane de ses ailes.

On la trouve en France et dans le reste de l'Europe ; elle est assez rare dans le Midi.

GENRE **VESPERTILION**. — *VESPERTILIO*. (Géoff., Cuv.)

Caractères. — Museau fort simple n'ayant ni feuille , ni le chanfrain sillonné. Les oreilles séparées sur la tête ou réunies à leur base ; l'oreillon interne ; quatre incisives à la mâchoire supérieure ou quelquefois deux seulement. La queue est presque toujours enveloppée dans la membrane interfémorale.

Forme dentaire : incisives, $\frac{4}{6}$; canines, $\frac{1-1}{1-1}$; molaires, $\frac{4-4}{5-5}$; en tout 32.

Remarque : On sera sans doute étonné en voyant figurer autant de noms nouveaux pour désigner plusieurs Vespertilions décrits dans un ouvrage qui ne comprend que les animaux d'une seule contrée. Mais que pouvais-je faire de mieux pour faire connaître des individus que je me suis

procurés dans mon pays ? Malgré toutes les peines que je me suis données pour m'assurer s'ils étaient connus ou mentionnés, il m'a été impossible de rien découvrir à cet égard. Je crus devoir les envoyer au Jardin du Roi à Paris en priant un savant professeur de m'en dire les noms, dans le cas où ils seraient décrits; après plusieurs mois ils me furent renvoyés, et l'on me répondit : « Parmi les indivi-
» dus que vous nous avez adressés, il en est quelques-uns
» dont je n'ai pu faire cadrer la coloration et la taille avec
» lés descriptions des espèces actuellement connues; j'ai
» vainement consulté les ouvrages des plus éminens natu-
» ralistes. Aucun ne m'a paru satisfaire aux déterminations
» que je tentais, soit que les individus que j'observais ne
» fussent pas en assez grand nombre, soit que ce soient des
» espèces nouvelles, et c'est à cause de cela que *nous nous*
« *sommes abstenus.* »

Malgré cette réponse, je pensai que je devais encore chercher à savoir si ces vespertilions n'existaient pas dans les collections des villes voisines, mais mes recherches ont été vaines. Je dois dire ici que le directeur de la riche collection de la ville de Marseille, M. Barthélemy, a mis toute la bonne grâce possible à me montrer la *Faune Italienne* du prince Charles Bonaparte, dans laquelle je comptais reconnaître plusieurs des individus que je voulais déterminer.

J'ai visité aussi le muséum d'Avignon et celui de Montpellier pour m'assurer encore si les animaux que je possédais y étaient connus, mais, malgré toute l'obligeance à me servir que je trouvais auprès des personnes chargées du soin de ces établissemens, mes recherches furent vaines.

Si en donnant à ces chéiroptères des noms que je ne regarde moi-même que comme provisoires, je me suis trompé, je prie ceux qui pourront les reconnaître de vouloir bien m'en instruire, pour me guider dans mes recherches futures.

L'on sait que les Chauves-souris européennes sont encore bien peu connues.

L'oreillon est en forme d'alêne.

VESPERTILION MURIN. — *V. MURINUS*. (Linn.)

Nom du pays : *Rato panado.*

COLORATION. — D'un brun roussâtre en dessus, d'un gris blanc en dessous, membranes brunes. (*Les jeunes sont gris cendré*) ; museau peu poilu sur ses bords ; yeux petits, oreilles grandes, oblongues, de la longueur de la tête ; oreillons droits, attachés sur le devant de la conque.

Longueur totale de la tête et du corps, 9 centimètres ; envergure, 33 centimètres ; bras, 6 centimètres 5 millimètres ; doigt du milieu, 9 centim. 5 millim. ; quatrième doigt, 8 centim. 5 millim. ; cinquième doigt, environ 8 centim. ; pieds, 2 centim. 3 millim. ; queue, 4 centim.

La Chauve-Souris, Buff. —On la trouve en France, dans les vieux édifices et les vieux châteaux ; elle n'est pas rare dans quelques canaux souterrains de notre Fontaine où souvent j'en ai trouvé plusieurs suspendues à leur voûte, réunies en paquets ; mais cette espèce n'est peut-être nulle part aussi commune qu'à Aiguesmortes, dans les tours qui dominent les remparts. Pour en donner une idée, je vais rapporter un fait authentique qui m'est arrivé au mois de mai 1843. Etant allé avec mon fils dans cette ville, pour y chercher des vespertilions, car je savais depuis longtemps qu'il s'en trouvait beaucoup dans les vieux édifices, M. le maire de cette ville et M. Naud, négociant, voulurent bien me servir de guides pour explorer la tour *Constance*.

Nous nous étions munis d'une lanterne et de bonnes cordes en cas de besoin. Après avoir cherché dans plusieurs endroits sans qu'il nous fût possible d'en découvrir, bien que le sol fût couvert de leurs ordures noires, nous montâmes jusqu'au milieu de la tour, où bientôt nous entendîmes leurs cris; ils partaient d'un espèce de puits que les habitans d'Aiguesmortes prétendent être des anciennes oubliettes; à la lueur de la lanterne nous reconnûmes une masse de Chauves-souris qui s'y trouvaient à une petite profondeur. Cette découverte me rendit joyeux; M. Naud qui tenait un filet que j'avais arrangé au bout d'un bâton, le leur appliqua dessus et en prit une grande quantité, mais le poids de ces animaux et leurs mouvemens, le firent échapper du bâton et tomber au fond du puits. J'avoue que j'étais au désespoir de ce malencontreux événement, qui allait peut-être me priver de quelque nouveauté. Voyant mon désappointement, mon fils me pria de le laisser descendre en se laissant glisser par la corde que nous avions emportée; après avoir hésité un instant, je le lui accordai. Mais à peine fut-il en bas (environ 10 mètres), il heurta une si grande quantité de chauves-souris réunies en masse que bientôt la lanterne que nous avions descendue pour l'éclairer au moyen d'une ficelle se trouva éteinte par le vent que produisaient les ailes de ces animaux; mon fils s'était empressé de ramasser le filet qu'il avait trouvé au bord d'un grand trou; il l'avait placé entre ses dents encore à moitié plein de chauves-souris, et grimpait à la corde au milieu d'un tourbillon de ces animaux, et c'est à peine si nous pouvions nous-mêmes rester au bord du puits pour l'attendre tant ils en sortait à la fois; car elles nous battaient la figure avec leurs ailes, ce qui devenait très-importun. Lorsque nous le reçûmes, plusieurs chauves-souris se trouvaient attachées sur sa blouse, d'autres lui avaient blessé les mains.

Nous ne crûmes pas nous tromper en élevant à plus de trois mille le nombre de chauves-souris qui sortirent de cet endroit ; elles s'étaient répandues partout dans la tour, de sorte qu'on entendait un bruit semblable à celui que produit le vent à travers les arbres.

VESPERTILION ÉCHANCRÉ. — *VESP. EMARGINATUS*. (Geoff.)

COLORATION. — Pelage supérieur d'un gris roussâtre ; d'un cendré blanchâtre en dessous; front relevé en dessus du chanfrain, poilu jusque près du nez ; oreilles oblongues et de la même longueur que la tête, fortement échancrées sur leur bord extérieur, à la moitié de leur longueur ; brunes, un peu velues sur leur bord interne, en face de l'échancrure ; l'oreillon droit, lancéolé, faisant la moitié de la longueur de l'oreille ; membranes des ailes noirâtres, l'interfémorale de cette même couleur, avec des nervures transversales très-prononcées et blanchâtres.

Longueur totale de la tête et du corps, 6 centim. 5 millim. ; envergure des ailes, 30 centim. ; du doigt du milieu, 10 centim. ; quatrième doigt, 7 centim. ; cinquième doigt, 7 centim. 3 milllim. ; de la queue, 4 centim. 3 milllim., pieds, 4 centimètres.

VESPERTILION ÉCHANCRÉ, Vieillot. — Cette espèce vit dans les souterrains et les cavernes. Elle a été trouvée dans plusieurs départemens de la France ; le prince Charles Bonaparte l'a figurée dans son bel ouvrage de la *Faune Italienne*. Elle ne paraît pas devoir être commune ici.

VESPERTILION LAINEUX. — *V. LANATUS*. (Mihi.)

COLORATION. — D'un joli brun fauve en dessus, uniforme depuis le dessus du museau jusqu'à la base

de la queue ; le dessous est d'un gris enfumé, un peu
plus clair sur le milieu du ventre ; les poils qui couvrent les côtés du ventre , les flancs et l'abdomen sont
longs , fins et comme laineux ; oreilles de la longueur
de la tête ; arrondies extérieurement à leur base, elles
vont ensuite en diminuant , et sont arrondies à leur
extrêmité. L'oreillon, qui est droit, a presque la même
largeur partout. Les membranes sont d'un brun foncé.
Cette espèce est petite et a le museau faible ainsi que
les dents.

Longueur totale de la tête et du corps , 4 centimètres ;
envergure des ailes, 21 centimètres ; bras , 3 centim. 6
millim. ; doigt du milieu, 6 centim. 4 millim. ; quatrième
doigt, 3 centim. 5 millim. ; longueur des jambes , 2
centim. ; queue , 3 centim.

Cette chauve-souris, que je n'ai pas trouvée décrite dans
Cuvier , Lesson , Desmarets , Ch. Bonaparte et autres auteurs , a été trouvée par nous dans le département du Gard,
sous le pont d'un ruisseau de la plaine située au sud de
Nimes. Son cri est aigu et faible.

VESPERTILION AUX AILES TRANSPARENTES.
VESP. PELLUCENS. (Mihi.)

Coloration.—Pelage d'un brun cendré en dessus ;
gris blanc en dessous ; membrane des ailes d'un cendré très-clair, presqu'aussi mince qu'une peau d'o-
gnon ; membrane interfémorale pointue , *velue partout jusque sur ses bords* et sur ses deux faces ; oreilles d'un brun clair , oblongues ; l'oreillon très-inter-
ne, faible et terminé en alène. Le tour du museau est
garni de poils touffus qui ne laissent que le bout du
nez à découvert et de la même couleur que le dos.

Longueur de la tête et du corps , 3 centim. 4 millim. ;
envergure des ailes , 23 centim ; des bras , 4 centim. ;
doigt du milieu ; 6 centim. 5 millim ; quatrième doigt , 5
centim. 5 millim. ; cinquième doigt , 5 centim. ; pieds 2
centim. 5 millim. ; queue , 3 centim.

Je donne le nom de *Vespertilion aux Ailes Transparentes*
à cette chauve-souris, par rapport à la nature de ses ailes ;
car chez aucune des autres espèces que j'ai vues , les membranes ne sont aussi minces ni aussi transparentes que dans
celle-ci , excepté] celle qui enveloppe la queue qui est
beaucoup plus épaisse.

Je l'ai trouvée attachée à la voûte d'une grotte dans les
environs du Pont-du-Gard. Je ne la crois pas mentionnée.

VESPERTILION AUX LARGES AILES. — *V. LATIPENNIS*. (Mim.)

COLORATION. — Pelage d'un brun ferrugineux en
dessus, qui devient presque rougeâtre sur le bas du
dos, et s'étend sur la partie supérieure de la membrane
interfémorale et tout le long de la partie interne des
jambes qui sont l'une et l'autre garnies de poils frisés
et laineux. Le pelage inférieur est d'un gris roussâtre
plus vif sur les côtés du cou ; oreilles très-oblongues,
aiguës , tendres , ayant une forte échancrure au milieu de leur bord extérieur ; oreillons longs , minces,
très-pointus et légèrement recourbés en dehors ; membranes des ailes amples en largeur (ayant la forme
de celles de la *Chauve-Souris-Spectre* , figurée à la
planche 32 (fig. 2), de l'*Encyclopédie méthodique*);
bouche assez fendue, dents faibles, museau relevé au-
dessus des narines , poilu ; yeux cachés dans les poils.

Longueur de la tête et du corps , 5 centim. ; envergure ,
24 centim. 3 millim.; bras , 4 centim. 3 millim ; doigt du

2

milieu , 7 centim., quatrième doigt , 6 centim. ; cinquième
doigt, 5 centim. 3 millim. ; pieds , 3 centim. queue 3 centim. 5 millim.

Je n'ai point trouvé cette espèce mentionnée , et parmi
toutes celles que je possède aucune ne lui ressemble, surtout pour la forme de ses ailes qui sont très-larges , relativement à leur longueur , et c'est à peine si l'on peut distinguer quelques nervures en les regardant à travers le
jour ; les doigts sont très-rapprochés entr'eux , et l'espace
formé depuis le cinquième jusqu'aux jambes est fort grand ;
les membranes sont peu échancrées et de couleur brune.

Cette espèce habite la campagne et se cache dans les
creux des arbres et les trous des vieux ponts.

VESPERTILION A MOUSTACHES.— *V. MYSTACINUS.* (Leisl.)

COLORATION. — Pelage supérieur d'un brun roussâtre ; les poils de cette partie s'étendent jusqu'au-
dessus de la membrane de la queue ; le dessous du
corps est d'une couleur plus claire que le dos , surtout sur le milieu de la poitrine ; des poils longs et
noirâtres sur les bords de la lèvre supérieure, accom-
pagnés de soies plus longues encore. Dessus du nez
presque nu , front poilu ; narines rondes , percées
en face ; oreilles ovales , assez grandes , arrondies
au bout, et échancrées à leurs bords externes ; oreillons lancéolés ; ailes et oreilles noirâtres ; dents aiguës ; yeux cachés dans des poils noirâtres et longs.

Longueur totale de la tête et du corps , 4 centim. ; envergure des ailes , 21 centim. ; doigt du milieu , 6 centim.;
du quatrième , 4 centim. ; du cinquième , 5 centim.; queue
5 centim.

Ce chéiroptère est mentionné dans la *Faune Française* de Vieillot et dans le catalogue de M. Lesson.

Il habite, dit-on, l'Allemagne et on le trouve quelquefois seulement dans les départemens de l'Est de la France. Je possède dans ma collection un individu qui m'a été envoyé du Vigan par M. Argeliès fils. Cette chauve-souris se loge le plus habituellement dans les creux des arbres et dans l'habitation de l'homme ; son sommeil hivernal est de courte durée. — Gray l'a rencontrée dans le Devonshire en Angleterre.

VESPERTILION DE SCHREIBERS. — *V. SCHREIBERSII.* (Natt.)

COLORATION. — D'un gris cendré uniforme en dessus, cette couleur est plus pâle en dessous ; chez quelques-uns elle est mêlée de jaunâtre ; en été, tous les vieux individus en sont marqués plus en dessous qu'en dessus , surtout sur les flancs ; oreilles petites, triangulaires, arrondies aux angles , avec un rebord interne velu ; l'oreillon est lancéolé, un peu recourbé en dedans vers les deux tiers de sa longueur ; nez petit, narines relevées très-rapprochées ; front très-bourru ; bords de la lèvre supérieure garnis de poils, yeux petits ; dents aiguës , la seconde dent qui suit la canine presque aussi longue que celle-ci ; membrane interfémorale ample.

Longueur totale de la tête et du corps, 6 centim. ; envergure des ailes , 28 centim. ; longueur du bras, 4 cent.; doigt du milieu, 8 cent ; du quatrième doigt , 6 centim. 4 millim. ; du cinquième doigt , 5 centim.

Vespertilio Schreibersii , Kuhl. — Cette Chauve-Souris n'est pas signalée comme ayant encore été trouvée en France ; elle avait été jusqu'à ce jour regardée par les auteurs, comme habitant le Nord ; elle fut rencontrée pour la première fois par le professeur Schreibers dans les cavernes des montagnes du sud-est de Bannat (Hongrie.) C'est dans une semblable localité que j'en ai pris plusieurs dans une grotte de notre département. Il y a environ quatre années que j'en envoyai deux à M. Isidore-Geoffroy-St-Hilaire, pour le Cabinet du Roi où elles figurent aujourd'hui.

VESPERTILION ROUSSATRE. — *VESP. RUFESCENS.* (Mihi.)

COLORATION. — D'un fauve teint de roussâtre en dessus ; d'un fauve plus clair en dessous ; les poils sont de la même couleur dans toute leur longueur, laineux et doux ; tête médiocre ; dessus du museau couvert de poils, ainsi que le bord de la mâchoire supérieure ; narines percées en face, un peu écartées, point de sillon entr'elles ; les oreilles assez larges, échancrées, arrondies à leur extrémité qui tourne en dehors ; les oreillons terminés en pointe aiguë, recourbés en arc latéralement. Des poils sur la face extérieure des oreilles, depuis leur base jusqu'à la moitié de leur longueur.

Longueur totale de la tête et du corps, 3 centim. 7 millim. ; envergure des ailes, 24 centim., 5 millim. ; longueur du bras, 4 centim. ; doigt du milieu, 6 centim. 3 millim. ; quatrième doigt, 5 centim. ; cinquième doigt, même longueur ; queue, 3 centim. 6 millim. ; les pieds 3 centimètres.

Cette espèce diffère encore de toutes celles que j'ai sous les yeux tant par la couleur et la nature de ses poils, que par la face et la forme des ailes. Elle m'a été envoyée des environs des marais. Je n'ai pu la reconnaître parmi les espèces décrites par les auteurs que j'ai consultés.

DEUXIÈME DIVISION.

Nous formons cette division pour les espèces qui ont l'extrêmité de l'oreillon plus ou moins arrondie.

VESPERTILION NOCTULE. — *V. NOCTULA.* (Linn.)

COLORATION. — Pelage d'une seule couleur rousse fauve, uniforme; les poils sont de la même nuance depuis leur racine jusqu'à leur pointe; ils sont doux et touffus; face demi-nue; narines écartées, latérales, avec un large enfoncement qui les sépare; oreilles ovales, triangulaires, moins longues que la tête, la conque très-ouverte; oreillon presque droit, déprimé au milieu de sa longueur, terminé par une tête aplatie et ronde; tête large, forte, museau court et relevé; chanfrain large, velu; face paraissant nue; membrane des ailes et de la queue d'un brun noir; le long des bras, en dessus comme en dessous, une large ligne de poils de la même couleur que ceux du corps de l'animal; la partie de la membrane qui borde les flancs est aussi recouverte de poils épais.

Longueur totale de la tête et du corps, environ 8 centimètres; envergure des ailes, 33 centimètres; du bras, 8 centimètres; doigt du milieu, 9 centim. 5 millim.; quatrième doigt, 6 centim. 3 millim.; cinquième doigt, 6 centim.; queue 3 centim.; pieds 4 centimètres.

Ce chéiroptère est une des espèces que l'on connaît depuis longtemps; cependant elle a été quelquefois confondue avec la Sérotine, même par des naturalistes d'un grand mérite. La noctule sort de sa retraite dès que le so-

leil a quitté l'horizon, s'élève d'abord très-haut dans les
airs ; à mesure que la nuit avance elle abaisse son vol et
s'approche de terre. Elle habite les vieilles tours, les vieux
clochers et les trous des arbres. Je l'ai trouvée dans nos
Arènes.

VESPERTILION DES MARAIS. — *VESP. PALUSTRIS.* (Mihi.)

COLORATION. — D'un brun fauve en desssus avec la
pointe des poils d'une couleur roussâtre ; pelage inférieur d'une seule nuance roussâtre un peu plus claire ;
les poils sont ici de la même nuance depuis leur base
jusqu'à leur sommet ; assez longs et moelleux, ainsi
que ceux du dos ; membranes des ailes et l'interfémorale noirâtres ; museau épais et court ; face presque
nue, garnie seulement de quelques poils longs et noirâtres ; narines latérales séparées par un sillon assez
profond ; oreilles épaisses, festonnées sur leur bord
extérieur, triangulaires, un peu plus courtes que la
tête, un peu poilues vers la partie supérieure interne ; oreillons droits, lancéolés, faisant la moitié de
la longueur de l'oreille.

Longueur totale de la tête et du corps, 7 centimètres ;
du bras, 6 centim. ; doigt du milieu, 9 centim. ; quatrième doigt, 8 centim. ; cinquième doigt, 65 millim. ;
Longueur des pieds, 55 millim. ; queue, 4 cent. La som-
mité dépasse la membrane de 5 millimètres. La femelle est
plus grosse que le mâle.

Cette grande espèce ne faisait point partie de celles que
j'ai envoyées à Paris, ce n'est que depuis lors que j'ai pu
la trouver. Je possède quatre individus tous semblables.
Ce vespertilion vole le soir au-dessus des marais avec une
grande célérité ; son cri est fort et imite assez un grin-

cement de dents ; j'en ai abattu deux au crépuscule du
matin autour de nos marécages ; les deux autres ont été
trouvés en Carmargue , par le garde de M. Martin-Corraud , sous le chaume d'une cabane de pêcheur.

Je ne l'ai pas trouvée mentionnée dans les auteurs.

VESPERTILION SÉROTINE. — *VESP. SEROTINUS.* (Linn.)

COLORATION.—La Sérotine est plus petite que la *Noctule*, elle est à-peu-près de la grandeur de l'*Oreillard*, mais elle en diffère par ses oreilles, qu'elle
a courtes et pointues, et par la couleur du poil ; toute
la face supérieure, depuis le bout du nez jusqu'à la
queue, a une couleur mêlée de brun et de fauve si
peu décidée que l'on pourrait la prendre pour du
jaunâtre ou pour du cendré très-clair ; la membrane
des ailes et de la queue est d'une couleur noirâtre.
(Desmarets.)

Vieillot dit qu'elle a trente-six centimètres d'envergure ; l'oreillon en demi-cœur , son bord extérieur étant
découpé comme le fleuron d'une fleur de lys et son bord
intérieur découpé carrément ; pelage composé de poils
longs très-doux et d'un brun fauve foncé uniforme , avec
un léger reflet de roussâtre , la petite pointe qui les termine étant de cette couleur.

Cuvier dit encore : oreillons anguleux ; pelage marron
foncé , à ailes et oreilles noirâtres , la conque de celle-ci
triangulaire , plus courte que la tête. La femelle est plus
pâle.

LA SÉROTINE , Buffon. — En donnant ici la description
des trois naturalistes dont les noms précèdent, j'ai voulu
prouver la différence qui existe entre la manière de décrire cet animal , et pour dire aussi que je n'ai pu recon-

naître la *Sérotine* parmi les chauves-souris que je publie.
Si je la comprends dans cet ouvrage, c'est parce qu'elle se
trouve mentionnée dans plusieurs *Topographies* du midi ;
je ne doute point, toutefois, qu'elle habite notre pays,
puisqu'on la dit commune en France.

VESPERTILION NOIRATRE. — *VESP. NIGRANS.* (Mihi.)

COLORATION. — Ce joli Chéiroptère a le pelage de
dessous d'un gris cendré, tandis que le dessus est
d'un fauve foncé ; la moitié inférieure des poils est
noire (il en est de même pour ceux qui recouvrent
le dessous du corps.) Une belle teinte de marron vif
et lustré colore le front et les côtés du cou ; face
noire, c'est-à-dire que le bout du museau, les joues
et les oreilles sont noirs. La région qui sépare les
oreilles du coin de la bouche est presque nue et noirâtre ; oreillons courts, larges, avec leurs extrêmités
arrondies ; les oreilles ovales, triangulaires, aussi
longues que la tête, ayant un rebord à leur base extérieure, au-dessus duquel est une échancrure ; membranes des ailes et l'interfémorale noires. *Le sommet
de la queue se prolonge en un filet long d'une ligne.*

Longueur totale de la tête et du corps, 4 centim.; envergure des ailes, 18 centim.; du bras, 3 centim. 4 millim.;
doigt du milieu, 5 centim. 3 millim. ; du quatrième doigt,
5 centim.; du cinquième doigt, 4 centim.; queue 3 centimètres ; pieds, 2 centimètres.

La femelle est un peu plus grande que le mâle et a la
couleur de dessous d'un gris blanchâtre.

Ce Chéiroptère plaît à la vue, car les trois couleurs qui
le parent tranchent d'une manière agréable par leur oppo-
sition sur l'individu.

Il n'est pas très-rare ici, je l'ai trouvé en plein jour au pied d'un arceau des Arènes, et je l'ai tué plusieurs fois le soir dans les environs de Nimes.

VESPERTILION PIPISTRELLE. — *V. PIPISTRELLUS.* (Linn.)

COLORATION. — Pelage d'un brun foncé en dessus, d'un brun fauve en dessous; la couleur fauve ne règne que sur la pointe des poils; le reste, jusqu'à la base, est d'un noir enfumé ; ils sont longs, surtout ceux du dos ; les oreilles et le bout du museau noirs ; nez large avec un sillon au milieu, tour du museau presque nu ; oreilles ovales, triangulaires, légèrement échancrées sur leur bord externe ; oreillons à-peu-près droits, arrondis à leur extrémité; membranes noires ; celles des ailes ayant une fine bordure blanchâtre au bas de la première échancrure qui suit les pieds, elle se fond dans la suivante. Cette bordure n'est pas aussi apparente chez tous les individus.

Longueur totale de la tête et du corps, 4 centim. ; envergure des ailes, 23 centim. ; du doigt du milieu, 5 centimètres ; quatrième doigt, 4 centim. 5 millim. ; cinquième doigt, 4 centim. ; de la queue, 3 centim. 4 millim. ; celle-ci est terminée par une pointe aiguë.

LA PIPISTRELLE, Buff. — Cette chauve-souris est commune en France et en Europe. Elle vole dès le crépuscule du soir, et on la voit encore dans les airs pendant celui du matin. Il lui arrive souvent de quitter sa retraite pendant le jour et de voler; alors elle rase les eaux de près tout aussi bien qu'elle pourrait le faire pendant la nuit.

Ce Chéiroptère vit en société sous le comble de nos habitations, dans les clochers et les vieux monumens. Il apparaît le soir dans les rues où il fait la chasse aux insectes ailés de la même manière que les autres espèces du même genre.

VESPERTILION A GRANDES INCISIVES.

VESP. INCISIVUS. (Mihi.)

Coloration. — D'un marron luisant sur le dos et le reste des parties postérieures ; les poils sont d'une couleur plus foncée à leur base ; longs et soyeux ; ceux du haut du cou et de la tête sont également d'un marron vif, plus courts, ressemblant à de la bourre et ayant la finesse d'un duvet d'oiseau ; les parties inférieures d'un marron plus clair ; les poils sont de la même nuance dans toute leur longueur ; tête alongée ; mâchoires grandes et robustes ; lèvres fortes, noirâtres, garnies de poils rares de cette couleur. Toutes les dents très-longues, les canines surtout, et les deux incisives mitoyennes, ayant leur tranchant large, avec un fort sillon au milieu, ce qui les fait paraître doubles ; elles sont séparées à leur base et vont en se rapprochant à leur extrémité ; les deux incisives mitoyennes sont plus courtes et ont leur tranchant aigu ; narines rapprochées, saillantes, petites ; oreilles triangulaires, un peu plus courtes que la tête, sans rebords, échancrées extérieurement près de leur bout qui est en pointe, fesant face en dehors ; elles sont très-velues jusqu'à la moitié de leur longueur en dessus ; l'oreillon est droit, un peu arrondi à son sommet ; front très-poilu.

Longueur totale de la tête et du corps , 6 centim. ; en-

vergure des ailes, 30 centim.; du bras, 5 centim.; du doigt
du milieu, 9 centim.; quatrième doigt, 8 centim.; cinquième doigt, 6 centim.; de la queue, 5 centim., y compris la partie nue qui est longue de 5 millim.

Cette belle espèce, dont je n'ai pu trouver la description,
était parmi celles que j'avais envoyés au Jardin-des-Plantes;
elle me fut renvoyée sous le nom de *Noctule*, avec un point
de doute. Je lui ai donné provisoirement le nom de Vesp. à
grandes incisives qui lui serait assez bien appliqué si d'autres
avant moi ne lui en ont pas donné un plus convenable dans
le cas où elle serait déjà mentionnée. Ce chéiroptère a été
trouvé, en plein jour, sous une table qui se trouvait au pied
du Temple-de-Diane dans les trous duquel il devait s'être
logé d'autres fois. Je possède encore un pareil individu qui
paraît être plus jeune; il diffère par une couleur plus brune
et par de moindres dimensions, les dents sont les mêmes.
Je l'ai reçu, dans l'alcool, des environs de Nimes.

TROISIÈME DIVISION.

Les oreilles sont unies sur le haut de la tête.

GENRE OREILLARD. — *PLECOTUS.* (GEOFF.)

CARACTÈRES. — Les dents sont les mêmes que dans
le genre précédent; mais ces animaux diffèrent par
de très-grandes oreilles qui sont unies l'une à l'autre sur le crâne, l'oreillon est grand et lancéolé.

L'OREILLARD COMMUN. — *V. AURITUS.* (LINN.)

COLORATION. — D'un gris fauve en dessus, d'un
cendré blanchâtre en dessous; oreilles d'un brun jaunâtre, presqu'aussi grandes que le corps, un peu

velues près de leur bord interne ; les oreillons légèrement arqués, lancéolés ; ils sont , ainsi que la membrane des ailes et de la queue , de la même couleur
des oreilles.

Longueur totale de la tête et du corps , 5 centim. ; envergure des ailes, 26 centim. ; longueur du bras, 4 cent.;
du doigt du milieu, 7 centim.; du quatrième doigt, 6 cent.;
le cinquième doigt est de cette même longueur. Queue , 4
cent.; son sommet dépasse un peu la membrane. Longueur
des pieds , 3 centim.

L'OREILLARD , Buff. — Cet animal habite toute l'Europe,
il se loge dans les maisons , au milieu des villes ; l'espèce
est commune partout. On en distingue deux variétés : l'une
d'Egypte , qui est plus petite , et l'autre d'Autriche qui est
plus grande que la nôtre.

DEUXIÈME FAMILLE. — INSECTIVORES.

CARACTÈRES. — Leurs pieds sont courts et armés
d'ongles solides ; ceux de derrière ont toujours cinq
doigts , et leur plante du pied appuie en entier sur
le sol en marchant. Leurs molaires sont hérissées
de pointes. Ces animaux ont les mouvemens très-
lents. Ils mènent une vie le plus souvent nocturne ,
ou se cachent dans des terriers ; leur nourriture
consiste ordinairement en insectes, et ceux qui habitent les pays froids s'engourdissent durant l'hiver.

GENRE HÉRISSON. — *ERINACEUS.* (LINN.)

CARACTÈRES. — Ils ont le corps garni de piquans
au lieu de poils ; leur forme est lourde et ramassée ;
le museau pointu , la queue courte et les yeux

petits. Ces animaux peuvent se rouler en boule en rentrant leur tête comme dans un fourreau.

LE HÉRISSON ORDINAIRE. — *ERINACEUS EUROPOEUS.* (Linn.)

Nom du pays : *Érissoûn.*

COLORATION. — La tête, le cou et le dessous de la gorge, ainsi que les jambes d'un fauve clair ; les piquans bruns et marqués d'une couleur plus claire ; le nez noirâtre. On dit que la forme du museau permet d'en distinguer deux variétés : Le *Hérisson Cochon* et le *Hérisson Chien*.

LE HÉRISSON, Buff. — Cet animal est rare dans notre pays ; cependant, il s'en trouve quelques-uns dans les bois humides et dans ceux qui bordent les rivières. Cette année, en en a trouvé un sur les bords du Rhône sous St-Gilles ; personne, dans ce pays, ne se rappelle en avoir vu d'autres. Sans doute qu'il aura été entraîné par les inondations de 1840. Le Hérisson ne sort de sa retraite que vers le soir ; il ne s'écarte guère de sa demeure, et rentre dès qu'il a fait sa provision d'insectes, de vers et d'escargots. Il demeure pendant trois mois de l'année dans l'engourdissement, et ne commence à se mouvoir que dès que les beaux jours arrivent ; c'est alors que le mâle recherche la femelle pour opérer l'œuvre de la reproduction.

GENRE MUSARAIGNE. — *SOREX.* (Linn.)

CARACTÈRES. — Ces petits animaux, qu'on prendrait au premier abord pour des souris, diffèrent de celles-ci par des caractères bien tranchés. Leur museau est long, effilé, mobile ; les oreilles cour-

tes , souvent cachées par les poils ; queue quadri-
latère et comprimée; dans quelques espèces , elle est
garnie de poils ras et égaux ; chez les autres , il existe une rangée de poils longs parsemés à petites dis-
tances sur les côtés. Leurs dents sont tantôt colorées
de rougeâtre ou de brun à leur extrêmité , tantôt
elles sont entièrement blanches ; le nombre varie de
trente à trente-deux; leurs ongles ne sont pas propres
à fouir la terre.

Les Musaraignes sont de très-petits quadrupèdes nocturnes qui vivent d'insectes terrestres et aquatiques , selon
les espèces. Elles établissent leur demeure dans des trous
ou des excavations ayant déjà servi à d'autres animaux.
Leur naturel est cruel , car si l'on enferme plusieurs individus ensemble ils ne tardent pas à s'entre-dévorer.

On n'en a longtemps remarqué en France qu'une seule
espèce. Mais peu de genres ont donné lieu à tant de doubles emplois. On a appliqué jusqu'à dix-huit noms à la
Musaraigne d'Eau. Aujourd'hui , grâce aux travaux de
Hermann , Nathusius , Geoffroy-St-Hilaire , de Blainville,
Ch. Bonaparte, et tout nouvellement M. de Selys-Longchamps , l'on est parvenu à connaître d'une manière pré-
cise les individus mal dénommés , en même temps que ces
auteurs en ont publié de nouvelles espèces.

M. de Selys divise son genre *Sorex* en deux sous-genres ,
ainsi qu'il suit :

PREMIER SOUS-GENRE. — *SOREX.* (WAGLER.)

CARACTÈRES. — Les dents incisives inférieures à
tranchant dentelé , les deux supérieures fourchues,
ayant leur talon prolongé au niveau de leur pointe;

le nombre des dents est de 50 ou 52 ; queue de forme égale , un peu carrée chez les vieux, arrondie ou étranglée chez les jeunes , couverte de poils égaux , sans cils raides. (De Selys.)

MUSARAIGNE CARRELET. — *SOREX TETRAGONURUS.* (Herm.)

Nom du pays : *Mourë poûnchú, Rat d'áou mourë poûnchû*.*

COLORATION. — Pelage supérieur d'un brun noirâtre ou roussâtre ; le dessous du corps est d'un cendré blanchâtre plus ou moins foncé ; une ligne rousse le long des flancs ; queue de forme un peu carrée , d'égale grosseur partout ; plus longue que la moitié du corps , garnie de poils égaux , brune en dessus , plus claire en dessous , souvent garnie d'un petit pinceau à sa pointe. Longueur totale environ 11 centimètres.

Elle n'est point dans Buffon. — Son nom lui vient de la forme de sa queue qui est un peu carrée. Cette Musaraigne habite toute l'Europe ; elle est assez rare dans nos contrées, vit dans les bois, les campagnes et les garennes ; on l'entend le soir courir dans les haies en poussant un petit cri qu'on prendrait pour celui d'une sauterelle.

M. de Selys dit que si on l'enferme avec une grosse grenouille, elle l'attaque aussitôt et la met à mort. Ce petit quadrupède répand une forte odeur de musc qui est cause que les animaux qui le tuent ne le mangent pas ; aussi, en trouve-t-on souvent de morts sur les chemins.

* Ces noms vulgaires sont appliqués ici à tontes les espèces terrestres.

2ᵉ sous-genre. — *CROSSOPUS*. (Wagler.)

Caractères. — Ces espèces habitent le bord des eaux et nagent bien ; leurs dents sont colorées en rougeâtre.

MUSARAIGNE D'EAU. — *S. FODIENS*. (Pall.)

Coloration. — Le pelage de cette Musaraigne ressemble à celui de la Taupe ; il est noir, velouté en dessus, plus ou moins blanchâtre en dessous ; museau gros ; les bords de la lèvre supérieure un peu blanchâtre ; une tache de cette même couleur en arrière des yeux ; queue presque de la longueur du corps, noirâtre et frangée en dessous sur toute sa longueur par des poils raides, blanchâtres qui aident l'animal dans la natation. Pieds d'un cendré foncé, et bordés de cils raides, grisâtres ; moustaches noires. Longueur totale, 17 centimètres environ.

Cette espèce varie dans la distribution de ses couleurs et porte quelquefois des poils blancs aux oreilles, comme dans l'espèce suivante.

Point dans Buffon. — Je possède dans ma collection un individu que je crois devoir rapporter à la Musaraigne d'Eau ; il n'a pas de tache blanche en arrière de l'œil et aux oreilles ; il a les ongles rougeâtres et n'a point la ligne de cils blancs sous la queue. Il a été trouvé sur les bords du Gardon. C'est peut-être une variété locale ou quelque vieil individu dont les poils ou cils de la queue auront été usés, si ce n'est une nouvelle espèce.

M. de Selys dit que la Musaraigne d'Eau habite le bord des rivières, les marais, les ruisseaux, à l'exception du cercle arctique et des contrées méridionales.

MUSARAIGNE PORTE-RAME. — *S. CILIATUS*. (Sel.)

Nom du pays : *Rat d'aïguo*. (Peu connue.)

COLORATION. — Dents colorées en rougeâtre ; pelage, en dessus, d'un noir semblable à celui de la taupe ; d'un cendré grisâtre en dessous ; les bords des lèvres blanchâtres ; gorge un peu roussâtre ; un petit bouquet de poils blancs aux oreilles ; pieds d'un cendré noirâtre, bordés de cils raides, épais, grisâtres. Queue d'un brun noirâtre, garnie en dessous d'une ligne de poils longs qui font l'office de rame ; museau gros et allongé, moustaches noires. Longueur du corps, 6 centimètres ; queue 4 centimètres 25 millim.

Point dans Buffon. — Selon M. de Selys-Longchamps, cette Musaraigne n'aurait pas encore été observée dans le Midi ni en Suisse. Je suis heureux de dire que les individus que je possède viennent de la rivière d'Arre, qui arrose les parties les plus élevées de notre département. C'est à M. Argelliès fils, du Vigan, que je suis redevable de cette espèce, que je n'ai pas rencontrée ailleurs. Ce Monsieur m'écrit qu'elle nage, en se tenant entre deux eaux, avec une grande rapidité, et qu'elle recherche les sources d'eaux vives. Se nourrit d'insectes aquatiques.

Genre CROCIDURE. — *CROCIDURA*. (Wag.)

CARACTÈRES. — Les deux incisives à tranchant simple non dentelé, et les deux supérieures ayant un talon ; *toutes les dents blanches* ; en tout 28 ou 30 dents ; queue plus courte que le corps, allant en di-

minuant de grosseur à partir de sa naissance; ses
côtés sont parsemés de longs poils blancs isolés.

Ces petites espèces de Musaraignes ne s'approchent
point des eaux; c'est dans les endroits secs qu'elles se
plaisent; on les trouve au milieu des champs et autour
des maisons les plus rapprochées de la campagne. Leur
nourriture se compose d'insectes, souvent de grillons et
de vers. Leur pelage ressemble à celui des souris. Elles
sont divisées en deux sous-genres, d'après le nombre des
dents.

1er sous-genre. — *PACHYURA*. (de Selys.)

Ce groupe est formé de quelques espèces de l'Afrique
et de l'Inde, et d'une du midi de l'Europe qui se rencontre chez nous.

CROCIDURE ÉTRUSQUE. — *C. ETRUSCA*. (Bonap.)

Coloration. — Pelage supérieur d'un cendré plus
ou moins teinté de roussâtre; le dessous du corps
est d'un cendré clair, un peu plus foncé sur les
flancs dont la nuance se fond avec la couleur du
dos; le bord des lèvres un peu blanchâtre; museau un peu gros; moustaches nombreuses, blanches; oreilles blanchâtres; pieds et ongles blancs;
queue assez épaisse, bicolore, mince à sa nais-
nance, plus foncée en dessus qu'en dessous; parsemée de longs poils blancs. Longueur totale, 5
centimètres 25 millimètres, la queue fait la moitié
de cette longueur.

Point dans Buffon. — Le poids de cette Musaraigne est d'environ trente grammes ; elle est d'ailleurs le plus petit des quadrupèdes connus. La découverte de cette espèce est due au savant professeur Paolo Savi, qui en a fait l'objet d'un Mémoire dans le *Giornal Pisano*, en 1822. Depuis lors, ce petit animal n'avait pas été observé autre part qu'en Toscane. Je ne croyais pas le trouver chez nous, quoique la température de notre climat soit celle qui convienne également à son existence, car l'on assure qu'il ne peut vivre à une chaleur moindre de dix à douze dégrés Réaumur. Mais le hasard voulut qu'en creusant un aqueduc qui doit servir au nouveau chemin de fer de Montpellier à Nîmes, des ouvriers trouvassent deux de ces Musaraignes ; ils en avaient déjà mutilé une, quand un jeune homme de notre ville, M. Veissière, qui se trouvait là comme curieux, s'empressa de recueillir l'autre pour m'en faire hommage. C'est une femelle ; probablement, celle que je n'ai pas vue devait être le mâle.

2⁶ SOUS-GENRE. — *CROCIDURA.* (WAGLER.)

Vingt-huit dents seulement. Dans ce groupe se trouvent réunies des espèces de l'Europe tempérée, de l'Asie et de l'Afrique.

CROCIDURE ARANIVORE. — *C. ARANEA.* (DE SEL.)

Nom du pays : *Fúro d'àou mourë pounchú.*

COLORATION. — Pelage d'un gris de souris en dessus, passant par teintes insensibles au cendré plus ou moins blanchâtre ou grisâtre en dessous ; pieds cendré-clair ainsi que les oreilles, qui sont très-apparentes ; queue de la couleur du corps, garnie de poils ras et parsemée de poils longs dans sa longueur ;

moustaches et dents blanches. Longueur , 9 centimé-
2 millimètres. *

Cette espèce varie beaucoup par la taille et par les
teintes de dessus le corps, qui sont plus ou moins
roussâtres.

LA MUSARAIGNE OU MUSETTE , Buffon. —La Musaraigne
aranivore vit dans les jardins , et autour des habitations où
elle pénètre quelquefois pendant l'hiver. J'en ai trouvé plusieurs en été dans les champs , sous les amas de fourrage.
On la rencontre dans toute l'Europe. Les chats la tuent,
mais ne la mangent pas , à cause de son odeur musquée.
Cette odeur est secrétée par des glandes qu'on voit sur les
flancs quand l'animal est en mue. Cette espèce est commune dans le Midi.

CROCIDURE LEUCODE. — *C. LEUCODON.* (WAGL.)

COLORATION. — Noirâtre ou cendré-noirâtre en
dessus, blanc en dessous et sur les flancs ; ces deux
couleurs tranchent fortement à leur réunion ; queue
noirâtre en dessus, blanche en dessous ; parsemée de
longs poils clair-semés , blancs ; pieds de cette même
couleur , bordés de gris extérieurement ; museau
assez allongé, un peu noirâtre ; dents toutes blanches.
Longueur totale , 9 centimètres ; la queue mesure environ trois centimètres.

Point dans Buffon. — Cette Musaraigne est fort rare
dans nos contrées ; je n'en ai trouvé qu'un seul individu

---

* Je possède plusieurs individus qui varient depuis cette longueur
jusqu'à celle de 6 centimètres 4 millimètres.

que je conserve dans l'alcool depuis plusieurs années; ses couleurs primitives ont totalement passé au roux, au point de le rendre méconnaissable.

M. de Selys, qui a parfaitement étudié ces animaux, fait mention de cette particularité dans son excellent travail sur les Musaraignes. Cette espèce habite le Nord-Est de la France; on l'a observée à Metz, à Strasbourg et à Lyon.

Genre TAUPES. — *TALPA*. (Linn.)

CARACTÈRES. — Ces animaux, dont la vie est essentiellement souterraine, sont connus de tout le monde, et chacun a pu voir et examiner dans ses promenades à la campagne les longs boyaux ou galeries que ces animaux fouisseurs pratiquent avec une habileté admirable. Leur corps trapu et leur museau allongé et mobile, joints à l'ampleur de leurs membres antérieurs que terminent des ongles forts et robustes, leur donnent la facilité de déchirer la terre. C'est dans ces labyrinthes que les taupes fixent leur demeure, de laquelle elles ne sortent guère que la nuit. On leur compte vingt-deux dents à chaque mâchoire, leurs yeux sont extrêmement petits, et on en connaît une des Apennins, trouvée par M. Savi, qui est tout-à-fait aveugle. Ces animaux composent leur nourriture d'insectes, de vers et de racines tendres.

LA TAUPE D'EUROPE. — *T. EUROPEA*. (Linn.)

Nom du pays : *Taoûpo*.

COLORATION. Toute noire; pelage doux, serré et velouté; queue courte. On en connaît plusieurs jo-

lies variétés : 1° toutes blanches , 2° tachetées , 3°
couleur canelle , 4° cendrées.

La Taupe, Buffon. — La taupe est très-commune ici ,
elle cause de grands dégâts aux terrains plats et fertiles ;
elle vit en grand nombre dans nos champs de luzernes. On
la prend souvent aux piéges que l'on tend aux *campagnols*.
On la trouve en Europe et dans l'Amérique-Septentrionale.

LES CARNIVORES

FORMENT UNE TROISIÈME FAMILLE DES CARNASSIERS.

A l'exception des *quadrumanes*, le nom de *carnivores*
peut s'appliquer à tous les animaux onguiculés qui ont les
trois sortes de dents, puisque tous se nourrissent plus ou
moins de matières animales. Mais la famille à qui est ré-
servée cette épithète désigne un grand nombre de mammifères, chez qui l'odorat, secondé par une dentition
puissante , et que favorisent encore une grande vigueur et
une grande force musculaire, font de ces animaux des
êtres redoutables , puisque tout leur penchant les porte
à verser le sang et à se nourrir de chair palpitante.

Selon la conformation de leurs membres , les *carnivores*
diffèrent dans leurs mouvemens, et c'est pour cette raison
qu'on les divise en trois tribus : Les *plantigrades* , qui
marchent sur la plante entière des pieds ; les *digitigrades* ,
qui , dans la marche, ne touchent la terre que du bout
de leurs doigts ; et les *amphibies* , que la conformation de
leurs membres rend impropre à la marche , car ils ressemblent à des nageoires , et ne peuvent guère servir que pour
la natation.

PREMIÈRE TRIBU. — LES PLANTIGRADES.

Ils marchent sur la plante entière, ce qui les faci-
lite pour se dresser sur leurs pieds de derrière. Les
habitudes de ces animaux se rapprochent beaucoup
de celles des insectivores : plusieurs sont nocturnes,
sujets à un engourdissement hivernal, et la plupart
de ceux qui habitent les pays froids passentl'hiver en
léthargie. Ils sont tous munis de cinq doigts ; plusieurs
d'entr'eux ont la faculté de grimper aux arbres.

Genre OURS. — *URSUS*. (Linn.)

Nous ne trouvons point d'ours vivans dans notre pays ;
mais plusieurs cavernes du Gard et de l'Hérault renferment des ossemens fossiles ayant appartenu à deux espèces
aujourd'hui détruites :

1° L'Ours a front bombé, *ursus speleaus*, (Cuv.) Cette
espèce était d'une très-grande taille ;

2° L'Ours a front plat, *ursus arctoïdeus* (Cuv.), assez
semblable par le crâne à l'ours noir d'Amérique, mais
ayant le museau plus allongé ; il était de la taille du précédent, c'est-à-dire plus grand que les ours polaires.

Genre BLAIREAU. — *MELES*. (Storr.)

Caractères. — Ils se font remarquer en ce que
leurs jambes sont courtes ; aussi ils semblent plutôt
ramper que marcher ; pieds à cinq doigts ; ongles
robustes ; queue courte, velue ; une poche située
sous la queue, d'où suinte une humeur grasse et

fétide : leurs ongles de devant sont propres à fouir la terre et leur servent à creuser des terriers profonds.

LE BLAIREAU D'EUROPE. — *URSUS MELES*. (LINN.)

Nom du pays : *Taï*. *

COLORATION. — Son pelage est d'un gris brun en dessus, noir en dessous ; une bande allongée noire de chaque côté de la tête, passant sur les yeux et sur les oreilles. Plusieurs personnes pensent reconnaître deux espèces de *Blaireaux*, qu'ils nomment ici *Taï-Chinën* et *Taï-Pourquën*, c'est-à-dire *Blaireau-chien* et *Blaireau-porc* ; mais ce n'est qu'une différence d'âge.

LE BLAIREAU, Buff. —Les Blaireaux ne sortent point tant que le soleil est sur l'horizon ; ils ne rôdent que la nuit, et encore faut-il qu'ils aient épuisé leurs provisions que, d'ordinaire, ils cachent dans leur retraite. Malgré son apathie, cet animal se défend vigoureusement contre les chiens ; en 1839, dans la forêt St-Nicolas, deux blaireaux se voyant poursuivis par deux gros chiens de bergers appartenant à M. Tur, préférèrent se précipiter du haut d'une grande roche où ils trouvèrent la mort dans leur chute, plutôt que de se laisser saisir.

Le terrier de cette espèce est toujours très-propre ; elle a soin de le garnir avec des herbes longues et souples pour s'y reposer dessus. Jamais il ne fait d'ordures autour de sa demeure, et il a soin de creuser un trou pour les y déposer, mais il ne le recouvre point. L'on tire quelque parti

---

* Les cavernes de Lunel-Vieil recèlent des débris d'ossemens fossiles du Blaireau d'Europe.

de ses poils et de sa peau. On dit que sa graisse a quelques vertus pour guérir des douleurs. Cet animal est assez commun dans les environs du Gardon et dans plusieurs localités du pays. Il aime les terres hautes et faciles à creuser.

DEUXIÈME TRIBU. — LES DIGITIGRADES.

CARACTÈRES. — Ces animaux, ainsi que l'explique la dénomination qu'on leur a donnée, au lieu d'appuyer la plante entière de leurs pieds sur le sol, ne le touchent que de l'extrémité de leurs doigts. Ils peuvent tenir leurs ongles redressés durant la marche, et ne les recourbent que lorsqu'ils veulent déchirer leur proie. On les a nommés *vermiformes*, à cause de la longueur de leur corps et de la brièveté de leurs pieds qui leur permettent de pénétrer dans les cavités, en passant à travers les plus petites ouvertures. Ces carnassiers sont d'un naturel farouche et cruel.

GENRE MARTES. — *MUSTELLA.* (LINN.)

Répandent une odeur désagréable et sont très-sanguinaires.*

LE PUTOIS COMMUN. ** — *M. PUTORIUS.* (LINN.)

Nom du pays : *Pudis.*

COLORATION. — Son pelage est brun, mais d'un blanc fauve intérieurement ; un peu de blanc près du museau et quelques taches de cette même cou-

___

* Cuvier les divise en quatre sous-genres.
** Quelques cavernes du Midi contiennent des ossemens fossiles de cette espèce.

leur à la tête; queue de médiocre longueur; yeux bruns.

LE PUTOIS, Buff. — Cet animal n'est pas rare dans nos contrées; on le trouve partout, dans le voisinage des villages et des fermes; il grimpe avec facilité le long des murs des jardins et des garennes pour aller détruire les volailles de toutes sortes, et surtout les lapins qu'il saigne dans leurs terriers. Lorsqu'il se voit poursuivi par des chiens, il escalade les arbres ou se défend avec courage. Son odeur infecte est cause que souvent les chasseurs l'abandonnent après l'avoir tué; pourtant, sa fourrure n'est pas sans valeur. Il habite les endroits pierreux et vit aussi au bord des marais.

LE FURET. — *M. FURO.* (LINN.)

Nom du pays : *Fûré.*

COLORATION. — Le Furet diffère peu de l'espèce précédente dont il n'est peut-être qu'une variété un peu dégénérée. Son pelage est jaunâtre et ses yeux sont roses. Il en existe plusieurs variétés qui sont entièrement blanches, ou mêlées de fauve, de blanc et de noir.

LE FURET. Buff. — Tout le monde sait que le Furet est très-estimé pour la chasse aux lapins qu'il force à sortir de leurs terriers; parfois il les saigne sur place. Ce petit animal se prive facilement et reconnaît la voix de son maître. Les personnes qui les élèvent les nourrissent surtout de soupe faite avec des anguilles dont ils sont très-friants. Ceux qui en élèvent pour les revendre en retirent un bon revenu, puisqu'un furet dressé se vend ici de 24 à 50 fr. Ce quadrupède ne se trouve en France qu'en état de captivité; il est originaire d'Afrique, et il s'est naturalisé en Espagne.

LA BELETTE. — *M. VULGARIS*. (LINN.)

Nom du pays : *Moûstèlo.*

COLORATION. — La coloration de ce joli petit quadrupède est d'un roux vif en dessus et blanc en dessous; son corps est long et fort mince. J'en possède une variété qui est d'une couleur isabelle clair en dessus et blanchâtre en dessous.

LA BELETTE, Buff. — On en trouve dans tous les lieux; les bois comme les champs conviennent à ses habitudes; partout elle trouve sa nourriture, car, malgré sa petitesse, elle ne craint pas d'attaquer une proie plus grande qu'elle; la moindre petite issue lui suffit pour s'introduire dans les basses-cours, où elle fait beaucoup de ravages en saignant la volaille. En été, elle cause beaucoup de mal, en ce qu'elle détruit les œufs de perdrix et de cailles. Le soir il n'est pas rare de voir la Belette traverser les chemins; elle court ou saute le long des murs et des taillis, et se cache adroitement dans les tas de pierres ou les trous qu'elle rencontre. On la trouve dans toute l'Europe tempérée. On prétend que ceste espèce vit aussi dans l'Amérique du Nord.

L'HERMINE. — *M. ERMINEA*. (LINN.)

COLORATION. — Elle est blanche en hiver, grise au premier printemps et rousse en été. Dans l'une

et l'autre saison le bout de la queue reste toujours
noir ; elle a les formes de la Belelte.

L'Hermine, Buff. — Cette espèce est inconnue dans
nos environs, mais on en voit quelques-unes sur les montagnes boisées des pays situés au nord de notre département. Après avoir longtemps demandé ce petit animal,
je finis par m'en procurer un qui fut pris dans l'Ardèche,
mais on m'a assuré qu'il y était fort rare. L'on pensait que
c'était une *Belette blanche*. D'ailleurs, l'Hermine se trouve
assez communément dans le département de la Côte-d'Or,
où notre ami M. Deseuil, de Is-sur-Thil, en tue souvent.
Chacun sait que la fourrure de l'Hermine est précieuse,
mais ce n'est que dans l'extrême nord de l'Europe que
l'on peut s'en procurer assez pour en faire le commerce.
Ses mœurs sont les mêmes que celles de la *Belette*.

LES MARTES PROPREMENT DITES.

CARACTÈRES. — Les MARTES proprement dites diffèrent des Putois en ce qu'elles ont le museau un peu
plus allongé ; les ongles acérés, un petit tubercule
intérieur à leur carnassière d'en bas et d'en haut.

L'Europe en fournit deux espèces très-voisines
l'une de l'autre.

LA MARTE COMMUNE. — *M. MARTES.* (Linn.)

Nom du pays : *Lou Martrē.*

COLORATION. — Elle a le pelage entièrement brun,
avec une tache jaune-clair sous la gorge ; les poils de
la Marte sont de deux sortes : les uns longs et solides,

les autres ne sont qu'un duvet très-fin. Elle a la queue longue et bien fournie.

La Marte, Buff. — Elle vit dans les forêts les plus épaisses; mais nous ne l'avons point dans nos environs, bien que presque tous nos chasseurs le croient généralement; ils donnent le nom de *marte* à la *fouine*, qui est assez commune ici. L'espèce dont il s'agit préfère les pays du nord de l'Europe à ceux du Midi. Il s'en trouve cependant quelques-unes dans les forêts des montagnes de la Lozère, de l'Ardèche et des Cevennes. Cet animal est d'un naturel fort sauvage. On sait que sa fourrure est très-recherchée.

La FOUINE. — *M. FOINA.* (Linn.)

Nom du pays : *Lou Martrë.*

Coloration. — Cet animal a le sommet de la tête aplati ; sa robe est brune, avec le dessous de la gorge blanchâtre. Son duvet est moins épais que chez l'espèce précédente. Les yeux sont brun-clair, la queue longue, très-poilue.

Cette espèce n'est pas rare dans nos contrées, surtout dans les pays élevés : elle se plaît à rester dans le voisinage des habitations rurales où elle commet beaucoup de larcins sur le gibier et la volaille de basse-cour. On la trouve aussi dans les garrigues parmi les tas de pierres et les vieilles murailles où elle se cache pendant le jour ; le soir elle sort de sa retraite et commence à chasser ; au temps des nichées elle détruit beaucoup de perdrix. J'ai vu cette année, 1843, au mois d'avril, le nid d'une fouine placé entre la toiture et le plafond d'une petite métairie isolée appartenant au Grand-Séminaire de notre ville : la mère ne pouvait arriver en cet endroit qu'après avoir escaladé plu-

sieurs murs et fait beaucoup de détours. Il y avait deux
petits, mais le lendemain il n'y en eut plus qu'un, la mère
avait emporté l'autre pour le sauver, car elle avait reconuu
le danger qui les menaçait.

Genre LOUTRE. — *LUTRA*. (Storr.)

CARACTÈRES. — Corps très-allongé; jambes courtes; pieds palmés, ayant cinq doigts; queue aplatie
horizontalement; tête comprimée; langue rude;
oreilles courtes; moustaches raides et fortes; elles
vivent de poissons.

LA LOUTRE COMMUNE.* — *M. LUTRA*. (Linn.)
Noms du pays : *Loutro*, *Louyro*.

COLORATION. — Le pelage de la Loutre est brun
en dessus et blanchâtre en dessous; le bord des
lèvres et le menton sont d'un gris pâle. La robe des
jeunes est plus foncée que celle des vieux.

On trouve quelquefois des Loutres dont le pelage
varie, il y en a même qui sont atteintes d'albinisme;
j'en ai vu une, prise dans le Vidourle, qui avait du
cendré sur plusieurs parties du corps.

LA LOUTRE, Buff. — Cet animal, qui parvient à environ 60 centimètres, ne s'écarte jamais des bords des rivières, où il a soin de se pratiquer une ou plusieurs issues,
par lesquelles il lui est facile de communiquer à l'eau.
Cette précaution le met souvent à l'abri du danger, car,
comme il marche difficilement à terre, il deviendrait iné-

---

* On trouve dans nos environs des ossemens fossiles ayant appartenu à cette même espèce.

vitablement la proie de ses ennemis avant d'avoir eu le temps de se submerger. Quand une loutre est surprise sur la grève, elle plonge aussitôt et disparaît soudain ; mais il lui arrive souvent d'aller sur le bord de la rive opposée, ne sortant que son museau et ses yeux hors de l'eau ; dans cette position, elle guette si quelque nouveau danger la menace. Je possède une Loutre dans mon cabinet qui fut prise vivante par un chien au milieu du Gardon ; le combat dura longtemps, et si le chien n'avait été robuste et fort plongeur, il aurait été noyé par la Loutre qui le tenait fortement avec ses dents. L'un et l'autre disparurent plusieurs fois au fond de la rivière, et le chasseur, maître du chien, qui tenait son fusil en main, n'osait faire feu dans la crainte de tuer les deux animaux à la fois ; pourtant, le chien finit par amener la Loutre vers le bord, elle était demi-morte. C'est alors que le chasseur s'en empara. Les poissons forment l'unique nourriture de ces amphibies, et, comme ils sont très-adroits à la pêche, il suffit d'une seule Loutre pour dépeupler en grande partie une rivière. Le naturel de la Loutre est très-sauvage, mais, prise jeune, on peut l'apprivoiser et la rendre susceptible de reconnaissance. Nous en trouvons dans toutes nos rivières et autour de nos étangs. Il y en avait autrefois dans le Vistre. Il n'est pas rare de voir ces animaux établir leur demeure dans le voisinage des moulins à eau. La chair de la Loutre est bonne à manger.

Genre CHIENS.* — *CANIS*. (Linn.)

Caractères. — Trois fausses molaires en haut, quatre en bas et deux tuberculeuses derrière l'une et

---

* On trouve dans quelques grottes de notre pays des restes fossiles ayant appartenu à la race du chien domestique.

l'autre carnassière. Leurs incisives supérieures sont fortement échancrées ; leurs pupilles toujours circulaires, quel que soit le degré de sa construction ; la queue recourbée en arc ; leur langue est douce ; leurs pieds de devant ont cinq doigts , ceux de derrière quatre ; ils varient beaucoup pour la taille, la forme, la couleur et la qualité du poil.

Les Chiens sont, sans contredit, les plus dociles et les plus intelligens de tous les carnassiers ; indépendamment des preuves de fidélité et d'attachement que le chien domestique nous donne , c'est la conquête la plus complète, la plus singulière et la plus utile que l'homme ait faite ; toute l'espèce est devenue notre propriété ; chaque individu est tout entier à son maître , prend ses mœurs , connaît et défend son bien , et lui reste attaché jusqu'à la mort.

Quelques naturalistes pensent que le Chien est un loup , d'autres que c'est un chakal apprivoisé , que la domesticité a modifié à l'infini. On ne connaît point la souche de cet animal , répandu partout où l'homme habite.

Les chasseurs savent qu'un BRAQUE ou un ÉPAGNEUL ne doit pas avoir de noir sur le pelage, et ils rejettent comme mâtiné tout chien d'arrêt marqué de cette couleur, ou dont le palais est noir.

Après une longue course un chien peut impunément se mettre à l'eau sans courir le même danger qu'un grand *quadrupède* , tel que le *cheval* , par exemple ; cela s'explique, par ce que les chiens n'ont point de vaisseaux sudorifères , et que la sueur est secrétée par la langue.

Nous allons brièvement faire connaître les principales races ou variétés constantes :

Le Chien de Berger, — *Canis domesticus* (Linn.); habite l'Europe et tempérée septentrionale.

Le Chien Mâtin, — *Canis laniarius* (Linn.); habite la *France*.

Le Chien Dogue, *Canis molossus* (Linn.); habite l'Europe, surtout l'Angleterre.

Sous-race. — Chien Doguin, — *Canis fricator* (Linn.) C'est le Carlin, autrefois fort commun, aujourd'hui devenu rare en France. Cette espèce a peu d'intelligence.

Le Chien Danois, — *Canis danicus* (Desm.); rare ici; on l'emploie quelquefois comme coureur.

Le Chien Lévrier, — *Canis grajus* (Linn.)

Le Lévrier habite l'Europe; il a pour variétés :

Le Lévrier d'Irlande, le Lévrier de la Haute-Écosse, le Lévrier de Russie, le Lévrier d'Italie ou Levron, et le Lévrier Chien Turc.

Le Chien Epagneul, — *Canis extrarius* (Linn.); il a pour variétés :

1° Le Petit Épagneul ;

2° Le Gredin, — *Canis brevipilis* (Linn.) ;

3° Le Pyrame ;

4° Le Bichon, — *Canis militœus* (Linn.) ;

5° Le Chien Lion. — *Canis leoninus* (Linn.) ;

6° Le Chien de Calabre;

Cette race, qui est originaire d'Espagne, habite toute l'Europe tempérée.

Le Chien braque, — *Canis avicularius* (Linn.); habite l'Europe ; une de ses variétés est le Braque du Bengale (Buff.)

Le Chien Barbet (ou Caniche). — *Canis aquaticus* (Linn.)

Le Chien Courant. — *Canis gallicus* (Linn.); habite la France.

Le Chien Basset. — *Canis vertagus* (Linn.). Variétés :

1° Basset à jambes torses ;

2° Chien-Burgos (Buffon).

Le Chien Turc, — *Canis œgyptius* (Linn.), une variété :
Le Chien Turc à crinière (Buffon).

Le Chien Turc ne provient pas de Turquie, mais d'A-
frique et de Barbarie ; il est surtout très-commun au Pérou ;
peut-être est-il originaire d'Amérique, ou bien ce climat
est-il plus favorable à la multiplicité de l'espèce ?

Le Chien de Terre-Neuve, — *Canis palmatus.*

De ces races principales on a obtenu une foule de variétés que nous connaissons. *

Le Loup. — *CANIS LUPUS.* (Linn.)

Nom du pays : *Lou.*

COLORATION. — Son pelage est gris fauve avec une
raie noire sur les jambes de devant des adultes ; il
porte les oreilles et la queue droites ; ses yeux sont
obliques ; l'iris brun châtain. On trouve des individus plus ou moins grisâtres, selon l'âge ; ils varient
par la taille.

Le Loup, Buff. — C'est le plus dangereux des animaux
qui habitent nos contrées ; sa présence suffit quelquefois
pour porter l'effroi dans une commune, car lorsqu'un
Loup se plaît dans un canton il ne l'abandonne qu'après y
avoir commis de grands ravages parmi les animaux domestiques ; s'il se trouve bien pressé par la faim, il lui arrive
même d'attaquer les personnes qu'il surprend dans les
campagnes ; mais fort heureusement ces cas sont rares,
cet animal étant d'ailleurs moins courageux que fort.

Un loup peut faire au moins vingt lieues dans une
journée sans prendre du repos, et son agilité le fait sou-

---

* *Voyez*, pour de plus amples renseignemens, les intéressans travaux
de MM. F. Cuvier, Desmarets et le *Manuel de Mammalogie* de M. Lesson.

vent échapper aux chiens tout en emportant un mouton
sur ses épaules. Il a l'odorat très-fin, et, sans avoir toute
la malice du *Renard*; il est adroit pour attaquer une proie
quelquefois très-grande, telle qu'un bœuf ou un cheval.
Je possède dans mon cabinet un loup d'une forte taille qui
dans une même nuit saigna deux jeunes chevaux camargues
autour d'une bergerie; il était tellement habitué à se rapprocher du voisinage de l'homme, qu'un matin du mois
d'oût 1841, mon fils m'accompagnant à la chasse dans
les marais de Cannavère, ce loup vint traverser la route à
quelques pas de nous, marchant aussi tranquillement qu'il
eût pu le faire au milieu des bois. Le fermier de la campagne d'*Aspiran*, d'où nous étions très-près, nous apprit
que c'était le même animal qui depuis quelque temps rôdait
dans ce quartier, et que c'était bien lui qui avait attaqué
ses chevaux pendant la nuit. Quelques jours plus tard, M.
Hyp. Molines le tua en face de sa campagne, près de St-
Gilles, où il se présenta en plein jour.

Les Loups sont plus nombreux dans nos contrées en hiver qu'en été; les neiges qui couvrent les pays de montagnes qui nous avoisinent les forcent à venir chercher
dans nos environs un refuge contre le froid, en même
temps qu'ils y trouvent une nourriture plus abondante.

Plusieurs paires nichent dans les ravins et les bois épais
qui bordent le Gardon, surtout dans la belle forêt de St-
Nicolas; quelquefois même dans nos bois en plaine et au
milieu des grandes vignes près des marais.

Buffon prétend, mais à tort, que le Loup n'est pas
susceptible d'éducation. Pris jeune, cet animal se prive
vite, s'attache à son maître et le suit même jusqu'au milieu
des villes populeuses.

On a vu rôder près du Mont-Ventoux et dans les environs d'Arles, un Loup qui paraissait être tout noir.

3*

UN SOUS-GENRE. — LES RENARDS.

Les Renards se distinguent des loups et des chiens par une queue plus longue et plus touffue, par leur museau pointu, et par des pupilles, qui, de jour, se contractent verticalement.

LE RENARD ORDINAIRE. — *CANIS VULPES*. (LINN.)

Nom du pays : *Reynar.*

COLORATION. — Plus ou moins roux en dessus, blanc en dessous ; le derrière des oreilles noir ; la queue touffue, blanche au bout, mais terminée par quelques poils noirs ; l'iris couleur de noisette.

LE RENARD CHARBONNIER, que quelques naturalistes regardent comme une variété du Renard Ordinaire, ne diffère que par le bout de la queue qui est noir au lieu d'être blanc. — Ces deux espèces ou variétés ont les mêmes habitudes. Le Renard Charbonnier est rare ici.

Le RENARD, Buff. — Tout le monde connaît la finesse et la malice du Renard ; heureusement la nature lui a refusé la faculté de pouvoir grimper le long des murs ; sans cela, rien de ce qui vit dans nos basses-cours ne pourrait échapper à sa dent meurtrière. Cet animal est glouton, patient, audacieux et rusé ; il médite ses projets, et c'est bien rare s'il ne les accomplit pas. En été, il est le fléau dévastateur de la campagne ; il va pendant la nuit surprendre sur leurs nids les perdrix et les cailles, et les dévore sur place sans faire grâce aux œufs. Sa nourriture d'hiver consiste en matières végétales auxquelles il joint le miel des ruches. Le Renard chasse pendant les belles nuits en donnant de la voix ; mais il est à remarquer qu'en hiver il ne pousse plus le même cri qu'en été ; dans cette dernière saison, son cri ressemble assez au bêlement d'une vieille brebis, tandis que dans les mois de janvier et février il semble japper trois fois de suite ; peut-être qu'alors le mâle appelle sa femelle , car c'est l'époque où chaque couple se recherche.

Lorsque la femelle a ses petits, elle est encore plus méfiante que jamais, et si elle s'aperçoit qu'on les ait seulement vus, elle les emporte avec sa gueule et va les cacher en lieux sûrs. Le Renard ordinaire est fort commun dans le pays ; les bois en plaine et surtout ceux des endroits montagneux en recèlent beaucoup. On fait commerce de sa fourrure d'hiver. Quelques personnes de la campagne mangent sa chair après l'avoir exposée plusieurs heures à un courant d'eau.

Les GENETTES. — GENETTA. (Cuvier,)

CARACTÈRES.—Elles forment un sous-genre des Civettes et ne diffèrent de ces dernières qu'au lieu d'avoir une poche sous l'anus d'où se répand une odeur de musc bien prononcée , provenant d'une pommade abondante , elles n'ont qu'un léger enfoncement formé par la saillie des glandes , qui laissent échapper néanmoins une forte odeur. Leur pupille devient à la grande lumière de forme verticale , et leurs ongles peuvent se retirer entre leurs doigts comme ceux des chats.

LA GENETTE COMMUNE. — VIVERA GENETTA. (Linn.)

Nom du pays : *Zenetto.*

COLORATION. — Le pelage est gris, agréablement tacheté de brun ou de noir ; ces taches , tantôt rondes tantôt oblongues; la queue aussi longue que le corps ,

mêlée de noir ; le museau noirâtre ; des taches blanches aux sourcils, à la joue et de chaque côté du bout
du nez.

LA GENETTE , Buff. — Cette jolie espèce n'est pas très-
rare dans notre pays ; elle vit dans les bois humides et
surtout dans ceux des endroits montueux qui bordent des
rivières. J'en tuai une dans le bois de St-Privat, près le
Pont-du-Gard, qui, se voyant traquée, avait grimpé sur
un arbre avec une grande facilité, et où la crainte du danger qui la menaçait lui faisait pousser des cris aigus tout
en agitant sa queue.

Ce petit animal se prive vite en domesticité , et , dans
plusieurs pays du midi de l'Europe, on le dresse pour la
chasse aux rats ; il rend dans les maisons les mêmes services que le chat : aussi lui donne-t-on le nom de *Chat
de Constantinople*. Sa fourrure est fine au toucher et
agréable à la vue.

La Genette habite le midi de la France , l'Espagne et
l'Italie. La même espèce vit dans toute l'Afrique et ne
diffère de la nôtre que par la taille et le nombre des taches.

GENRE HYÈNES. — *HYÆNA* (STORR.)

Ces *Carnivores* ne se trouvent aujourd'hui vivans
qu'en Afrique, mais dans le département de l'Hérault
et dans celui du Gard on rencontre des ossemens
fossiles souvent bien conservés ayant appartenu à
des animaux de ce genre.

Les sables marins tertiaires des environs de
Montpellier fournissent des dents canines et des

fientes de l'*hyœna speléa* (Cuv.) Dans les cavernes de Sommières et de Mialet (Gard), on en découvre des débris qui semblent appartenir à des espèces aujourd'hui perdues ; ces débris sont mêlés à des poteries grossièrement façonnées et qui semblent ne pas avoir été cuites.

Les cavernes de Poudrez contiennent aussi des ossemens de ces animaux.

Genre CHATS. — *FELIS*. (Linn.)

CARACTÈRES. — Se reconnaissent à leur tête arrondie, leurs mâchoires très-courtes, leurs molaires toutes tranchantes ; les ongles sont rétractiles et peuvent se redresser par le moyen de ligamens élastiques, ce qui préserve leur pointe de s'user ; leur langue est hérissée de papilles cornées. Ces caractères joints à leur grande souplesse en font des animaux redoutables, surtout pour les grandes espèces, telles que le Lion, le Tigre, etc.

Le CHAT SAUVAGE. — *F. CATUS*. (Linn.)

Nom du pays : *Cat.*

Ce chat, qui est la véritable souche de notre chat domestique, est d'un gris plus ou moins brun, avec des ondes plus foncées sur le dos et transversales sur les flancs ; le dedans des cuisses un peu jaunâtre, les lèvres et la plante des pieds noires ; la queue annelée terminée de noir.

Le Chat Sauvage, Buff. — Il habite les pays boisés, fait une chasse continuelle aux oiseaux et aux petits quadrupèdes, détruit les nichées qu'il va chercher sur les plus hautes branches des arbres où il grimpé avec une grande adresse. Les parties boisées les plus élevées de notre département en fournissent davantage que les bois en plaine. Les braconniers de Ganges et de St-Hippolyte en prennent souvent aux piéges. En domesticité, cette espèce varie comme chacun sait. Le chat miaule.

VARIÉTÉS CONSTANTES.

1° Le Chat domestique tigré. — *Felis Catus domesticus*. (Linn.)

2° Le Chat des Chartreux. — *Felis Catus cœrulus*. (Linn.) — Il a le poil gris ardoisé.

3° Le Chat d'Espagne. — *Felis Catus hispanicus*. (Linn.) — Son pelage est tricolore, mais òn ne voit guère que les femelles de cette variété.

4° Le Chat d'Angora. — *Felis Catus angorensis*. (Linn.) — Il se distingne des autres par la finesse et a longueur de son poil ; il est peu actif.

ANIMAUX FOSSILES DU GENRE CHAT.

On trouve dans quelques cavernes du département de l'Hérault des ossemens *fossiles* du genre *felis* ayant appartenu à une grande espèce de Lion aujourd'hui éteinte; on y trouve aussi des ossemens appartenant au Lion d'Afrique, Felis Leo (Linn.) et ceux d'un *Léopard* ou d'une *Panthère*; de même que le Serval, *Felis serval* (Linn.) et du Chat sauvage, *Felis catus* (Linn.).

TROISIÈME TRIBU. — AMPHIBIES.

Ces animaux sont bien autrement conformés que tous ceux qui précèdent ; leurs pieds sont enveloppés dans la peau, et sont si courts qu'ils ne peuvent s'en servir que pour les aider à ramper lorsqu'ils abordent le rivage ; mais, en revanche, ils leur tiennent lieu d'excellentes rames, car ces *mammifères* sont si agiles au sein des mers qu'ils ne le cèdent en vitesse à aucun cétacé. Aussi, l'eau est-elle leur véritable élément ; s'ils vont à terre, ce n'est que pour allaiter leurs petits, ou pour y recevoir la douce influence d'un soleil bienfaisant. Ils se nourrissent de poissons.

On en distingue deux genres, les *phoques* et les *morses*.

LES PHOQUES. — *PHOCA*. (LINN.)

Les deux mâchoires ont six ou quatre incisives en haut, quatre ou deux en bas ; des canines pointues et des mâchelières qui varient de vingt à vingt-deux et vingt-quatre ; cinq doigts à tous les pieds. Leur tête a de la ressemblance avec celle du chien, dont ils ont aussi l'intelligence et le regard doux et expressif.

La Méditerranée fournit l'espèce suivante :

PHOQUE A VENTRE BLANC, MOINE. — *FH. MONACHUS*. (GMEL.)

Il est d'un brun noirâtre en dessus, et a le ventre blanc, l'iris des yeux jaune. Il parvient à une longueur de 3 mètres 50 cent. et même de 4 mètres.

LE PHOQUE MOINE, Buff. — Il y a quelques années que l'on vint montrer vivante à Nimes cette jolie espèce que l'on

avait pêchée dans notre mer, à peu de distance de la
côte du Languedoc. Le propriétaire de cet animal était
parvenu à se faire comprendre, et lui faisait faire plusieurs évolutions au fond d'un énorme baquet rempli
d'eau. Il le nourrissait avéc des anguilles et du poisson
qu'il jetait au fond du baquet.

Ce phoque est rare dans les parages qui baignent notre
littoral.

QUATRIÈME ORDRE DES MAMMIFÈRES.

Cet ordre comprend des animaux tous étrangers à l'Europe ; il n'y en a point dans notre pays ni vivans ni fossiles.

CINQUIÈME ORDRE DES MAMMIFÈRES.

LES RONGEURS.

Ont pour caractère deux grandes incisives à chaque mâchoire, séparées des molaires par un espace
vide ; point de canines ; ces incisives leur servent à
limer leurs alimens, à les réduire par un travail long
et obstiné, ou plutôt à les *ronger*, d'où leur vient le
nom de *Rongeurs*.

Css mammifères sont en général très-faibles, et comme
ils sont entourés d'ennemis de toutes espèces ; le Créateur
leur a donné la vitesse et la légèreté pour leur échapper.

Plusieurs vivent dans des terriers profonds qu'ils se creusent avec leurs pieds de devant ; d'autres pourvus d'ongles
aigus grimpent adroitement sur les arbres et s'y cachent
entre les branches et les feuillages. Leur nourriture consiste en matières dures , en écorces , en grains, en fruits
et en glands. Ils préfèrent l'obscurité à la grande lumière ,
c'est pour cela qu'ils font un mal infini à nos récoltes. Ces
animaux produisent plusieurs fois l'an , et la femelle met
bas un grand nombre de petits à la fois.

Heureusement que beaucoup de Carnassiers et les oiseaux
de proie en font une grande destruction. Plusieurs Rongeurs
sont sujets à tomber en léthargie pendant l'hiver.

Genre ÉCUREUIL. — *SCIRIUS*. (Linn.)

Caractères. — Les principaux caractères qui
distinguent les Ecureuils des autres rongeurs sont :
une longue queue bien garnie de poils, des incisives inférieures très-comprimées , et des molaires qui sont au nombre de cinq en haut et de quatre
en bas.

L'ÉCUREUIL COMMUN. — *SC. VULGARIS*. (Buff.)

Nom du pays : *Escouríbou.*

Coloration. — Ce joli petit animal a le pelage
d'un roux vif en dessus ; le ventre blanc ; les oreilles
portent un pinceau de poils à leur extrémité. On
trouve des individus qui sont bruns en dessus, blanchâtres en dessous ; on en voit encore de roux,
roux piqueté de gris , gris cendré, gris ardoisé-

foncé, gris blanc, tout blanc et tout noir ; le *petit-gris* en est une des variétés les plus distinctes.

L'Ecureuil habite nos pays boisés et les plus élevés de notre département. On le voyait autrefois autour de Nimes. Ce charmant rongeur est plein de gentillesse ; il est vif, léger, gracieux et a la physionomie enjouée. Ses yeux qui sont grands sont remplis d'expression. On l'élève dans les maisons où il se prive vite. Dans les forêts il place son nid dans la bifurcation des branches des arbres ; il est fait avec des bûchettes, tapissé de mousse en dedans ou de toute autre matière douce. L'Ecureuil vit de noix, de glands, de faine, dont il extrait l'amande avec adresse.

Les personnes qui en élèvent doivent savoir qu'il suffit d'une ou deux amandes amères pour les faire mourir.

Les espèces suivantes forment un sous-genre.

Les LOIRS. — *MYOXUS*. (Gmel.)

Sont peu nombreux en espèces ; ils diffèrent des autres rongeurs claviculés par leurs molaires qui sont au nombre de quatre à chaque mâchoire.

Le LOIR COMMUN. — *MYOXUS GLIS*. (Gmel.)

Nom du pays : *Racayé.*

Coloration. — Ce rongeur est gris-brun cendré en dessus, blanchâtre en dessous ; brun foncé autour de l'œil ; la queue est garnie de poils touffus et épais ; ses yeux soint d'un noir-brun.

Le Loir, Buffon. Ce petit animal n'est pas très-commun dans nos contrées ; il se plaît à rester caché dans les terriers, les tas de pierres, dans les fentes des murailles et les trous des arbres; souvent on les trouve dans les maisons de campagnes peu habitées; il touche aux fruit secs qu'on y laisse. Son naturel est doux. En hiver, il tombe en léthargie; on assure que sa chair, qui est très-blanche, est agréable au goût; on la mange dans plusieurs pays de l'Europe méridionale et surtout en Italie.

LE LÉROT. — *MUS NITELA.* (GMEL.)

Nom du pays : *Racayé*.

COLORATION. — Pelage gris, brun ou fauve en dessus; blanchâtre en dessous; une plaque noire autour de l'œil qui va en s'élargissant jusqu'à l'épaule; le bout de la queue touffu, noir, terminé de blanc.

Le LÉROT, Buff. — Ce rongeur fréquente nos jardins, grimpe le long des murs et fait beaucoup de dégats aux espaliers; il est plus vif et plus léger que le *Loir*, et comme celui-ci pénètre dans les maisons isolées des campagnes, y fixe sa demeure et attaque les fruits secs qui s'y trouvent. Ce rongeur se plaît aussi dans les forêts, grimpe sur les arbres et niche dans les nids de pies abandonnés. Il est sujet à l'engourdisement pendant l'hiver; mais, s'il fait quelques beaux jours, il se réveille et ronge la nourriture qu'il avait eu soin de s'amasser avant le froid. Sa chair est bonne à manger. Il habite toute l'Europe tempérée.

LE MUSCARDIN. — *MUS AVELLANARIUS.* (LINN.)

Nom du pays : *Rat*.

COLORATION. — Cette espèce est de la taille de la souris; son pelage est roux en dessus, presque blanchâtre en dessous; la queue, qui est de la longueur du corps , a les poils un peu disposés en plumes.

Le Muscardin, Buff. — Le Muscardin est moins commun dans le Midi que les deux espèces précédentes ; il vit dans les forêts , se creuse des trous dans les vieux troncs et sous terre près des arbres ; il niche sur les branches basses des chênes et des coudriers , il y amasse de l'herbe et de la mousse, et construit un nid fait avec art pour y élever ses petits ; il sort peu en hiver des trous qui lui servent de refuge en tout temps , et dans lesquels il transporte des provisions pendant la belle saison pour s'en nourrir quand les frimats l'empêchent de sortir.

Genre RATS. — *MUS*. (Cuv.)

Caractères. — Les Rats proprement dits ont les incisives supérieures assez courtes, en coin; les inférieures longues , comprimées , arquées et très-aiguës à leur extrémité. Molaires simples à couronne , garnie de tubercules mousses ; museau assez prolongé ; oreilles oblongues ou arrondies , souvent nues ; yeux saillans ; queue presque toujours de la longueur du corps ou plus longue (rarement plus courte que le corps) , composée d'un grand nombre de petits anneaux écaillés , entre lesquels paraissent plus ou moins de petits poils raides (De Sélys).

Ces petits animaux sont aussi nuisibles que multipliés , car nous en voyons partout autour de nous. Ils s'introduisent dans nos maisons, rongent nos meubles et nos effets, attaque nos provisions sans que nous puissions nous en défendre. En un mot, ce sont des parasites qui ont suivi l'homme dans tous les lieux où il a fixé sa demeure.

RAT SURMULOT. — *MUS DECUMANUS.* (Pallas.)

Nom de pays : *Rat-d'Aïguo* , *Rat.*

Coloration. — Le pelage est d'un brun roussâtre mêlé de gris en dessus, avec de longs poils noirâtres, cendrés ou blanchâtres en dessous ; queue assez grosse, plus courte que le corps ; recouverte de petites écailles d'entre lesquelles sortent des poils courts et clair-semés ; pieds presque nus, d'un blanc couleur de chair ; yeux noirs, moustaches longues ; oreilles un peu velues. On en trouve de *blanchâtres, couleur de canelle,* ou *d'un gris de perle uniforme marqueté de blanc et de brun.*

Le Surmulot, Buff.—Quoique le Surmulot n'ait pas les pieds palmés, il ne craint pas de se mettre à l'eau et de nager. On le trouve le long des ruiseaux, dans les égoût, dans nos caves et nos greniers ; il nous cause beaucoup de dégâts, et il est si méchant qu'il dévore le *rat noir,* ou le force à fuir des lieux qu'il habite. Ce Rat est originaire de l'Inde et de la Perse d'où il fut importé en Angleterre par des navires de commerce en 1730. Mais, ce qu'il y a de singulier, c'est qu'au moment où on le transportait en Angleterre par mer, il faisait irruption par terre dans la Russie Méridionale, par Astrakan, où on le vit, dit-on, en 1727.

RAT D'ALEXANDRIE. — *M. ALEXANDRINUS.* (Geoff.-St-Hil.)

Nom du pays : *Rat deï gros.*

Coloration. — D'un cendré mêlé de ferrugineux

4*

en dessus, mais on voit de très-longs poils, gros et
noirs clair-semés sur toute cette partie du corps; le
dessous, ainsi que le dessus des pieds, qui sont très-
forts, sont d'un blanc jaunâtre; doigts couverts de
poils rigides; le museau, qui est assez alongé, est
aplati en dessus; de très-longues moustaches composées de poils noirs et blancs; oreilles grandes, larges et ovales; mâchoire inférieure courte; yeux
grands et à fleur de tête; queue robuste, garnie de
petits poils roides, longue de 24 centimètres, tandis
que le corps, y compris la tête, n'en a que 18.

Point dans Buffon. — Cette espèce a été décrite pour la
première fois par M. Geoffroy-St-Hilaire, dans son grand
ouvrage sur l'Egypte. En 1824, M. Savi reconnut que le
Mus Alexandrinus habitait aussi l'Italie, et qu'on l'avait
pris jusqu'alors pour le Rat Surmulot.

Jusqu'à présent il n'a pas été décrit comme vivant en
France; mais je puis dire qu'il se trouve dans notre pays.
Je possède dans l'alcool un individu qui m'a été envoyé de
St-Hippolyte par les soins de M. Valette qui le trouva dans
sa propriété, aux Claris (Gard). J'en ai vu un autre qu'on
avait tué sur le radeau de notre école de natation.

RAT DES TOITS. — *MUS TECTORUM.* (Savi.)

Nom du pays : *Rat.*

Coloration. — D'un cendré faiblement marqué de
ferrugineux; cette teinte n'est guère bien apparente
que depuis le derrière de la tête jusque sur le milieu
du dos, les poils sont longs, souples et doux au toucher; les plus longs, qui sont noirs, sont très-minces;
le dessous est d'un blanc passant au grisâtre près des

flancs, de sorte que les couleurs se fondent sur cette partie du corps ; le museau est pointu et ressemble à celui du rat noir ; moustaches noires, très-longues et bien fournies ; oreilles très-développées, larges et ovales ; yeux grands ; pieds garnis de petits poils d'un blanc grisâtre ; la queue dépasse en longueur le bout du museau d'environ un pouce ; elle est assez mince et couverte de poils moins rudes que dans l'espèce précédente. Je n'y ai compté que 219 anneaux ; elle est longue de 18 centimètres ; la tête et le corps mesurent 15 centimètres. Longueur totale, 33 cent.

Point dans Buffon.—M. de Selys-Longchamps ne sépare point cette espèce de celle du Rat d'Alexandrie, malgré que M. Savi l'ait fait avec juste raison, car la description du premier de ces rongeurs ne peut s'appliquer au second.

Ce Rat, qui habite nos demeures, préfère celles où se trouve un jardin ; on le voit le soir sur les arbres où il va manger les fruits ; il est abondant sous les toits de ma chambre à coucher et de mon cabinet d'histoire naturelle d'où j'en vois sortir beaucoup dès que le soleil est couché pour escalader les arbres qui les entourent. Au temps où le petit fruit des aliziers est mûr, ces rongeurs en font une grande consommation ; ils vont le chercher jusqu'à l'extrêmité des plus faibles rameaux, et sont friands des raisins secs qu'on suspend dans les maisons.

Le RAT VULGAIRE ou NOIR. — *MUS RATUS.* (Linn.)

Nom du pays : *Rat deï gros.*

COLORATION. — D'un noirâtre un peu luisant en dessus ; les poils assez longs et peu serrés ; le dessous du corps cendré ; pieds noirâtres, peu poilus ; doigts parsemés de poils blanchâtres. La queue, qui dépasse la longueur du corps, est peu poilue elle est mince vers le bout; oreilles grandes, nues. Ce rat varie; il est quelquefois tout noir, brun, roussâtre et blanchâtre, tout blanc ou isabelle.

Le Rat, Buff. — Le Rat Noir habite les vieux édifices, les caves, les greniers et sous les hangars. On ne sait pas au juste d'où nous vient cet animal ; mais il est certain qu'il était inconnu aux anciens, car il n'a été vu en Europe que depuis le moyen-âge. On suppose qu'il est originaire de la Syrie, et qu'il est arrivé parmi nous à la suite des croisés à leur retour de la Palestine.

LE RAT SOURIS. — *MUS MUSCULUS*. (Linn.)

Nom du pays : *Furo*.

Coloration. — Pelage d'un gris plus ou moins brun ou gris roussâtre, passant au cendré en dessous ; queue de la longueur du corps ou environ; yeux assez petits, à fleur de tête. On en trouve des variétés blanche, de couleur isabelle, tachetée, gris clair avec le ventre rosé.

La Souris, Buff. — C'est le commensal de toutes les habitations que l'homme s'est choisies ; elle vit à nos dépens et sous nos yeux; sa multiplication est extraordinaire, et ses ravages dans les maisons sont parfois effrayans. Cet hôte incommode a suivi l'homme dans les cinq parties du monde ; il mange de tout, mais il préfère les grains à toute autre nourriture.

LE RAT MULOT. — *MUS SYLVATICUS*. (Linn.)

Nom du pays : *Furo deï Champs*.

Coloration. — Pelage d'un fauve teint de jaunâtre en dessus; mais les poils sont gris ardoisé depuis

leur racine jusqu'aux deux tiers de leur longueur ;
leur fine pointe est noirâtre ; tout le dessous blanc,
formant une ligne de démarcation prononcée avec la
couleur fauve du dessus ; pieds blancs, velus, yeux
assez grands ; la queue de la longueur du corps, ou
plus courte, brune en dessus, blanchâtre en dessous, poilue, surtout vers le bout ; moustaches blanches un peu noirâtres à leur base.

Le Mulot diffère souvent par la taille ; j'en possède des
plus grands les uns que les autres, quoiqu'ils soient tous
adultes ; il en est de même du museau qui est plus ou
moins allongé et pointu ; mais tous les individus que j'ai
vus portaient sur la poitrine une petite tache fauve qui est
propre à cette espèce.

J'en ai trouvé une variété cendrée que l'on aurait pu
prendre pour la *souris* ; mais elle avait, comme l'espèce
type, le dessous blanc, qui tranchait subitement avec la
couleur du dessus du corps. M. de Selys-Longchamps la
dit très-rare.

Le Mulot, Buff. —On le trouve dans toute l'Europe ;
il habite ici les bois et les champs, vit dans les campagnes les plus rapprochées des villes, mais il pénètre rarement dans les maisons rurales ; j'ai remarqué qu'il préférait les lieux élevés aux pays en plaine. Cette espèce a
soin de faire de grands approvisionnemens pour l'hiver,
de sorte qu'elle fait beaucoup de mal aux récoltes. Ce rongeur répand une mauvaise odeur, et son naturel est méchant ; si un individu de son espèce est pris à quelque
piége, les autres ne tardent pas à l'attaquer et le dévorent
en partie. J'ai été plus d'une fois à même de vérifier ce
fait en allant visiter les piéges que j'avais tendus dans
les champs.

RAT NAIN. — *MUS MINUTUS*. (Pall.)

Nom du pays : *Furo.*

Je rapporte cette petite espèce au *Mus Minutus*, bien qu'elle diffère par la couleur de celle qu'on trouve dans les contrées du Nord.

Coloration. — Pelage supérieur d'un gris lavé de roussâtre ; cette couleur se manifeste davantage sur les joues et les côtés du dos ; tous le dessous est blanchâtre ; mais la gorge est d'un blanc pur ; les jambes et les pieds de la même couleur ; les doigts poilus et plus longs que ceux du *mus musculus* ; oreilles courtes presque cachées par les poils de la tête, velues en dedans et en dehors ; museau pointu ; dents colorées de jaune ; moustaches noirâtres jusqu'à la moitié de leur longueur, blanche sur le reste ; la queue moins longue que le corps, presque nue, plus foncée en dessus qu'en dessous. Longueur totale, 11 centimètres.

Point dans Buffon. — Ce petit rat, que j'ai trouvé dans notre plaine, sous un amas de luzerne, au mois de mai ne paraît pas devoir être commun dans le pays, et M. de Selys-Longchamp, qui a fait connaître cette espèce, dit ne point l'avoir vue dans les collections formées à Lyon et à Marseille ; il pense qu'elle n'habite point le Midi.

Le Rat Nain a donné lieu à beaucoup de fausses dénominations, et ce n'est que tout nouvellement que le savant que je cite plus haut l'a parfaitement indiqué, tout en supprimant les doubles emplois donnés par divers compi-

la teurs. Le nid du Rat Nain ressemble à celui de quelques
Pouillots et Mésanges ; il est ovale, parfaitement recouvert et habilement tressé autour des tiges de blés, ce qui
lui a valu le nom de *Mus Pendulinus*, que plusieurs auteurs lui ont donné.

Genre CAMPAGNOL.—*ARVICOLA*. (Lac.; de Sél)

Caractères.—Ces rongeurs ont, comme les rats,
trois machelières partout, mais sans racines et formées chacune de prismes triangulaires placés alter-
nativement sur deux lignes ; museau court, un peu
obtus ; oreilles assez larges dépassant le poil, ou
plus courtes ; yeux petits ; quatre doigts onguiculés
aux pieds antérieurs ; les postérieurs en ont cinq,
mais le pouce est très-petit ; point de cils raides entre
les doigts ; queue de la longueur de la moitié du corps
ou un peu plus, quelquefois n'atteignant que le quart ;
ronde, velue.

Les Campagnols vivent au milieu des champs ensemen-
cés ou dans les bois ; d'autres, et ce sont les plus grandes
espèces, habitent le bord des eaux. Leurs dégâts sont
parfois effrayans ; se réunissant en sociétés nombreuses,
ils se nourrissent aux dépens de nos récoltes.

Les uns sont granivores, d'autres préfèrent les plantes
aquatiques, plusieurs attaquent les racines des plantes potagères et céréales. Ces petits animaux se creusent des
garennes sous le sol, ils exécutent ce travail avec leurs
ongles, qui ne leur permettent pas néanmoins de grimper aux arbres ni aux murailles comme les rats.

Les Campagnols, proprement dits, ont des représentans

jusque fort avant dans le Nord, en Asie, en Afrique et dans l'Amérique septentrionale.

M. de Sélys-Lonchamps les partage en deux groupes, ainsi qu'il suit :

1º LES CAMPAGNOLS AQUATIQUES, — qui sont les plus grands du genre.

2º LES CAMPAGNOLS TERRESTRES, — qui ont les oreilles externes presque nulles ; — leur queue est plus courte que le tiers du corps. — Ils vivent souterrainement.

CAMPAGNOL AMPHIBIE. — *ARVICOLA AMPHIBIUS.* (LACÉP.)

Nom du pays : *Rat d'aïguo, Rat grioûlé.*

COLORATION. — Partie supérieure tirant au brun terreux plus ou moins ferrugineux ; les flancs sont d'une teinte plus claire, roussâtre ainsi que les côtés de la tête. Dessous du corps d'un cendré foncé, un peu marron ; queue brune en dessus, un peu plus claire en dessous, de la longueur de la moitié du corps environ ; oreilles courtes, presque nues, bordées de poils à leurs extrêmités ; museau grisâtre ; les poils de la lèvre supérieure raides, blanchâtres ; pieds forts, écailleux, couverts de poils courts, cendré-foncé. Longueur totale, vingt-six centimètres.

RAT D'EAU, Buff. — On trouve en Italie une variété de cette espèce, qui est plus petite et plus noirâtre en dessus. Elle pourrait peut-être bien se rencontrer chez nous.

Cette grande espèce de Campagnols vit au bord des rivières, des grands ruisseaux, des étangs et des marais. J'ai tué les sujets qui font partie de ma collection au bord du Vistre, où l'espèce n'est pas bien rare. Elle se plaît

davantage, dit-on, dans les jardins et les prairies humides. Sa nourriture se compose de racines ; il semble pré-
férer celles des arbres fruitiers.

M. de Selys dit que cet animal habite presque toute
l'Europe centrale.

CAMPAGNOL DESTRUCTEUR. — *A. DESTRUCTOR.* (DE SELYS.)

Nom du pays : *Rat d'aïguo.*

COLORATION. — Le bout du museau, la tête et
toutes les parties supérieures d'un brun jaunâtre qui
paraît noirâtre, selon le jour, parce qu'il y a des
poils un peu plus longs de cette dernière couleur ;
flancs plus clairs que le dos, un peu grisâtres ; lèvre
inférieure, gorge et tout le dessous du corps, d'un
cendré noirâtre ; queue d'un brun foncé en dessus,
grisâtre en dessous, bien poilue à l'extrémité ; pieds
couverts de petits poils noirâtres ; ongles blanchâtres ;
un peu rougeâtre vers la pointe ; oreilles rondes,
bien garnies de poils semblables à ceux du dos : museau gros ; les moustaches noires à la base, blanches
sur le reste ; yeux petits, noirs. Longueur totale,
23 centimètres, la queue est longue de 10 centimètres.

Point dans Buffon. — Voici ce que dit M. de Selys-
Longchamps au sujet de cette espèce qui fait beaucoup
de ravages en Italie.

« Les individus adultes et jeunes dont je viens de parler
viennent des environs de Pavie et de Milan. L'espèce a été
aussi trouvée aux environs de Rome, par le prince de
Musignano, et en Toscane, par M. Paolo Savi », et il cite
la note suivante, publiée tout récemment par celui-ci.

« Cet animal, dit-il, cause de grands dommages aux tra-
» vaux hydrauliques que l'on a entrepris dans les Marem-
» mes de Toscane, parce qu'il fait non-seulement périr les
» plantes que l'on cherche à propager sur les digues, mais
» encore parce que ses longues garennes, souvent percées
» de part en part, donnent passage à l'eau.

» Au printemps 1857, les plaines semées spécialement
» de grains, et les collines adjacentes, furent envahies par
» une multitude innombrable de ces animaux qui dévorè-
» rent les fèves, ensuite le blé, qui, pour parvenir aux
» épis, coupaient les tiges qu'ils renversaient les unes sur
» les autres. On calcule que les quatre cinquièmes de la
» récolte furent détruits. Ces animaux changent de cantons
» selon la température. »

Le prince Ch. Bonaparte dit que ce Campagnol est excessivement nuisible aux vignobles et aux plantes potagères ;
aussi sa tête a-t-elle été mise à prix aux environs de Rome,
où on le nomme *Sorca pantanara*.

Cette espèce n'est pas très-rare dans les environs de Nimes, et j'ai lieu d'en être persuadé, car, dans une sortie
que j'ai faite nouvellement, j'en ai vu une trentaine autour
d'une petite marre d'eau ; il est vrai que nous étions au
moment de la plus grande sècheresse, et qu'il n'y avait
d'eau que là dans tout le canton. Je remarquai que ces
rongeurs sont très-vifs ; ils ne cessaient de paraître et de
disparaître sous l'eau, au bord de laquelle ils avaient
creusé une grande quantité de trous. Le Campagnol Destructeur n'avait point été jusqu'à présent signalé en France.

CAMPAPNOL INCERTAIN. — *ARVICOLA INCERTUS*. (DE SELYS.)

Nom du pays : *Rat*.

COLORATION. — Pelage supérieur d'un brun roussâtre tirant au jaunâtre ; les joues, les flancs et
la partie postérieure du corps sont aussi de cette
même couleur ; toutes les parties inférieures sont
d'un cendré foncé ainsi que les membres ; doigts
garnis de petits poils blanchâtres et les ongles sont
colorés de rougeâtre ; queue brune en-dessus, d'une
teinte un peu plus claire en-dessous, avec un petit
bouquet de poils à son extrémité de la même nuance ;
les oreilles velues extérieurement et cachées pas les
poils qui les avoisinent ; museau obtus, très-poilu ;
moustaches de moyenne longueur, blanchâtres ; les
yeux petits et noirs ; dents colorées de jaune ; les
poils de ce petit animal, qui sont serrés et doux au
toucher, sont de couleur d'ardoise jusqu'aux deux
tiers de leur longueur. Sa dimension totale est d'environ 13 centimètres ; la queue mesure 4 centimètres.

Point dans Buffon. — Ce campagnol n'a encore été
trouvé que dans nos contrées méridionales, et ce n'est
qu'en 1840 que M. de Selys-Longchamps l'a publié dans
la *Revue Zoologique*. Néanmoins, ce savant observateur
semble croire que ce petit animal ne constitue qu'une variété locale de l'*Arvicola Savii*. Je pense, moi, que ces
deux petits mammifères forment deux espèces bien distinctes. Le pelage, d'ailleurs, ainsi que le dit M. de Selys,
diffère beaucoup par la couleur.

Le Campagnol qui nous occupe ici est bien moins abondant chez nous que celui que j'ai décrit sous le nom d'*Ar-*

vicola Savii, et je ne saurais douter que ce ne soit une espèce tout-à-fait différente de ce dernier. L'*Incertus* est plus grand, sa forme est plus trapue, et sa physionomie, enfin, n'est pas la même. Ce qui peut encore lever tous les doutes à cet égard, c'est qu'ayant tout récemment envoyé un *Arvicola incertus* au Jardin des Plantes à Paris, pour y être étudié, il s'est trouvé en tout semblable à un individu de cette espèce donné par M. de Selys-Lonchamps, et qui figure dans les galeries de cet établissement.

Ce Campagnol habite le voisinage des marécages et il est bien moins commun que le *Campagnol de Savi*, qui se plait dans les champs de luzerne.

Nota. Cet article sur le *Campagnol incertain* avait été omis dans l'impression de l'ouvrage.

CAMPAGNOL DE LAVERNÈDE. — *A. LAVERNEDII* (Mihi.)

Nom du pays : *Furo d'aïguo.**

COLORATION. — Ce petit campagnol , qui n'est pas
mentionné par les auteurs , a le pelage supérieur
d'un brun terreux et comme enfumé , mêlé de ferrugineux ; la lèvre inférieure , la gorge et tout le dessous d'un cendré foncé ; pieds noirâtres ; le dessus de
la queue est de la même couleur, mais grisâtre en dessous ; elle est longue de 25 millimètres , et le corps
mesure 5 centimètres ; les oreilles sont courtes ; velues et cachées par les poils ; le bout du museau est
brun ; yeux petits, noirs ; les moustaches blanchâtres
et brunes. Longueur totale 7 centimètres 5 millimètres.

Point dans Buffon. — Ce Campagnol inconnu jusqu'ici ,
que je dédie à un savant qui m'a toujours honoré de son es-
time , est le plus petit des espèces connues jusqu'à présent.
Je le trouvai dans le mois de mai 1843 , entre St-Gilles et
Aiguesmortes , sur une de ces petites élévations qui servent
de communication au milieu des vastes marécages qui
couvrent ce pays. J'appris d'un pécheur qui m'accompa-
gnait , que ce petit animal établit quelquefois son nid sous
des gerbes de roseaux ou de fagots de tamaris oubliés au
bord des eaux. C'est en en soulevant plusieurs que je par-
vins à me procurer deux de ces individus que je saisis au
moment où ils allaient disparaître sous un fourré épais ;
ils font aujourd'hui partie de ma collection. Je pense que

---

* Ce nom lui est donné par les personnes qui le connaissent pour
désigner une petite espèce qui vit au bord des eaux.

cette espèce n'habite que le bord des eaux ou des endroits très-humides.

CAMPAGNOL FAUVE. — *A. FULVUS.* (Desm.)

Nom du pays : *Rat dëi champs.*

COLORATION. — Pelage d'un fauve tirant au jaune en dessus ; dessous blanc ou blanchâtre selon les individus ; queue jaunâtre , mais d'une teinte plus foncée en dessus ; pieds couverts de poils serrés , jaunâtres ; yeux noirs très-petits. Longueur totale, 9 centimètres. La queue entre pour un tiers dans cette longueur.

N'est point décrit dans Buffon. — Ce Campagnol ressemble beaucoup à l'*Arvalis*, et se trouve souvent dans les mêmes lieux que celui-ci, car nos chasseurs de rats en prennent souvent aux piéges qu'ils tendent aux *Campagnols des champs.* Ce rongeur habite la France et la Belgique, dit M. de Selys, mais il est rare partout. J'en possède deux individus dans mon cabinet qui m'ont été donnés par M. de Chastellier fils qui les trouva dans une de ses propriétés près Milhaud. Je lui dois aussi beaucoup de remercîmens publics pour les peines qu'il a prises en me procurant plusieurs musaraignes qui m'ont bien servi comme sujets de comparaison.

CAMPAGNOL DE SAVI. — *A. SAVII.* (DE SELYS.)

Nom du pays : *Rat.*

Les individus de notre pays que je rapporte à cette espèce sont plus grands *de 2 centimètres 25 millimètres* que ceux d'Italie ; mais le signalement que donne M. de Selys-

Louchamps de cette espèce ne me laisse aucun doute sur leur identité.

COLORATION. — Pelage supérieur d'un brun terreux plus ou moins roussâtre ; cette couleur roussâtre passe au jaunâtre sur les côtes et sur les régions postérieures ; depuis les bords des mâchoires supérieures jusqu'à l'anus, règne un gris cendré uniforme ; le museau est gros, obtus ; moustaches blanches ; les yeux sont si petits qu'ils semblent enfoncés dans leurs orbites ; les oreilles sont cachées sous le poil et légèrement velues extérieurement. La queue ne fait pas tout-à-fait le tiers du corps ; poilue, brune en dessus, blanchâtre en dessous, souvent entièrement blanchâtre ; pieds couverts de poils de cette même couleur ; il a 15 paires de côtes. Longueur totale, 12 centimètres.

Point dans Buffon. — Ce Campagnol est extrêmement abondant dans nos contrées méridionales, surtout dans les pays de plaines. Il vit dans les champs couverts de céréales, mais il préfère ceux des luzernes dont il mange les racines et où il se trouve plus en sûreté, vu que la charrue n'y passe pas chaque année. Il établit ses magasins sous le sol en pratiquant à sa surface un trou qu'on reconnaît bientôt à la terre amoncelée tout-au-tour. Sa grande fécondité oblige à lui faire la chasse ; plusieurs [personnes ne font que ce métier pendant huit mois de l'année ; les propriétaires leur en donnent cinq centimes de la pièce, et il n'est pas rare qu'un seul homme en prenne plusieurs centaines dans une journée, seulement dans un champ] d'environ un hectare en carré.

Ce Campagnol est également très-commun en Italie où M. de Selys l'a vu pour la première fois dans le musée de

Pise formé par les soins du savant professeur Paolo Savi,
qui a fait connaître d'une manière si exacte les petits mammifères de son pays.

Le Prince de Musignano, en parlant de ce rongeur,
dit qu'on en tua onze mille dans une seule ferme des environs de Rome. D'après M. de Selys-Lonchamps, cette
espèce serait la seule des Campagnols de petite taille qu'on
trouverait en Italie.

CAMPAGNOL DES CHAMPS.—'A ARVALIS. (Lacép.)

Nom du pays : Rat deï Terros.

COLORATION.— D'une fauve plus ou moins mêlé de
gris ou de gris brun en dessus ; les *femelles* sont plus
marquées de cette dernière couleur ; sur les flancs
règne une couleur d'un fauve plus clair ; les parties
inférieures sont d'un blanc sale ou grisâtre ; les oreilles sont plus grandes que chez l'espèce précédente,
elles dépassent la longueur du poil, et sont garnies
de petits poils de la même couleur que le dos ; yeux
assez grands, un peu à fleur de tête ; pieds garnis de
poils courts et roides, blanchâtres ou blanc jaunâtres ;
queue environ de la longueur du quart du corps,
couverte de poils courts d'un jaunâtre sale, unico-
lore ou à-peu-près. Longueur totale, 13 à 14 centimètres.

LE CAMPAGNOL, Buff. — Ce petit animal habite toute
l'Europe, excepté en Italie. On le trouve en Sibérie, et
M. Chinz, dit M. de Selys, l'a observé à plus de deux mille
mètres d'élévation, près de l'hospice du mont St-Bernard.
Chez nous, il est peu commun, du moins dans les pays
voisins de la Méditerranée ; mais on le trouve davantage
dans nos pays élevés. On le prend en plaçant à l'entrée

de leurs trous un piége qui les saisit au moment où ils
veulent sortir pour se réchauffer au soleil. Cette espèce
habite une grande partie de l'Europe.

CAMPAGNOL DE LEBRUN. — *A. LEBRUNII.* (Mihi.)

COLORATION. — Pelage supérieur d'un gris-clair
très-légèrement glacé de roux-clair ; flanc gris-blan-
châtre ; cette couleur se fond insensiblement avec
celle de dessous qui est d'un blanc pur ; les poils de
toutes les parties du corps et surtout ceux du dos
sont longs, très-doux au toucher, égaux, ayant la
finesse du chinchilla ; oreilles assez grandes, nues,
blanchâtres, museau semblable à celui de *l'Arvalis* ;
un peu roussâtre sur le nez, cette couleur passe sous
les yeux forme une étroite bande, et se fond en
s'élargissant jusque sous l'oreille ; moustaches très-
longues, blanches ; yeux noirs ; pieds garnis de poils
blancs ; queue couverte de poils longs de cette couleur ; elle mesure 2 centimètres 25 millimètres.
le corps a 9 centimètres de longueur.

Inconnue de Buffon. — Cette jolie espèce de Campagnol,
auquel je donne le nom d'un ami, M. Lebrun, de Montpellier, ornithologiste distingué, n'est point mentionnée
par les naturalistes anciens et modernes ; elle ressemble
beaucoup à *l'arvicola socialis*, qui habite les déserts entre
le Volga et le Jaïk ; mais elle en diffère par une taille plus
grande de 2 centimètres 8 millimètres et par sa queue qui
fait plus du tiers de la longueur du corps, tandis que chez
le *socialis* elle n'atteint à peine que le quart ; ensuite ce
dernier n'a que le tour du museau coloré de roussâtre, tan-

dis que chez le *Lebrunii* cette couleur s'étend jusque sous les oreilles. Ne serait-il pas étonnant d'ailleurs que ce petit mammifère vécût tout à fois sur le bord du Volga et dans le midi de la France seulement, car il n'a jamais été observé ailleurs. Le Campagnol qui fait le sujet de cet article a été trouvé par mon frère et moi plusieurs fois aux alentours de Nimes. Nous en primes quatre dans la même semaine, dans une vigne-olivette située dans nos garrigues, et il paraît qu'on ne le trouverait ailleurs que dans les endroits pierreux et montueux. Cette espèce attaque, pour s'en nourrir, les feuilles d'*iris germanica* que l'on plante chez nous autour des petites habitations de campagnes, dites *Mazet*. Elle est aussi granivore.

Genre CASTOR. — *CASTOR*. (Linn.)

Caractères. — Les Castors ont une grande ressemblance avec les rats, mais ils en diffèrent par leur queue qui est grosse, aplatie horizontalement, et forme un ovale allongé; elle est cartilagineuse et couverte d'écailles; cinq doigts à tous les pieds; ceux de derrière sont palmés, et l'ongle qui suit le pouce est double et oblique; les molaires sont à couronne plate et semblent faites d'un ruban osseux.

Ces amphibies ont sous la queue des poches glanduleuses qui produisent une sorte de pommade que l'on emploie en pharmacie sous le nom de *Castoreum*. Leur genre de vie est très-aquatique; ils plongent et nagent avec facilité. Nous en avons de vivans, et sur plusieurs points de nos contrées on en trouve aussi des restes fossiles.

LE CASTOR DU RHONE ou BIÈVRE. — *CASTOR FIBER*. (BUFF.)

Nom du pays : *Vibré*.

COLORATION. — Pelage d'un brun plus ou moins fauve uniforme; les poils intérieurs gris-cendré; ceux-ci forment un duvet épais et très-fin : les plus longs sont grossiers et revêtent l'animal extérieurement; les incisives sont fortes, tranchantes et de couleur cannelle.

La race des Castors n'est pas éteinte dans nos contrées, ainsi que beaucoup de personnes le pensent; nous en avons au contraire beaucoup, depuis le Pont-St-Esprit jusqu'à l'embouchure du Rhône.

Ces amphibies vivent dans des terriers qu'ils creusent avec leurs pieds de devant le long des digues; ils choisissent les endroits où l'eau se maintient haute, où le terrain est élevé, et de préférence ceux où croissent des arbres dont les racines plongent dans l'eau. J'ai vu quelques-unes de ces habitations, elles présentent plusieurs ouvertures plus ou moins élevées, mais qui communiquent entre elles intérieurement. Ces animaux ne sortent guère le jour, ils préfèrent attendre que le soleil ait quitté l'horizon. C'est alors qu'ils se mettent entièrement à l'eau, et qu'ils parcourent le fleuve qu'ils traversent quelquefois pour se promener sur la rive opposée, ou pour y chercher une nourriture qui leur manque souvent du côté qu'ils habitent, je veux parler de ces innombrables plantations de saules que l'on nomme *saussaies*, plantations qui se trouvent en grande quantite le long du Rhône, surtout dans ses parties basses. Mais, malheureusement pour les propriétaires riverains, ces rongeurs, comme

leurs congénères, ne se contentent pas de satisfaire leur
faim, ils détruisent par habitude plutôt que par besoin,
de sorte qu'il n'est pas rare qu'une paire de castors, dans
une seule nuit, renverse une cinquantaine de jeunes saules de la grosseur du bras ou de la jambe. Lorsqu'ils en
ont jonché la terre, ils choisissent les morceaux qui sont
le plus de leur goût. Un jour du mois de mai 1843, sur
la rive gauche du Rhône, mon frère et moi, nous nous
amusâmes à compter les arbres victimes de leurs ravages,
et nous pûmes nous convaincre que dans deux *saussaies*
voisines il y avait de onze à douze cents jeunes saules
coupés par les castors. Nous remarquâmes aussi que ceux
qui semblaient abattus depuis le plus long temps ne devaient l'être que depuis environ deux mois, car ils avaient
leurs branches encore fraîches et feuillées. Ces animaux
rongent l'arbre à environ un mètre de hauteur, selon
leur taille ; ils se posent sur leur train de derrière, et sans
changer de place taillent l'arbre en sifflet, et le renversent toujours du côté qui leur est opposé, en le poussant
avec leurs pieds de devant qu'ils tiennent appuyés au-dessus de l'endroit qu'ils ont entamé. Dès la première aurore,
ils ont soin de charrier avec leur gueule un certain nombre
de branches dans leurs terriers pour les ronger tout à leur
aise et à l'abri de tout danger pendant le jour.

Ces amphibies ne sont pas faciles à tuer, malgré le soin
que l'on prend de les attendre en s'embusquant auprès des
lieux qu'ils habitent ; ils sont si rusés, qu'avant de se rendre à terre, ils prennent toutes sortes de précautions ;
d'abord, ils se mettent à nager entre deux eaux, et, se
plaçant à une certaine distance, ne sortent que les yeux
et le bout du museau hors de l'eau ; dans cette position, ils jettent souvent un cri qui est une espèce de siffle-
ment aigu ; c'est peut-être leur cri d'appel. Mais s'ils reconnaissent le moindre danger, ils ne reviennent plus de

toûte la nuit dans des lieux qu'ils aiment pourtant à fréquenter, ce qui est facile à reconnaître, soit à leurs
dégâts de la veille, soit à l'empreinte de leurs pieds
fraîchement tracée sur le sable. A terre, les Castors font
comme les lapins : ils sautent, se poursuivent, et, se plaçant sur leur séant, ils se frottent le museau avec les pieds
de devant ; ensuite ils rentrent dans les *saussaies* par des
sentiers à eux connus. Si l'on est placé assez près pour
pouvoir les tirer, il faut attendre qu'ils soient un peu
éloignés du fleuve, car, s'ils ne restent pas morts sur le
coup, ils gagnent l'eau et disparaissent ; si leur blessure
est mortelle, ils périssent sous quelque racine ou dans
leurs terriers. Il arrive assez souvent que les habitans des
campagnes voisines trouvent sur les bords du Rhône des
individus de cette espèce qui sont morts de la sorte dans
leurs habitations, et qui ont été entraînés par les eaux
du fleuve.

Il me reste à parler d'un terrier qui fut mis à découvert
par l'éboulement d'une digue dans la propriété de la *Tour-
de-la-Motte*, à trois lieues sous St-Gilles. Cette habitation
ou retraite servait à plusieurs Castors pendant toute l'année ; elle avait environ 15 mètres de long et occupait
toute la largeur de la chaussée ; son intérieur présentait
plusieurs compartimens ; les plus bas étaient remplis de
branches de saules dont plusieurs avaient poussé des
feuilles ; je suis convaincu que si cet endroit n'avait pas
été réparé de longtemps, et que le voisinage de l'homme
n'eût pas forcé ces animaux à s'éloigner, l'on aurait pu
croire, en voyant ce grand terrier, que c'était un commencement de construction entreprise par ces animaux,
à l'exemple de celles que l'on voit encore dans certains
parages du Canada.

Je ne partage pas l'opinion de plusieurs auteurs, qui
prétendent que notre Castor n'a pas la même intelligence

6

que celui de l'Amérique du Nord ; il faudrait, avant de porter un pareil jugement, que l'on eût essayé de le laisser vivre en paix pendant de longues années, et que les pays où la nature les a placés fussent moins habités qu'ils ne le sont. Et ne sait-on pas, d'ailleurs, qu'au Canada il ne reste plus que quelques vestiges de leur merveilleuse industrie depuis que les hommes ont pénétré dans ces pays lointains ?

J'ai vu sur les bords du Rhône, dans la propriété de M. Benoit, un arbre coupé par des Castors ; le tronc n'avait pas moins de 60 centimètres de circonférence, et l'on m'a assuré qu'ils en abattaient de beaucoup plus gros.

Les Castors vivent en captivité et ne tardent pas à se rendre dociles. J'en ai gardé un vivant pendant deux mois, il était déjà devenu familier ; je lui donnais pour nourriture de petites branches de saule dont il rongeait l'écorce ; il était surtout avide de chair cuite.

Dans notre pays, les habitans riverains du Rhône mangent assez ordinairement les Castors qu'ils tuent, parce que leur chair est assez bonne. Il vaudrait mieux cependant qu'ils les apportassent aux amateurs d'histoire naturelle ; ils en retireraient un meilleur prix, et ces intéressans animaux ne seraient pas entièrement perdus.

Cette espèce de Castor se rencontre sur les bords du Rhône, du Danube et du Weser ; c'est sans doute la même race que celle du Canada.

La taille de ceux qui se trouvent chez nous est fort grande ; on en a tué qui pesaient jusqu'à 35 kilogrammes.

Les LIÈVRES. — *LEPUS*. (Linn.)

Ces animaux diffèrent de tous les autres rongeurs par des caractères qui leur sont particuliers : c'est d'avoir l'intérieur de la bouche garni de poils, et leurs incisives supérieures doubles ; les pattes postérieures longues, et le dessous des pieds poilu comme le reste de leur corps ; les oreilles sont longues et ils portent la queue relevée.

Le LIÈVRE COMMUN. — *LEPUS TIMIDUS*. (Linn.)

Nom du pays : *Lèbrē.*

COLORATION. — Pelage d'un gris fauve glacé de brun ; les oreilles grandes, un peu plus longues que la tête, cendrées sur la coque et noires à la pointe ; la queue blanche avec une raie noire en dessus. (*C'est le Lièvre dit de pays*).

LE LIÈVRE, Buff. — Il me reste à parler d'une variété bien connue ici sous le nom de *Lièvre de Montagne* ; celle-ci est plus grande que la précédente ; ses jambes sont très-longues, ses oreilles plus amples, sa tête un peu plus allongée et son pelage d'une couleur roussâtre bien prononcée. Elle est moins recherchée que la première, à cause de sa chair plus dure et moins succulente. Elle nous arrive dans les environs de la Toussaint, et descend des montagnes qu'elle abandonne à l'approche des neiges, et repart de nouveau au retour des beaux jours. Il n'est pas rare de rencontrer des lièvres autour des étangs salés et même au milieu des marécages, voici comment : Ces rongeurs s'en vont pendant la nuit chercher une bonne nour-

riture dans les champs de blés et autres à leur conve-
nance qui avoisinent les marais; mais, dès que le jour
commence à poindre, ils se retirent pour plus de sûreté
sur les petites éminences entourées d'eau, et ils sont
obligés, pour y parvenir, de se mouiller plus ou moins
les pieds, et quelquefois même de nager ; c'est ce qui a fait
penser à quelques personnes que c'était une espèce particulière à ces parages, parce que cet animal ne craint
point de se jeter à l'eau sans en mesurer la profondeur au
moment où il est surpris ; on sait d'ailleurs que le lièvre
nage au besoin.

Ces rongeurs sont d'une grande timidité et deviennent
la proie d'une foule d'ennemis ; on en trouve dans toutes
les parties du globe, qui diffèrent plus ou moins entre
eux. On sait que les lièvres sont plus agiles à la course
dans une montée que dans une descente, vu la brièveté
de leur train de devant ; aussi, quand ils sont poursuivis,
ils cherchent plutôt à monter qu'à descendre. Les femelles
font sept ou huit portées par an et produisent chaque fois
de cinq à six petits.

Le Lapin — *LEPUS CUNICULUS.* (Linn.)

Nom du pays : *Lapin.*

Coloration. — Pelage gris mêlé de fauve, avec
du roux sur la nuque, le dessous blanchâtre ; les
oreilles de moyenne longueur ; la queue brune en
dessus, blanchâtre en dessous, le dessous des pieds
roux fauve. Il varie comme chacun sait avec du gris
et du blanc ; tout roux, blanc et noir et tout noir.
On en connaît encore deux variétés bien distinctes :
le Lapin Argenté et le Lapin Angora, dont les poils
sont longs et soyeux.

LE LAPIN, Buff. — Cet animal est très-commun dans notre pays ; il habite nos bois en plaine comme en montagne, vit dans nos garrigues et autour de nos marécages. Ceux qui fréquentent les marais sont moins estimés pour nos tables, à cause du peu de parfum que donne à leur chair la nourriture que leur fournissent ces parages.

J'en ai vu de tout noirs qui vivent en assez grand nombre dans le bois de *Riège*, situé à peu de distance de la mer, et qui est entouré pas des étangs salés. Ils se pratiquent des terriers profonds dans les monticules de sables, et multiplient beaucoup.

Le Lapin reste blotti pendant le jour dans des trous qu'il se creuse sous terre, ou bien au pied des touffes d'arbres et dans les trous des vieilles murailles ; mais durant la nuit il est très-turbulent et commet souvent beaucoup de dégâts aux récoltes.

Ce rongeur, qui est originaire d'Espagne ou d'Afrique, est aujourd'hui commun dans toute l'Europe. La chair du Lapin n'est pas noire comme celle du lièvre.

Les COBAYES,

VULGAIREMENT COCHONS D'INDE. — *CAVIA*. (ILLIGER)

Ils ont les doigts séparés, et leurs molaires n'ont chacune qu'une lame simple et une fourchue ; point de queue ; deux mamelles ventrales. Ce sont de jolis petits animaux de l'Amérique du Sud ; une espèce a été apportée en Europe où elle vit en état de domesticité, c'est le

COBAYE COCHON D'INDE. — *CAVIA COBAIA*. (PALL.)

Nom du pays : *Porqué dé Mar*.

COLORATION. — Selon Lesson, il est gris-roussâtre.

à l'état sauvage, et blanchâtre en dessous : tandis que ceux qui naissent en état de domesticité varient beaucoup, et leur pelage est marqué par de grandes plaques noires, fauves, blanches et oranges.

Cet animal est très-familier dans les maisons, plusieurs personnes en élèvent dans la croyance qu'ils chassent les rats, mais ceci est fort problématique. Sa chair n'est pas d'un mauvais goût. Ceux qui la mangent ont soin de jeter l'animal tout vivant dans une marmite d'eau bouillante pour la raffermir.

SIXIÈME ORDRE DES MAMMIFÈRES.

LES ÉDENTÉS.

Les individus compris dans cet ordre sont les *Paresseux*, les *Tatous*, les *Fourmilliers*, les *Pangolins*, les *Monotrèmes*, les *Échidnés* et les *Ornithorinques*. Tous ces animaux sont propres aux pays d'outremer.

SEPTIÈME ORDRE DES MAMMIFÈRES.

LES PACHYDERMES. — *PACHYDERMA* (Linn.)

Ils ont trois sortes de dents, quelquefois deux seulement; les pieds à un, à deux, à trois, ou à cinq doigts ongulés ou garnis de sabots: point de clavicules; l'estomac simple, divisé en plusieurs poches, mais propre à la rumination.

Le mot Pachyderme, qui signifie *peau épaisse*, désigne les plus grands quadrupèdes connus, tels que l'éléphant, l'hippopotame, le rhinocéros, etc.

Genre ÉLÉPHANT. — *ELEPHAS*. (Linn.)

Point d'Eléphans vivant libres dans nos contrées; ces grands animaux habitent l'Asie et l'Afrique.

Espèces Fossiles.

ÉLÉPHANT MÉRIDIONAL — *E. MERIDIONALIS*. (Nes.)

Cuvier le regarde comme appartenant à la même espèce que l'*Elephas primogenius*, de Blumenbach. Mais un grand nombre d'ossemens sont venus à l'appui de l'opinion de M. Nesti, qui en a fait son *Elephas meridionalis*, qu'il avait déjà proposé en 1808 au baron Cuvier.

Des débris appartenant à ce *pachyderme* ont été trouvés dans les brèches osseuses de St-Hippolyte, d'Anduze, et dans les sables marins tertiaires des environs de Montpellier. — *Point dans Buffon.*

Genre MASTODONTE. — *MASTODON*. (Linn.)

Ce genre est entièrement détruit, on n'en trouve nulle part aucune espèce vivante. Ces animaux avaient les pieds, les défenses, la trompe et beaucoup d'autres détails de conformation analogues avec les Eléphans; mais ils en différaient par les mâchelières dont la couronne était hérissée.

MASTODONTE A DENTS ÉTROITES. — *M. ANGUSTIDENS.* (Cuv.)

CARACTÈRES.—Les mâchelières de cette espèce étant étroites, offrent, par la détrition, des disques en forme de trèfle qui les ont fait confondre par quelques auteurs avec des mâchelières d'hippopotames.

Cet animal était bas sur jambes. Ses os semens gisent dans presque toute l'Europe ; ici, on en a trouvé dans les sables marins tertiaires des environs de Montpellier. — *Point dans Buffon.*

LES VRAIS PACHYDERMES.

GENRE SANGLIER. — *SUS.* (LINN.)

CARACTÈRES.— Quatre doigts à tous les pieds, dont deux sont très-grands et armés de forts sabots, et deux très-petits, extérieurs, ne touchent presque pas la terre ; des incisives en nombre variable, et les canines sortant de la bouche et se recourbant vers le haut ; museau tronqué, terminé par un boutoir ; corps garni de poils raides appelés soies ; douze mamelles.

LE SANGLIER COMMUN. — *SUS SCROFA.* (LINN.)

LE SANGLIER, Buff. — Il ne se rencontre plus vivant dans nos contrées ; mais des ossemens fossiles de cette espèce se trouvent dans les cavernes de Lunel-Vieil (Hérault), et sans doute dans le Gard.

D'après M. Marcel de Serres, des débris du *Sus priscus* (Goldfuss.) auraient été découverts tout nouvellement en faisant la tranchée du chemin de fer de Montpellier à Nimes.

Le *Cochon domestique* descend du sanglier ; il varie beaucoup par la couleur de son pelage. On trouve des individus tantôt noirs, tantôt blancs, et quelquefois rougeâtres.

Bien peu d'animaux offrent une chair plus excellente ; elle a de plus la propriété de se conserver longtemps au moyen du sel. Sa nourriture demande peu de soin, et sa fécondité surpasse de beaucoup celle des autres animaux de sa taille, la femelle produisant jusqu'à quatorze petits ; elle porte quatre mois et deux fois par an.

Comme dans notre pays on élève peu de porcs, le Limousin nous en fournit d'excellens qui sont de petite taille. Il en descend aussi du Lyonnais, qui sont de bonne qualité ; le Quercy et la Provence viennent également approvisionner notre marché pendant l'hiver.

Genre ANOPLOTHERIUM. (Cuv.)

CARACTÈRES. — Six incisives à chaque mâchoire ; des canines presque semblables aux incisives et sept molaires partout forment une série continue sans intervalle vide et qu'on ne voit que dans l'homme. Les quatre pieds terminés par deux grands doigts, comme dans les ruminans ; mais les os du *métatarse* et du *métacarpe* restent séparés sans jamais se souder au canon. La composition de leur tarse est la même que dans le chameau. (Cuv.)

Point mentionné dans Buffon. — Ce genre ne se trouve plus qu'à l'état fossile. Cuvier dit en avoir reconnu cinq

espèces dans les carrières de plâtre des environs de Paris:
Des mâchoires et des ossemens ont été recueillis dans les
brèches osseuses du rocher du Dragon, près d'Aix, en
Provence.

Ces animaux devaient être lourds, et avaient probablement les habitudes des hippopotames.

Genre RHINOCÉROS. — *RHINOCEROS.* (Cuv.)

Caractères. — Molaires supérieures à couronne
carrée, présentant divers linéamens saillans, et les
inférieures à couronne en double croissant. Trois
doigts à chaque pied. Les os du nez, très-épais et
réunis en voûte, portent une corne solide, adhérente
à la peau. Ces grands animaux ont jadis habité nos
climats; mais nous n'en trouvons aujourd'hui que
des restes fossiles.

RHINOCÉROS PETIT. — *R. MINUTUS.* (G. Cuv.)

Point dans Buffon. — La taille de ce Rhinocéros ne dé-
passait pas celle du cochon. Elle se faisait distinguer par
des incisives égalant celles du *Rhinocéros* de Java. Ses
restes se rencontrent dans les sables marins tertiaires du
département de l'Hérault. Dans quelques pays on a
trouvé ses ossemens à 20 mètres sous terre.

On trouve encore dans les environs de Montpellier des
débris de l'espèce suivante :

RHINOCÉROS A INCISIVES. — *R. INCISIVUS.* (Cuv.)

Cette espèce ne ressemble à aucune autre du même
genre par ses incisives extrêmement grandes. Camper en
a recueilli en Allemagne.

Enfin , les brèches osseuses de St-Hippolyte et d'Anduze ainsi que les cavernes de Sauvignargues recèlent aussi des fragmens ayant appartenu à des animaux du genre Rhinocéros , mêlés à des ossemens humains.

Genre PALÆOTHERIUM. (Cuv.)

Ce genre a été encore entièrement détruit.

CARACTÈRES. — Les mâchelières étaient les mêmes que dans le genre précédent : six incisives et deux canines à chaque mâchoire, comme les tapirs, et trois doigts visibles à chaque pied. Ils portaient une petite trompe comme les tapirs dont l'existence est indiquée par la forme et les dimensions du nez.

Cuvier, dont le génie créateur a su ressusciter une foule d'animaux, dit qu'on en connaît onze ou douze espèces qui varient depuis la taille du cheval ou du rhinocéros jusqu'à celle du mouton. Les brèches osseuses de Cette et les sables marins des environs de Montpellier fournissent des restes de ces animaux, se rapprochant du *medium*, ainsi que d'autres débris appartenant sans doute à quelques autres espèces, le tout mêlé à des ossemens de *chevaux*, de *ruminans*, de *rats*, d'*oiseaux* et de *tortues*.

Genre LOPHIODONS. (Cuv.)

Ce sont des animaux tout-à-fait perdus, qui devaient se rapprocher du genre précédent, mais dont les mâchelières inférieures ont des collines transversales. Cuvier assure qu'on en a trouvé dix ou douze espèces dans les terrains d'eau douce anciens. On signale le *Lophiodon*,

Montpeliense dans les sables marins tertiaires du département de l'Hérault.

LES SOLIPÈDES.

On n'en connaît que le genre suivant :

CHEVAUX. — *EQUUS*. (Cuv.)

CARACTÈRES. — Six incives à chaque mâchoire, qui, dans le jeune âge, ont leur couronne carrée, marquées par les lames d'émail qui s'y enfoncent. Les mâles ont de plus deux petites canines qui manquent presque toujours aux femelles. Les mamelles sont placées entre les cuisses, mais, par exception, les mâles en sont tout-à-fait privés.

Le genre Cheval comprend, indépendamment de l'animal que nous connaissons sous ce nom, cinq autres espèces qui sont : l'*Ane*, le *Dzigguetai*, le *Zèbre*, le *Couagga* et le *Dauw*. De toutes ces espèces, le cheval porte seul des crins sur toute la longueur de la queue, la robe uniforme et sans zébrures ; mais ceux qui vivent en liberté, sont isabelle en Asie, et bai-châtain dans l'Amérique. Chacun connaît les nombreuses variétés de ceux qui naissent en domesticité.

L'on est surpris que les formes du cheval libre ne soient pas aussi séduisantes à la vue que celles des chevaux nés esclaves ; le poil, qui est crépu, n'a pas cette finesse et cette unité que l'on admire dans nos chevaux domestiques, et le reste de leurs formes est loin d'être aussi régulier ; mais le regard des individus libres a plus de fierté, leurs jarrets ont plus de souplesse, et leurs oreilles plus fines et plus droites sont toujours dirigées en avant, comme chez le cheval qui veut mordre.

La race sauvage paraît ne plus exister nulle part, et ceux qu'on trouve dans les déserts proviennent de chevaux autrefois domestiques ; ils vivent par bandes sous la conduite d'un vieux mâle.

Je ne parlerai pas des services que ce superbe animal rend à l'homme ; on a dit avant moi qu'il l'accompagne partout pour partager ses fatigues et ses travaux. L'agriculture, l'art militaire, le commerce, l'industrie, et tous les arts en général en retirent les avantages les plus multipliés.

CHEVAUX CAMARGUES.

Une race de chevaux dont on s'est toujours peu occupé en France est particulière à nos contrées ; je veux parler de la race *Camargue*, dont le gouvernement retirerait sans nul doute de grands avantages pour notre cavalerie légère, s'il cherchait un jour à l'améliorer.

Cette race, qui est d'origine arabe, fut laissée dans notre pays par les Maures et les Sarrasins, au temps que ces barbares avaient envahi les Gaules. Quoique ces chevaux aient beaucoup dégénéré, surtout depuis que plusieurs propriétaires ont introduit des étalons de races croisées au milieu d'eux *, ils ont encore conservé un reste de cette vigueur et de cette docilité qui caractérisent la race primitive. En effet, ils sont d'une grande sobriété, vivent toute l'année par bandes de 30 à 40 individus au milieu des vastes marécages où on les abandonne à euxmêmes, et ne rencontrent pour tout aliment que les grossières chénopodées méprisées par les bêtes à laine, et le chaume des graminées qui se sont desséchées après la fructification. A la vérité, le printemps vient adoucir leur

---

* Sur un haras de 40 à 45 chevaux, un seul étalon suffit à la reproduction.

misérable existence, car alors les marais leur offrent une ample pâture ; mais ce surcroît de nourriture leur arrive alors que l'hiver, en épuisant leurs forces, en a fait périr un grand nombre. Cependant, ils sont sujets à peu de maladies, la gourme est peu dangereuse pour eux.

Ceux que l'on choisit pour monture, après qu'ils ont reçu quelques soins, deviennent très-vigoureux, sont ardens à la course, et obéissent à la volonté de leur cavalier avec une intelligence parfaite. Un cheval camargue peut faire avec rapidité 25 lieues d'un trait. Cette race est, du reste, une des plus lestes, des plus souples et des plus nerveuses ; on peut lui faire franchir de grands espaces sans que celui qui la monte en souffre. La durée de la vie de ces chevaux peut se prolonger jusqu'à 25 ans. Les vieux sont généralement blancs, quelques-uns gris ; mais, en naissant, les petits sont recouverts d'une bourre noirâtre qui tombe au bout de sept ou huit mois, et ne prennent la livrée complète de leurs parens qu'à l'âge de cinq ou six ans. C'est à cette époque seulement que l'on commence à les monter. En hiver, leur poil est fort long et les garantit du froid.

Les propriétaires s'en servent pour ensemencer, et l'été ils les louent pour dépiquer les grains*. Ces chevaux servent aussi avec avantage pour rallier les taureaux sauvages qui vivent dans les mêmes lieux, et les *gardiens* qui les montent à nu leur doivent souvent la vie, car ils savent éviter avec une adresse remarquable la corne de ces animaux quelquefois furieux.

En me faisant ici l'écho des vœux que forment chaque jour mes compatriotes, j'exprimerai le désir que le gouvernement, dans sa sollicitude pour le bien public, vou-

---

* Cela dure six ou huit semaines consécutives. Le travail qu'un cheval fait est évalué à 20 lieues par jour ; à la vérité il n'a point de charge.
(Baron de RIVIÈRE.)

lùt bien s'occuper, mieux qu'on ne l'a fait jusqu'à ce jour, des moyens à prendre pour l'amélioration de cette race chevaline, race qui tout en lui occasionant peu de dépenses, en proportion d'autres améliorations d'une moindre importance, le récompenserait avec usure des soins qu'il aurait pris d'elle.

La Camargue n'est pas le seul pays où vivent ces chevaux, le Gard et plusieurs localités du Languedoc en nourrissent beaucoup.

L'ANE. — *EQUUS ASINUS*. (Linn.)

Nom du pays : *Asé*.

Coloration.— Le pelage de l'Ane est tantôt gris de souris, ou gris argenté, ou presque fauve, etc. Sa queue n'a qu'un bouquet de crins courts à son extrémité. Il porte toujours une croix noire sur les épaules; c'est le premier indice des rayures qui caractérisent les espèces qu'on rencontre à l'état sauvage.

L'Ane, Buff. — Cet animal est originaire de l'intérieur des grands déserts de l'Asie ; il en existe encore beaucoup dans ces pays lointains que l'on n'a pu soumettre au joug ; ils vivent par grandes troupes, et leurs habitudes sont celles des chevaux sauvages ; ils sont méfians et rusés, et à l'aspect du moindre danger ils fuient avec la rapidité de l'éclair.

Personne n'ignore combien l'âne est utile aux gens de la campagne qui n'ont souvent que lui pour toute fortune; Buffon a dit avec raison qu'aucun animal ne peut, relativement à son volume, porter de plus grands poids; aucune bête de trait ou de monture ne coûte moins de nourriture ; il bronche peu, le mulet et la mule n'ont pas le pied plus sûr que le sien dans les sentiers les plus étroits, les plus glissans, au bord même des précipices. M. G. de Labaume, en parlant de l'âne *, ajoute « que » toute nourriture lui convient, et que pour lui la paille est » un festin; chaque jour, au retour du travail, le maître » donne à ce serviteur frugal ce qu'il a ramassé sur sa » route pour son repas du lendemain, tandis que le sixième » de la valeur réelle de son travail suffirait, au besoin, pour » couvrir la dépense de sa nourriture. Aussi, l'âne abon- » de-t-il dans notre pays, et dans les villages les plus rap- » prochés de Nimes, on peut en voir, sans épigramme, » presque autant que d'habitans. »

L'âne a été connu dans les temps les plus reculés, et les auteurs sacrés comme les auteurs profanes en parlent souvent dans leurs écrits. Encore aujourd'hui, les Perses leur font une guerre très-active, et il paraît que la chasse de l'*onagre* leur procure les mêmes agrémens que chez nous la chasse aux cerfs et aux sangliers.

HUITIÈME ORDRE DES MAMMIFÈRES.

LES RUMINANS.

De tous les ordres de la Mammologie, celui-ci est le plus naturel et le mieux caractérisé, car tous les animaux qu'il comprend ont un air de ressemblance et paraissent être faits sur le même modèle; ils ne forment qu'une seule famille.

* *Voir* sa belle Dissertation sur l'amélioration de la race des Anes, adressée à la Société d'Agriculture du Gard, dont il est l'honorable président. Janvier 1838.

CARACTÈRES. — Les pieds n'ont que deux doigts enveloppés par deux sabots qui présentent leur face aplatie, ce qui ressemble à un seul sabot qui aurait été séparé par le milieu. Cette disposition a valu à ces animaux la dénomination de *pieds fourchus*, de *bifourchus*, etc. Le nom de ruminant désigne cette faculté qui leur est propre, de ramener les alimens dans leur bouche pour y être mâchés une seconde fois. Cette singularité résulte de la structure de leur estomac.

Les animaux de cette famille sont pour l'homme de la plus grande utilité. Toute nourriture leur est bonne ; ils rendent de grands services, et les produits qu'on en retire sont considérables.

RUMINANS A CORNES CADUQUES ET PLEINES.

GENRE CERF. —*CERVUS*. (LINN.)

Le Cerf commun, *Cervus elaphus*, qui vit dans plusieurs grandes forêts de la France, ne se rencontre plus dans le pays, si ce n'est chez quelques particuliers qui en possèdent captifs comme agrément ; mais, dans des temps plus reculés, cet animal a habité nos contrées, car nous trouvons aujourd'hui de ses débris fossiles, ainsi que ceux de plusieurs autres belles espèces que nous allons tâcher de faire connaître d'après les géologues qui en ont parlé.

Ossemens du Cerf commun à Cavaillon (Vaucluse.)

Dans les brèches osseuses d'Antibes, on trouve une espèce de Cerf et plusieurs débris de *ruminans*.

A Cette, on rencontre des *ruminans*, surtout du genre *Cerf*.

7

Les sables marins tertiaires des environs de Montpellier
recèlent plusieurs espèces de Cerfs : le CERVULUS (Lu-
sams), et le CERVUS CORONATUS (Marcel de Serres) ; les bois
de cette espèce se rapprochaient par leur forme de ceux
du daim.

Cavernes de Lunel-Viel, Hérault :

CERF INTERMÉDIAIRE, *C. intermedius.* (M. de Serres).

CERF A MEULE COURONNÉE, *C. Coronatus.* (M. de Serres).

CERF A DERNIÈRE MOLAIRE à double cône, *C. antiquus*
(M. de Serres).

CERF A MEULE ET A BOIS APLATIS, *C. virgininus.* (M.
de Serres).

LES RUMINANS A CORNES CREUSES.

Les espèces en sont très-nombreuses, et l'on a été
obligé de les diviser en plusieurs genres, d'après la
forme de leurs cornes.

GENRE ANTILOPE. — *ANTILOPE.* *

Ils se font remarquer par l'élégance de leurs formes,
par la légèreté de leur course.

LA GAZELLE. — *ANT. DORCAS.* (LINN.)

Cette espèce, qui habite par bandes nombreuses le nord
de l'Afrique, est célèbre dans les poésies arabes par la
douceur de son regard et la beauté de ses yeux. On ne la
trouve point en liberté chez nous ; mais plusieurs personnes en nourrissent depuis longtemps dans leurs parcs,

---

* Ce nom, qui leur fut donné du temps de Constantin, semble se
rapporter aux beaux yeux de l'animal. (Cuv.)

où elles se multiplient. MM. de Surville et Roux-Carbonnel en ont eu plusieurs productions.

FOSSILES.

Les sables marins des environs de Montpellier renferment des fragmens fossiles de l'*Antilope recticorne*, et quelques cavernes du Gard et de l'Hérault recèlent encore des restes d'Antilopes d'espèces détruites.

Genre CHÈVRE. — *CAPRA*. (Linn.)

CARACTÈRES. — Les animaux compris dans ce genre ont les cornes dirigées en haut et recourbées en arrière ; leur menton est ordinairement garni d'une barbe pendante.

L'ŒGAGRE ou CHÈVRE SAUVAGE. — *C. OEGRAGUS*. (Gml.)

Paraît être la source primitive de toutes les variétés de nos chèvres domestiques. Elles habitent par troupes sur les montagnes d'Asie.

La CHÈVRE DOMESTIQUE. — *C. HIRCUS*. (Linn.)

Nom du pays : *Cabro*.

Point de fixité dans le pelage ; le mâle et la femelle varient à l'infini pour la couleur , la longueur et la qualité du poil ; la grandeur et le nombre des cornes diffèrent beaucoup ainsi que la taille de l'animal. Il y a deux variétés constantes que quelques amateurs élèvent dans nos contrées , ce sont :

La Chèvre du Thibet recherchée pour la finesse

admirable de la laine qui croît entre ses longs poils,
et celle d'ANGORA, qui a le poil très-doux et soyeux.

On n'a pas encore essayé en grand l'acclimatement de ces
deux belles variétés qui pourraient peut-être devenir d'une
grande ressource pour nos fabriques de châles. Le naturel
de ces animaux est vagabond; ils aiment les montagnes et
les rochers d'un accès difficile, sont robustes et capricieux;
ils se nourrissent d'herbes ou de pousses d'arbustes. Leur
lait est salutaire, mais la chair des vieux ne vaut rien.

Genre MOUTON. — *OVIS*. (Linn.)

CARACTÈRES.—Les animaux qui composent ce genre
ont les cornes dirigées en arrière, et revenant plus
ou moins en avant, en spirale; leur chanfrain est
généralement convexe et ne porte point de barbe;
les moutons produisent avec les chèvres des métis
qui peuvent engendrer. Plusieurs races assez voisines vivent à l'état sauvage.

LE MOUTON ORDINAIRE. — *OVIS ARIES*. (DESM.)

Nom du pays: *Moutoûn.*

Tout le monde connaît cette espèce qui est sujette
à de grandes variétés de pelage. On regarde le Moufflon comme la souche des Moutons domestiques.

Le Moufflon aime à habiter les cimes des montagnes
élevées de l'Europe méridionale. On en trouve un grand
nombre dans l'île de Corse, en Sardaigne et en Grèce,
etc. Quelques particuliers en nourrissent dans nos pays
comme objets d'agrément.

LE MOUTON MÉRINOS d'Espagne, et le MOUTON D'AN-
GLETERRE sont des variétés constantes.

La chair de nos moutons est de très-bon goût et le suif
en est assez ferme, surtout chez ceux qui paissent dans nos
Garrigues. Quelques particuliers sont dans l'usage d'envoyer paître leurs troupeaux dans les hautes montagnes
des Cevennes, du Gévaudan et même jusque dans les Alpes dauphinoises; ils partent dans les premiers jours de
mai et reviennent à la fin d'août. Chaque semaine, il
arrive des moutons des montagnes voisines pour alimenter
la population nimoise, tandis que les agneaux nous viennent de la Provence et de plusieurs campagnes de notre
département.

Les Brebis Barbarines ou *à grosse queue*, * sont aujour-
d'hui en grand nombre surtout dans les parties basses de
notre pays; leur importation chez nous date d'environ un
siècle; c'est particulièrement dans le département de
l'Hérault et celui du Gard que cette race s'est bien conser-
vée. Depuis quelque temps elle est très-recherchée par les
propriétaires et les fermiers qui apportent le plus grand
soin à leur éducation. Ces Brebis ne sont pas comme les
autres sujettes à de grandes maladies et dédommagent
amplement ceux qui les nourrissent.

GENRE BOEUF. — *BOS*. (LINN.)

CARACTÈRES. — Ont les cornes creuses et dirigées
de côté, tendant à s'éloigner l'une de l'autre; mais
ce caractère n'est pas constant, car on en voit qui

---

* *Voyez*, pour des renseignemens précieux sur cette belle race,
l'excellent Rapport que M. Viviez de La Bastide a adressé à la Société
d'agriculture du Gard, dont il est le vice-président; mai 1839.

suivent diverses directions. Ce sont d'ailleurs de
grands aninaux doués d'une force extrordinaire ,
qui ont le mufle large , la taille trapue et les jambes
robustes.

LE BŒUF ORDINAIRE. — *BOS TAURUS.* (Linn.)

Nom du pays : *Bióou.*

COLORATION. — Pelage ras et uniforme , il varie
de couleur comme chacun sait ; mais on en voit le
plus souvent d'une couleur rouge fauve. On ne connaît point le type sauvage de l'espèce commune; quelques naturalistes ont cru que c'était l'*Aurochs* ,
parce que c'est lui qui s'en rapproche le plus ; d'autres pensent que c'est une espèce aujourd'hui éteinte,
nommée *Urus.*

Le BŒUF, Buffon. — Cet animal rend de grands services
à l'agriculture , au commerce et à l'économie domestique.
Sa chair nous est d'un grand secours , et le lait de sa femelle sert à faire le beurre et le fromage ; patient autant
que fort , l'homme l'emploie à labourer la terre et à traî-
ner des charrettes. Son cuir nous est encore d'une grande
utilité.

Notre pays reçoit beaucoup de bœufs étrangers pour la
nourriture de ses habitans , les meilleurs viennent du Limousin ; l'Ardèche , le Gevaudan et la Lozère nous en
fournissent beaucoup aussi ; il en vient même de la Gas-
cogne. Les veaux nous sont envoyés des hautes montagnes
des départemens limitrophes; leur chair est du meilleur
goût.

DES BŒUFS CAMARGUES.

« M. le baron de Rivière dit * qu'au seizième siècle, se-
» lon *Quiqueran de Beaujeu*, la Camargue nourrissait seize
» mille Bœufs sauvages ; il n'en existe aujourd'hui que le
» vingtième de cette quantité. Naturellement plus vifs,
» plus sobres et plus intelligens que les bœufs domestiques,
» les nôtres peuvent devenir par des soins bien entendus
» aussi doux et moins forts que ceux des races les plus re-
» cherchées ; mais il ne faudrait pas qu'ils fussent aban-
» donnés à la brutalité de leurs gardiens, toujours à che-
» val, toujours poursuivant ces misérables animaux avec
» le trident dont ils sont armés, autant pour les accoutumer
» à redouter leur voix, que pour l'adresse qui les fait bril-
» ler dans les *courses* et dans les *ferrades*. »

Les Taureaux Camargues habitent aussi les pays bas de
notre département, depuis St-Gilles jusqu'à Aiguesmortes ;
ils diffèrent beaucoup de ceux de la montagne ; ils ont le
poil ras, d'un noir de jais, les cornes ordinairement blanches, presque droites et rapprochées, l'œil vif et menaçant,
les jambes minces, et sont d'une taille moyenne. C'est l'animal par excellence dans un pays où les chaleurs sont acca-
blantes, où les mouches et moucherons (*la mangeance*, en
terme du pays) abondent avec une telle profusion qu'on
ne sait où trouver un refuge durant toute la belle saison.

Pendant sa jeunesse, c'est-à-dire jusqu'à l'âge de 5 ou
6 ans, le taureau ne sert que pour les *courses* et les *ferrades* ** qui sont très-lucratives pour le fermier qui en possède
de bien *furieux*. C'est là que l'animal déploie son agilité et

---

* *Mémoires sur la Camargue*, par M. le baron de Rivière, ancien
maire de St-Gilles.

** *Voyez* la *Statistique des Bouches-du-Rhône*, pour ce qui concerne
une belle ferrade et une belle course de taureaux.

sa force en soutenant une lutte des plus acharnées contre
une foule d'hommes imprudens , munis de bâtons , sans
compter l'adresse et l'énergie des gardiens qui se présentent
à lui armés de leur terrible trident *. Mais mon intention
n'étant pas d'entrer ici dans d'autres détails sur ces sortes
d'amusement qui , de nos jours , ne peuvent plaire qu'à
un petit nombre de personnes , je reviens à leurs mœurs :

Ce n'est ordinairement que lorsqu'il n'est plus propre à
ce genre d'amusement qu'on lui fait subir l'opération de la
castration pour le mettre au travail.

Le jour où l'on doit mettre pour la première fois un
bœuf à l'araire , est un jour de fête dans les campagnes
où l'on se sert de ces animaux ; les gens de toutes les
fermes voisines accourent pour jouir de ce spectacle ; on
appelle cela *faire sauter le bœuf.* Voici comment on s'y
prend : On attèle deux taureaux faits depuis longtemps à
ce genre de travail , et l'on a soin de les tenir un peu écar-
tes l'un de l'autre , de manière à laisser un intervalle entre
eux d'eux ; alors le gardien, à cheval et armé de son trident , manœuvre de manière à faire arriver le taureau indompté entre les deux déjà attelés. On a souvent beaucoup
de peine à y réussir , et ce n'est pas toujours sans danger pour les curieux ; mais , une fois parvenu à lui faire
prendre place entre les deux bœufs , on lui lance aux
cornes une corde qui , le retenant bien , vient s'assujétir
au bout de l'araire , et on le fait venir avec précaution jusqu'au joug , après quoi on l'attache en lui passant autour
du cou un collier en bois. Dès qu'il est solidement fixé ,
on détache le bœuf dont il a pris la place , et on le livre
au bœuf *dompteur* qui est chargé de faire son éducation.

---

* Adroits et légers, maniant leurs chevaux avec une dextérité
étonnante. On dirait en les voyant que l'homme et le cheval ne sont
qu'une seule créature, et la fable des centaures se présente involon-
tairement à votre esprit.

L'honneur de conduire l'araire est réservé au premier
valet de la ferme, et si on l'en privait ce serait un passe-
droit capable de lui faire abandonner sa place. C'est alors
que s'engage entre le conducteur, le bœuf dompteur et le
taureau indompté une lutte de force et d'adresse. Ce dernier bondit de rage, écume, mugit, mais sa fureur expire
sous le poids de l'animal dompteur qui, docile à la voix
de celui qui conduit, manœuvre avec tant d'intelligence
qu'il finit par rendre presque docile le taureau rebelle.

Le Bœuf Camargue travaille jusqu'à l'âge de 10 à 12 ans;
c'est alors qu'en le laissant reposer dans les pâturages il
s'engraisse, après quoi on le vend aux bouchers; mais sa
chair ne vaut jamais celle des bœufs ordinaires, et on a
toujours soin avant de le tuer de le faire plus ou moins
courir.

Ces animaux, menant une vie qui tient de la nature des
pays qu'ils habitent, sont cependant sujets à peu de maladies. Ils supportent la faim en hiver, la soif en été, quelquefois l'un et l'autre dans toute saison; chaque soir, des
gardiens à cheval les conduisent dans un parc cloturé, mais
jamais couvert, de sorte qu'ils endurent les imtempéries
les plus rudes de l'hiver.

Lorsque le fermier a besoin d'un certain nombre de paires de bœufs pour son travail, il prévient son gardien, qui
lui amène dans les champs ceux qui lui sont nécessaires,
et après quatre heures et demie de travail on les relâche
et ils sont remplacés par d'autres qui labourent jusqu'à la
fin de la journée.

Les Bœufs vivent en troupe ordinairement serrée; ils
forment au loin une masse noire ou cordon, selon comme
ils sont rangés, qui vient frapper les yeux du voyageur
craintif qui est obligé de passer près d'eux; et ce n'est pas
sans raison qu'il doit s'alarmer, car, dès qu'un taureau
isolé de la troupe aperçoit un étranger, il se redresse avec

fierté , porte la tête haute , frappe du pied , le fixe d'un air
étincelant, et s'apprête à fondre sur celui-ci , qui n'a d'autres ressources pour se sauver que de se jeter à plat ventre
dans quelques buissons , ou d'implorer la prompte assis-
tance du gardien.

Les vaches , quoique beaucoup moins fortes, ne sont pas
moins à craindre , surtout à l'époque où elle veulent vêler.
Mais ce qu'il y a de plus remarquable, c'est qu'elles usent de
toutes sortes de moyens pour tromper la surveillance des
gardiens , afin que ceux-ci ne s'aperçoivent point du lieu
où elles vont déposer leur progéniture. C'est ordinairement
dans quelques gros buissons ou dans quelque fourré
qu'elles le déposent. C'est là que , selon l'expression vulgaire , *elles endorment leurs veaux ;* mais , malheur à celui
que le hasard amènerait auprès de la retraite qu'elles ont
choisie. Il arrive parfois des accidens fâcheux aux chasseurs imprudens qui laissent leurs chiens s'avancer au milieu d'une troupe de veaux ; les chiens, poursuivis par eux
dans le but de s'amuser , viennent tout naturellement se
réfugier auprès de leur maître, et c'est alors que les mères,
craignant quelque danger pour leurs petits , arrivent en
toute hâte ; il ne reste alors au chasseur que deux partis à
choisir , ou de s'échapper par la vitesse de sa course , ou de
chercher à s'emparer d'un veau , le renverser et lui attacher les jambes avec son mouchoir , de manière à ce qu'il
ne puisse pas courir , et que la mère en arrivant, au
lieu de poursuivre le chasseur , s'occupe de débarrasser
son veau , ce qui a toujours lieu.

Le Bœuf Camargue est peu susceptible de reconnaissance
envers ceux qui le tirent de quelque danger ; il arrive quelquefois que des individus s'enfoncent dans les marécages
de manière à ne pouvoir plus en sortir , ils périraient infail-
liblement si on ne venait à leur secours ; on les attache
alors avec des cordes aux cornes, et on attèle trois ou

quatre bêtes qui les trainent jusqu'en terre ferme ; mais si le taureau ne s'est pas épuisé en vains efforts et qu'il lui reste quelque force, il fondra sur les assistans, qui seront en grand danger s'ils n'ont pas eu la précaution de prendre des mesures pour se garantir de ses attaques. Mais un fait que nous ne saurions laisser passer inaperçu, c'est que ces animaux sont doués de beaucoup de sensibilité pour leurs pareils : si un des leurs vient à mourir dans les champs, aussitôt ils l'entourent, remplissent l'air de leurs mugissemens et de grosses larmes s'échappent même de leurs yeux. Pour mettre fin à cette scène, les gardiens sont obligés de les éloigner pour quelque temps de ce lieu ; car chaque fois qu'ils s'en approchent leurs gémissemens se renouvellent.

Tel Taureau qui a été la terreur des lieux où il a subi les attaques d'une *course*, devient au bout de quelque temps de travail de la plus grande docilité ; il arrive avec complaisance sur la terre qu'il doit arroser de sa sueur, il cherche lui-même l'araire auquel il est accoutumé d'être attaché, et remplit sans résistance la tâche qui lui est imposée. Sa patience aussi est souvent mise à l'épreuve, surtout à l'époque des chaleurs ; il est alors entouré d'une nuée de mouches et de taons d'une grosseur pareille à celle d'une petite cigale qui le tourmentent continuellement, et c'est alors que la Providence qui a tout prévu semble lui envoyer un défenseur : c'est la Guêpe FRÉLON, *vespa crabro** appelée *Gendarme* dans le pays, qui vole avec une vélocité extraordinaire et un bourdonnement très-fort ; elle s'empare de tous les taons qui sont auprès du pauvre animal, qui devient à ce bruit d'une tranquillité parfaite, et semble reconnaître le service signalé qui lui est rendu.

* La Guêpe Frélon a 2 cent. 1|2 de longueur. Elle est commune dans nos marais.

NEUVIÈME ORDRE DES MAMMIFÈRES.

LES CÉTACÉS.

CARACTÈRES. — Ces mammifères n'ont point de pieds de derrière, et leur corps a presque la forme de celui d'un poisson; leur tronc se continue avec une queue épaisse, terminée par une nageoire cartilagineuse horizontale, qui les aide à s'élever au-dessus de l'eau. Les membres antérieurs sont disposés en nageoires; leur peau est lisse et souvent fort épaisse.

Les Cétacés, par leur structure, sont condamnés à ne point quitter les eaux, mais, comme ils respirent par des poumons, ils sont obligés de paraître souvent à sa surface pour y respirer l'air.

Ils ont deux mamelles pectorales ou abdominales au moyen desquelles ils allaitent leurs petits.

On les divise en deux familles :

PREMIÈRE FAMILLE.

CÉTACÉS HERBIVORES.

LES LAMANTINS ou MANATES. — *MANATUS.* (Cuv.)

CARACTÈRES. — Leur corps est oblong, terminé par une nageoire ovale-alongée; ils ont sur les bords de leurs nageoires des vestiges d'ongles dont ils se servent avec assez d'adresse pour ramper ou pour porter leurs petits. C'est ce qui leur a valu le nom de *Manatus* (Cuv.)

Ces animaux, qu'on ne trouve aujourd'hui qu'à l'embouchure des rivières qui se jettent dans l'Atlantique, dans les mers d'Amérique et d'Afrique, ont habité jadis en grand nombre nos contrées, puisque chaque jour les géologues découvrent des restes fossiles de *Lamantins*, et il paraît même que plusieurs de ces ossemens ont appartenu à des espèces qui ont été détruites par quelques-unes de ces grandes révolutions qui ont bouleversé le globe à diverses époques. C'est surtout dans les sables marins tertiaires des environs de Montpellier que M. Marcel de Serres a recueilli plusieurs de ces ossemens ; dans la grotte de Mialet (Gard), on trouve en grande quantité des côtes de *Lamantins* ; M. Miergue, médecin à Anduze, en possède plusieurs échantillons qu'il a recueillis dans cet endroit.

LES DUGONGS (Lacép.)

Appartiennent à cette famille ; plusieurs fragmens fossiles de *Dugongs* ont été trouvés dans le département de l'Hérault. On n'en connaît de nos jours qu'une espèce vivant dans la mer des Indes ; on l'a quelquefois nommée *Sirène*, *Vache-marine* et *Lamantin*.

DEUXIÈME FAMILLE.

LES CÉTACÉS ORDINAIRES OU SOUFFLEURS.

CARACTÈRES. — Ils sont surtout remarquables par l'appareil singulier au moyen duquel ils peuvent lancer des jets d'eau au-dessus de leur tête ; cette particularité a toujours attiré l'attention des navigateurs ; elle provient de ce que, en avalant leur proie, ces animaux engloutissent en même temps dans leur large gueule un grand volume d'eau qui ne s'introduit point dans le conduit de la respiration, et dont ils se débarrassent par une ouverture percée au-dessus de leur tête ; leur peau est lisse ; mais c'est au-dessous d'elle que se trouve ce lard très-épais qui sert à faire l'huile pour laquelle des hommes font le sacrifice de leur vie en allant à sa recherche dans des mers lointaines.

Leurs mamelles sont situées près de l'anus, et leurs nageoires sont impropres à saisir un objet. Les Cétacés dont nous parlons se tiennent toujours dans l'eau. Nous en avons quelques-uns dans la mer qui baigne notre territoire, et beaucoup d'ossemens fossiles ayant appartenu à plusieurs grandes espèces gisent dans plusieurs terrains de notre pays.

Genre DAUPHIN. — *DELPHINUS*. (Linn.)

Cuvier dit que ce sont les plus carnassiers, et, proportion gardée avec leur taille, les plus cruels de l'ordre.

Les DAUPHINS proprement dits. — *DELPHINUS*. (Cuv.)

On les distingue sans peine à leur front bombé et à leur museau alongé qui ressemble presque à un bec de canard.

Le DAUPHIN ORDINAIRE. — *DELPHINUS DELPHIS*. (Linn.)
Nom du pays : *Por Marïn*.

CARACTÈRES. — Bec allant en s'amincissant ; mâ-

choire armée de chaque côté de 42 à 47 dents grêles, arquées et pointues ; il est noir en dessus et
blanc en dessous. Il parvient à la longueur de 2 mètres 72 centimètres à 5 mètres 55 centimètres.

Les pêcheurs de tous nos ports de mer prennent assez
souvent ce cétacé dans leurs filets en même temps que les
autres espèces de poissons ; quand il se sent privé d'eau,
le Dauphin pousse des gémissemens sourds ; dans la mer,
il est d'une grande agilité ; souvent on le voit s'élancer en
l'air ; il lui arrive de sauter sur le tillac des navires. Il
semble avoir été le vrai Dauphin des anciens.

Le GRAND DAUPHIN. — *D. TURSIO.* (Bonnat.)

Nom du pays : *Soufflur.*

C'est le *Souffleur* de Lacépède.

Caractères. — Cet animal a le dessus du corps
noirâtre, le dessous blanchâtre ; son museau est de
longueur ordinaire ; ses dents sont au nombre de 25
de chaque côté de la mâchoire supérieure ; 21 seulement à celle d'en bas, toutes les dents sont ob-
tuses.

Cette espèce se rapproche moins de nos côtes que la
précédente. Je n'ai eu l'occasion que de voir deux individus dont un avait 5 mètres 34 centimètres de long ; on
l'avait pêché à Cette. L'autre, que je préparai, avait à peu
près la même taille ; il venait du port des Martigues. Cet
animal, qui a un lard très-épais, habite les mers d'Europe.

OSSEMENS FOSSILES.

Les sables marins tertiaires des environs de Montpellier, très-riches en ossemens fossiles , contiennent des restes de *dauphins* et de *baleines*.

L'on a découvert au Mont-Ventoux (Vaucluse) , un humérus d'une grande espèce de *cétacé* dont on ignore le nom.

GENRE BALEINE. — *BALÆNA.* (LINN.)

Ces animaux sont , avec les cachalots , les plus grands des êtres qui peuplent les eaux. Autrefois , les Baleines se rencontraient dans nos mers. — Mais de nos jours il faut aller les chercher dans des parages lointains et souvent dangereux. Ce qu'il y a de singulier , c'est que ces monstrueux cétacés ne se nourrissent que de très-petits animaux : ils vivent de poissons, mais surtout de vers, de molusques et de zoophytes. Les nombreux fanons qui garnissent l'intérieur de leur gueule ne leur permettent pas d'avaler une grande proie.

Cependant, malgré la rareté des Baleines dans les mers d'Europe , en 1829 , une Baleine morte qui flottait sur l'eau fut aperçue en vue de nos côtes ; quelques jours après elle fut prise et amenée à Port-Vendres. M. le docteur Compagnon et M. Benazet en firent l'acquisition, pour en préparer le squelette.

DEUXIÈME CLASSE DES ANIMAUX VERTÉBRÉS.

LES OISEAUX.

Ils forment la classe la plus nombreuse des animaux vertébrés : ces gracieux habitans des airs charment en même temps par l'élégance de leur forme et par la richesse de leurs couleurs.

Ce sont des ovipares ayant une organisation complète pour se soutenir et se balancer dans les airs. Leur corps est garni de plumes, et ils ont une respiration double, car la nature, en les créant, n'a rien oublié des facultés nécessaires au rang qu'elle leur a assigné parmi les êtres de la création. Ils reçoivent l'air dans de vastes poumons pourvus de conduits qui le répandent dans d'autres parties de leur corps ; et leurs os étant formés d'un tissu spongieux, tout contribue à les rendre légers. C'est ce qui a fait dire à Cuvier que deux moineaux francs consommaient autant d'air qu'un *cochon-d'Inde*. Cette respiration souvent renouvelée n'en est que plus ardente, et est cause que les oiseaux montrent une énergie plus vive et plus passionnée que les autres animaux vertébrés.

La locomotion aérienne étant la première puissance pour les oiseaux, elle exigeait des ailes solidement fixées aux muscles pectoraux, aussi ceux-ci sont-ils forts et robustes. Les ailes sont composées de plumes celluleuses que l'on nomme *tectrices*, *rémiges*, *ailes bâtardes* et *scapulaires*. Plus une espèce a le vol rapide et soutenu, plus elle a

8

les pieds courts : tels sont les *martinets*, les *hirondelles*,
les *frégates* et les *mouettes*.

Le corps des oiseaux est garni de plumes qui varient
souvent par la finesse, la forme et le coloris. Elles tom-
bent tous les ans, mais elles sont vite remplacées par
d'autres qui prennent quelquefois chez le mâle une couleur plus brillante, surtout au printemps. C'est cette chute
périodique qui rend l'oiseau malade, et que l'on nomme
mue. Chez la plupart, le mâle ne ressemble pas à la
femelle, et les jeunes portent la livrée de leur mère dans
leur jeune âge.

La vue des oiseaux est plus parfaite que celle de tous
les autres animaux ; son organisation a reçu quelques
modifications qui étaient nécessaires à la vie de ces êtres
ailés ; car comment les oiseaux de proie auraient-ils pu,
dans la rapidité de leur vol, discerner quelquefois d'une
grande élévation les animaux dont ils veulent faire leur
pâture ? On prétend qu'un oiseau de rapine peut apercevoir une alouette placée sur une motte de terre à une distance trente fois plus considérable que l'homme ne saurait
le faire. Les yeux sont de forme orbiculaire. L'organe de
l'odorat paraît être très-sensible chez plusieurs espèces ;
il est caché dans la base du bec.

La tête des oiseaux est généralement petite. Cette conformation les aide à fendre l'air dans leur vol ; le cou,
qui est plus ou moins long, est toujours en proportion
relative à la longueur des jambes, et aux habitudes de
l'espèce. Ceux qui habitent le bord des eaux, comme les
échassiers, ont des tarses longs et dénués de plumes ;
ceux qui nagent les ont courts, et les doigts sont réunis
par une membrane ; tandis que ceux qui vivent dans nos
forêts et qui se perchent ordinairement sur les branches
des arbres ont les doigts terminés par des ongles crochus
qui les aident à se cramponner. Cuvier dit qu'il existe une

suite de muscles allant du bassin aux doigts, et passant
sur le genou et le talon, de manière que le simple poids
de l'oiseau fléchit les doigts, et que c'est ainsi qu'ils peuvent dormir perchés sur un pied pendant les orages.

Tous les oiseaux ne se nourrissent pas de la même manière : chaque espèce cherche sa nourriture selon son
goût et la conformation de son bec ; mais tous avalent les
alimens sans les mâcher et d'un seul coup. Il y en a pour
qui toute nourriture est bonne, comme les *omnivores*. Les
accipitres vivent de chair palpitante ; les *becs-fins* recherchent les insectes et les vers ; les *baccivores* ou les merles
sont avides de baies ou petits fruits sauvages ; enfin, les
granivores vivent généralement aux dépens de nos récoltes. Mais il ne faut pas en conclure que le choix des alimens soit exclusif, et que les granivores ne puissent être
carnivores et réciproquement. Un grand nombre d'oiseaux
ont soin d'avaler de petites pierres pour augmenter la
force de la détrituration.

Tous les oiseaux ne sont pas doués de la faculté du
chant ; bien des espèces en sont tout-à-fait privées, et ne
font entendre, même dans leurs concerts d'amour, que
des sons discordans et une voix aigre et monotone. Mais
c'est au lever de l'aurore, au moment où les rayons vivi-
fians du soleil apparaissent sur l'horison, que tous ces
hôtes légers des forêts s'empressent de les saluer par un
ramage éclatant ou par un doux gazouillement. Quelques-
uns chantent à midi ; d'autres au soleil couchant, et pro-
longent même leur chant pendant les premières heures
d'une belle nuit et par un temps serein. Néanmoins, si les
ténèbres dérobent à nos yeux les beautés de la nature, cet
aspect funèbre a encore ses charmes pour les oiseaux nocturnes. C'est alors que placés sur quelque ruine ou quelque antique tourelle, attristant les échos de leurs cris
sinistres, les ducs et les chouettes exhalent des accens

plaintifs causés par l'amour qui les anime, la faim qui
les presse, ou les diverses passions qui les agitent.

Lorsque le printemps ramène avec lui la saison des
amours, que le sang des oiseaux a reçu une nouvelle
vie, on les voit alors souples, vifs, légers, coquets, se
rechercher avec un empressement indicible pour payer
à la mère nature le tribut de la reproduction. Quelques-
uns ne recherchent la femelle que pour le plaisir du moment; ceux-ci sont polygames, comme les vanneaux, les
oies, les canards et le coq; tandis que les espèces mono-
games, se contentant presque toujours d'une femelle pour
satisfaire leurs désirs, restent constamment attachés à la
compagne qu'ils ont choisie, partagent sa tendresse et
l'aident dans l'accomplissement des soins pénibles de l'incubation. Travaillant ensemble à la construction du berceau qui recevra bientôt le fruit d'une union intime, ils
ne suspendent leurs travaux que pour se livrer à de nouvelles caresses, que la femelle reçoit presque toujours
avec un peu de coquetterie et de pudeur.

La prévoyance des oiseaux pour leurs petits est fort
grande, et mérite bien d'être étudiée ; on les voit occupés
sans relâche, à mesure que le temps de la ponte approche,
à recueillir les objets les plus utiles à la construction de leur
nid, et les soins que quelques-uns y apportent sont vraiment admirables; suspendu aux branches d'un arbre
fleuri ou bien entrelacé avec art aux joncs des marais, l'intérieur en est garni des matières les plus douces et les
plus moelleuses; chez certaines espèces, comme quelques
canards, par exemple, la femelle s'arrache les plumes pour
en couvrir ses œufs pendant qu'elle s'absente, et pour en
tapisser la roche aride sur laquelle ils sont déposés.

Tout le temps que dure l'incubation, le mâle veille avec
un soin extrême sur sa compagne qui passe de longues
heures accroupie sur ses œufs qu'elle réchauffe avec

amour, et elle se laisserait mourir de faim si le mâle ne
lui apportait dans son bec les alimens nécessaires. Une fois
ce soin accompli, il va se poser à peu de distance, la regarde, bat des ailes avec des transports de joie, et lui
prodigue ses amoureuses chansons qu'il répète avec des
accens inaccoutumés ; quelquefois même il la remplace
dans le nid. Mais, une fois les petits éclos, nouveaux soucis
pour les parens. Entourés de piéges et d'ennemis de toutes
sortes, ils passent leur temps à former leur éducation, et
à les préserver de tout danger. On voit souvent cette pauvre mère cherchant à défendre ses petits au péril de sa
vie. La poule ne craint pas d'affronter la mort et se bat
avec courage pour sauver ses poussins. La perdrix, em-
ployant la ruse, vient, une aile pendante, s'offrir au
fusil du chasseur sans pitié, et, feignant d'être blessée,
cherche à l'éloigner du lieu où repose sa couvée.

A l'époque des équinoxes, un grand nombre d'oiseaux
entreprennent de longs voyages qu'ils exécutent tantôt
seuls, tantôt par bandes nombreuses, et l'on est surpris
de l'ordre qui préside durant ces trajets à travers des pays
lointains. Les uns s'en vont chercher une température
plus douce et plus convenable à leur vie ; d'autres, craignant le manque de nourriture, se hâtent d'arriver dans
des lieux où leur instinct les guide. Mais tous ne suivent
pas la même route, rarement les vieux se mêlent avec les
jeunes, car il est des pays où l'on voit toujours les uns
à la même époque et jamais les autres.

Les oiseaux qui nous visitent pendant l'hiver sont en
général plus grands que ceux que nous voyons durant
l'été. Ce sont des *oies*, des *canards*, des *pluviers*, des
vanneaux, des *échassiers* et même des *aigles*, que l'approche des frimas a forcés de fuir les contrées qu'ils habi-
taient pour venir chercher dans notre pays un refuge contre les rigueurs du froid. Mais dès que leur instinct les a

avertis que la saison des fleurs va venir , toutes ces espèces se hâtent de retourner dans leur première patrie pour se livrer à l'œuvre de la reproduction.

A peine sont-ils partis, que nous voyons arriver des oiseaux dont la plupart sont ornés de vives couleurs ; ils ont traversé les mers pour venir jouir de notre température , peupler nos bois et nos champs , et égayer par leur babil ou leur ramage des lieux auparavant si tristes et qui vont être témoins de leurs amours.

DIVISION DE LA CLASSE DES OISEAUX EN ORDRE.

Nous suivrons ici l'excellente méthode de M. Temminck ainsi que nous l'avons déjà fait pour l'*Ornithologie du Gard*.

1er Ordre. Rapaces. — *Rapaces.*

2e   —   Omnivores. — *Omnivores.*

3e   —   Insectivores. — *Insectivores.*

4e   —   Granivores. — *Granivores.*

5e   —   Zygodactyles. — *Zygodactyli.*

6e   —   Anisodactyles. — *Anisodactyli.*

7e   —   Alcyons. — *Alcyones.*

8e   —   Chelidons. — *Chelidons.*

9e   —   Pigeons. — *Columbœ.*

10e   —   Gallinacées. — *Gallinœ.*

11e   —   Alectorides. — *Alectorides.*

12e   —   Coureurs. — *Cursores.*

13e   —   Gralles. — *Grallatores.*

14e   —   Pennatipèdes. — *Pennatipedes.*

15e   —   Palmipèdes. — *Palmipedes.*

PREMIER ORDRE.

RAPACES. — *RAPACES*. (Temm.)

Les oiseaux qui composent cet ordre et qu'on appelle *Oiseaux de proie* sont tous reconnaissables à leur bec et à leurs ongles crochus, et c'est avec ces armes redoutables qu'ils font une guerre continuelle et acharnée aux autres oiseaux et même aux quadrupèdes ainsi qu'aux reptiles et aux poissons.

Ils sont divisés en *Diurnes* et en *Nocturnes*.

OISEAUX DE PROIE DIURNES.

GENRE PREMIER.

VAUTOUR. — *VULTUR*. (Illig.)

CARACTÈRES. — Ils ont les yeux petits, à fleur de tête, les tarses nus et recticulés; le bec droit et crochu vers le bout, une partie de la tête et du cou plus ou moins dénuée de plumes souvent remplacées par un duvet.

Quoique de grande taille, les Vautours ne montrent pas le même courage que les *aigles* et les *faucons*; ils n'attaquent guère les animaux vivans que lorsqu'ils sont bien affamés, et encore c'est toujours sur les plus faibles et les plus timides qu'ils se jettent. Ils sont avides de charognes qu'ils déchirent jusqu'aux os avec leur bec, et lorsqu'ils se sont amplement repus, il découle de leurs narines une humeur fétide et dégoûtante ; surpris dans cet état, ils ont beaucoup de peine à prendre leur essor.

On rencontre cinq espèces de Vautours en Europe ; quatre d'entr'elles se trouvent dans nos contrées.

Le VAUTOUR ARIAN. — *V. CINEREUS.* (Linn.)

Nom du pays : *Votour.*

COLORATION. — Il est brun noirâtre ou noir, quelquefois d'un brun fauve, une peau bleuàtre ou violacée recouvre une partie de la tête ; le cou est couvert d'un duvet, et garni de longues plumes à sa base qui remontent obliquement. Longueur, 1 mètre 58 centimètres.

Le GRAND VAUTOUR, Buffon. — L'Arian arrive sur les montagnes qui bordent la Crau dans le courant du mois de mai ; il se montre assez souvent dans le voisinage de nos marécages pour y découvrir quelques charognes ou pour y surprendre quelques brebis malades ; mais son apparition a toujours lieu en bien petit nombre. Cette belle espèce est fort rare en Europe. On ne connaît point ses œufs.

VAUTOUR GRIFFON. — *V. FULVUS.* (Linn.)

Nom du pays : *Votour.*

COLORATION. — Toutes les parties supérieures d'un cendré plus ou moins clair ; parties inférieures d'un isabelle clair ; un espace garni d'un duvet blanc sur la poitrine ; tête et cou couverts d'un duvet blanc et cotonneux ; plusieurs rangées de plumes au bas du cou en forme de collerette ; bec d'un jaune livide ; cire brunâtre un peu couleur de chair. Pieds grisà-

tres ; iris châtain-clair, (les *vieux*). Longueur, 1 mètre 53 centimètres (la *femelle*) ; le *mâle* est toujours
plus petit.

C'est le Percnoptère et le Griffon de Buffon. — Les
montagnes de la Lozère , des Cevennes , de l'Ardèche et
de la Provence sont les endroits où vit cet oiseau ; rarement il descend dans les plaines , s'il n'y est attiré par
l'appât de quelques animaux morts dont les émanations
emportées par le vent arrivent jusqu'à lui ; c'est ainsi que
quelquefois il en vient rôder dans nos alentours, et quoique ce rapace soit avide de charognes , il lui arrive
aussi d'attaquer des animaux vivans quand la nourriture
lui manque.

Il niche sur les rochers les plus inaccessibles et sur les
arbres les plus élevés des forêts. La femelle , d'après
M. Thienemann , pond deux œufs gros et ronds d'un
blanc verdâtre , à surface rugueuse *. Cette espèce est très-
répandue en Europe et en Afrique.

VAUTOUR CHASSEFIENTE. — *V. KOLBII.* (Daud.)

Nom du pays : *Votour.*

Coloration. — Teinte générale du plumage couleur de café au lait clair ou isabelle ; souve nt aussi
varié ou tapiré de brun-clair ou foncé. Les vieux
sont à-peu-près en entier d'un isabelle blanchâtre ;
mais la marque caractéristique pour le reconnaître
de l'espèce précédente , *c'est que les plumes des
ailes et des parties inférieures sont toujours arron-*

---

* J'ai reçu des Alpes un œuf que l'on m'a envoyé pour un œuf de
Vautour ; il est gros et de forme ronde , d'un blanc teint de jaunâtre, à
surface peu unie. — Cet œuf est fort ancien en collection.

dies à leur bout, *tandis que chez le Griffon elles sont en pointes.* La collerette n'est pas non plus aussi longue et aussi fournie ; le bec est plus long et moins bombé près de sa base. Longueur, 1 mètre 53 centimètres.

Le Vautour Chassefiente vit sur les montagnes de la Provence en Crau, dans les Cevennes et la Lozère ; il y est plus abondant en été qu'en hiver. On le trouve en grand nombre dans presque toutes les parties montueuses de l'Afrique. Ses mœurs et toutes ses habitudes sont celles de l'espèce précédente, quoique son nom semble indiquer qu'il recherche les voiries avec plus d'avidité qu'elle. D'après M. Temminck, la femelle pond deux œufs rugueux et d'un blanc sale. On le trouve quelquefois dans notre département.

GENRE DEUXIÈME.

CATHARTE. — *CATHARTES*. (Temm.)

Caractères. — Bec droit, long, mince, entouré à sa base d'une cire atteignant la moitié du bec ; mandibule supérieure crochue vers son extrêmité ; l'inférieure plus courte, obtuse à sa pointe.

Ce sont des oiseaux avides d'immondices ; cependant, au temps des nichées, ils enlèvent des proie vivantes qu'ils apportent à leurs petits.

Le CATHARTE ALIMOCHE. — *C. PÉRENOPTERUS*. (Temm.)

Nom du pays : *Pélacan*, *Péro blanc*.

Coloration. — Entièrement blanc avec les grandes pennes des ailes noires ; une partie de la tête et

de la gorge d'un jaune plus ou moins foncé selon
qu'il est vieux. Dans le jeune âge il est brun ou brun
noirâtre mêlé de roussâtre et de blanchâtre* ; la peau
qui recouvre une partie de la tête est de couleur livide. Longueur 66 centimètres.

Le Vautour Blanc et le Vautour de Malte, de Buffon. — Ce Vautour arrive régulièrement dans le Midi en
avril, niche dans le pays ** et en repart dans le courant du
mois d'août. Chaque année, les paysans m'apportent
quelques jeunes *Percnoptères* qu'ils trouvent dans le voisinage des rochers qui bordent le Gardon *** ; il paraît que
les pères et mères les chassent de leur aire avant qu'ils
soient en état de se soutenir dans les airs.

* La captivité influe tellement sur la livrée des oiseaux, qu'un *Catharte* que je nourris depuis plus de quatre ans n'a pas encore revêtu le
plumage des adultes, tandis qu'en état de liberté ils ne mettent guère
que deux années à l'accomplir.

** Il faut supprimer tout ce que j'ai dit dans l'*Ornithologie du Gard*,
relativement à l'incubation du CATHARTE, et mettre que la ponte a lieu
en mai; elle est de deux œufs que la mère dépose dans quelque dé-
chirure de rochers toujours très-élevés ; ils sont à peu près de la grosseur de ceux de la dinde; blanchâtres, mais marqués de beaucoup de taches irrégulières roussâtres qui sont très-multipliées sur le gros bout ;
d'autres fois celui-ci est tout-à-fait roussâtre. — Je possède un œuf qui
est en entier de cette couleur. Les œufs du Catharte varient de la même
manière que ceux de la Cresserelle. Les petits, au sortir de l'œuf, sont
recouverts d'un duvet fin et blanc.

*** Je crois devoir rapporter à ce sujet un fait assez singulier : La per-
sonne que j'avais chargée de me procurer les œufs de ce Vautour,
trouva dans l'aire une grande paire de guêtres en toile que ce rapace
lui avait dérobées un jour qu'elle était occupée à pêcher dans le Gardon;
un œuf et un petit qui venait d'éclore y étaient déposés dessus. Cette personne, qui a pour surnom *La Grèse*, est un habitant du village de Poulx.

GENRE TROISIÈME.

GYPAÈTE. — *GYPAETUS*. (Cuv.)

CARACTÈRES. — Bec fort, long, mandibule supérieure relevée vers la pointe, qui se termine en crochet; un bouquet de poils raides sous la mandibule inférieure ; narines transversales , cachées sous des poils raides dirigés en avant; pieds courts; tarses emplumés jusqu'à la racine des doigts ; ongles faibles peu crochus.

La vie de ces rapaces est toute aérienne ; presque toujours ils se tiennent dans les hautes régions de l'atmosphère qu'ils sillonnent dans tous les sens. Ils vivent de grands animaux qu'ils renversent en fondant sur eux du haut des airs , et les faisant rouler de rochers en rochers ; ils vont les dévorer au fond des précipices après qu'il ont été brisés par leur chute. Dans la disette, ils mangent des charognes. L'Europe en fournit une belle espèce.

GYPAÈTE BARBU.—*GYPAETUS BARBATUS*. (Cuv.)

COLORATIOR. — Tête , nuque, haut et côtés du cou ainsi que toutes les parties inférieures d'un blanc pur, une large bande d'un noir profond prend naissance sur la mandibule inférieure, remonte en passant sur les yeux, et va en s'amincissant se réunir sur le sommet de la tête; quelques plumes clair semées sur les joues et le haut du front de la même couleur que la bande; toutes les plumes du dos et celles qui recouvrent les ailes, noires, avec une ligne blanche qui

suit la direction de la baguette , et finit en s'élargis-
gissant en gouttes; pennes des ailes et de la queue
noires; celles de cette dernière partie sont inégales ,
ce qui la fait paraître arrondie; bec couleur de
corne; iris noisette , mais entouré par une large
membrane d'un rouge vermillon que l'oiseau élar-
git à volonté , selon les sensations qu'il éprouve;
doigts des pieds grisâtres; tarses emplumés jusqu'à
la racine des doigts. Longueur , 1 mètre 55 centimètres (*signalement exact d'un Gypaète âgé de* 14 *ans,
que je nourris depuis huit ans.*)

Les jeunes , jusqu'à l'âge de 3 ou 4 ans, sont colorés d'un
roux plus ou moins vif en dessous; l'on a cru, et beaucoup
de personnes le croient encore, que cette dernière livrée
est celle des adultes ; mais c'est une erreur. Lorsque je dé-
crivis le plumage de ce rapace dans l'*Ornithologie du
Gard*, celui que je possède était à une de ces époques où
l'oiseau quitte une livrée pour en prendre une autre , ce
qui fut cause que je commis la même erreur que bien
d'autres. Or donc, ce qui est dit page 11 ne doit pas être
considéré comme exact.

Le Vautour Doré , Buff. — Le Gypaète Barbu est très-
rare dans nos contrées méridionales ; aucune nouvelle cap-
ture, que je sache , n'y a été faite depuis celles que j'ai si-
gnalées dans mon autre ouvrage. Cet oiseau ne quitte
guère les pays les plus montueux des Alpes , des Pyrénées
et du Tyrol ; on le trouve assez communément dans tout
le nord de l'Afrique , tandis qu'il est aujourd'hui fort
rare en Europe. Cet oiseau de proie boit souvent et beaucoup parce qu'il a l'habitude d'avaler des os même d'une
forte dimension. Celui que je conserve dans mes volières ,

avale quelquefois des morceaux de bois qu'il rejette après *.

FAUCON. — *FALCO*. (Linn.)

Les Faucons ont la tête couverte de plumes; le bec crochu, souvent courbé dès sa base. Chez les uns, les tarses sont emplumés, chez les autres, couverts d'écailles; les ongles très-crochus et mobiles.

La femelle est généralement plus grande que le mâle que l'on désigne à cause de cela sous le nom de *tiercelet*.

PREMIÈRE DIVISION.

FAUCONS PROPREMENT DITS.

Ils portent de chaque côté de la mandibule supérieure une et quelquefois deux échancrures ou dents. Le courage qu'ils mettent à poursuivre une proie les a fait longtemps rechercher pour la chasse du poing. Ce sont les oiseaux que l'on rendait les plus dociles pour cet amusement.

FAUCON PÉLERIN. — *F. PEREGRINUS*. (Linn.)

Nom du pays : *Grand Mouïcé deï gris.*

COLORATION.— Dessus de la tête et du cou d'un bleu noirâtre; mantèau d'un cendré bleuâtre, avec des bandes plus claires; une large moustache noire qui

---

* Voyez l'*Ornithologie du Gard*, p. 12, pour quelques faits nouveaux relativement à cet oiseau.

part de la racine du bec ; gorge blanchâtre; les autres
parties inférieures blanchâtres avec des bandes ou
rayures transversales. Ailes longues; queue à bandes
étroites, noirâtres et cendrées ; bec bleuâtre, iris d'un
brun noir; ˙ pieds jaunes. Longueur, 40 centimètres, (le *mâle*); la *femelle* est un peu plus grande.
Dans le jeune âge, cet oiseau est plus ou moins marqué de roussâtre.

De tous les faucons qui habitent la France, celui-ci est
le plus redoutable. Son courage et sa vigueur lui permettent d'attaquer une proie de front et de la terrasser. Il
rôde souvent autour des maisons de campagne voisines
des forêts, pour y saisir les pigeons et les poules. On le
voit chez nous dans toute saison, mais en bien petit nombre. On le trouve dans toutes les contrées montueuses de
l'Europe.

LE FAUCON HOBEREAU. — *F. SUBBUTEO.* (LATH.)

Nom du pays : *Mouïcé deï moustachos négros.*

COLORATION — Brun en dessus ; gorge blanche ;
les autres parties inférieures blanchâtres, tachetées
de brun noir sur la poitrine, le ventre et les flancs ;
une bande noire sur les côtés du cou; cuisses roussâtres; pennes extérieures de la queue rayées de noirâtre en-dessus, de blanchâtre en-dessous ; cire, paupières et pieds jaunes. Longueur, à peu près 33
centimètres. La *femelle* a des couleurs moins vives.

Dans l'*Ornithologie du Gard*, page 15, il est dit : iris *jaune.* C'est
d'un *brun noir* qu'il faut lire.

LE HOBEREAU, Buff. — Cet oiseau de proie est très-audacieux lorsqu'il poursuit une victime qu'il veut immoler ; il a le vol facile et gracieux. Il est de passage dans le Midi en automne et au mois d'avril. Il est quelquefois très-commun au printemps sur la lisière des bois. C'est cet oiseau de proie qui était employé par les anciens barons pour la chasse au vol. C'est de là que lui vient son nom.

LE FAUCON ÉMERILLON. — *F. ÆSALON.* (TEMM.)

Nom du pays : *Mouicé deï pichos.*

COLORATION. — Il est d'un cendré bleuâtre en-dessus, marqué de taches noires sur chaque plume ; la gorge est blanche ; les parties inférieures d'un jaune roussâtre ; chaque plume est tachée de noir en forme de larmes ; queue rayée de cinq bandes et terminée de blanchâtre ; cire, tour des yeux et pieds jaunes. Longueur, 30 centimètres.

Le ROCHIER et l'EMÉRILLON, Buff. — L'Émérillon se montre ici en octobre, il en reste quelques-uns pendant l'hiver. Au printemps, nous en avons un second passage ; il n'en niche point dans le pays. Cette espèce est la plus petite des oiseaux de proie d'Europe, mais son courage l'avait mise en crédit au temps où florissait l'art de la fauconnerie.

LE FAUCON CRESSERELLE. — *F. TINNUNCULUS.* (LINN.)

Nom du pays : *Mouicé deï roux.*

COLORATION. — De couleur rousse en dessus avec des taches angulaires noires ; blanches en dessous, marquée de taches oblongues d'un brun pâle. Le *mâle* a la tête et une partie de la queue cendrés ; la *femelle* l'a rousse avec neuf ou dix bandes étroites noires ; pieds jaunes. Longueur, 40 centimètres.

La Cresserelle, Buff.—Ce Faucon vit sédentaire dans notre pays, mais il nous en arrive du Nord à l'approche des frimats ; au printemps, nous en voyons encore en très-grand nombre qui remontent dans les contrées qu'ils avaient abandonnées. La Cresserelle niche dans les pans de rochers exposés au midi ; d'autres fois sur de grands arbres. Je tiens de M. de Roussel que, dans son bois appelé *La Pinette*, près Aiguesmortes, la Cresserelle s'empare des nids des *Pies*, et que souvent elle les met à mort si elles ne veulent point les lui céder. Il est arrivé aussi que ce faucon a couvé les œufs de pies en même temps que les siens, et qu'il soignait les petits une fois éclos comme sa propre progéniture. M. de Roussel a eu trouvé des uns et des autres dans le même nid.

Le FAUCON CRESSERELETTE. — *F. TINNUNCULOIDES.* (Temm.)

Nom du pays : *Mouicé.*

Coloration. — Le plumage de cet oiseau ressemble assez à celui de la *Cresserelle*, mais n'est point taché de noir sur le dos ; pieds jaunes ; *les ongles sont d'un jaune livide*, tandis qu'ils sont noirs dans l'espèce précédente. Longueur, 30 centimètres, les *vieux mâles* ; la *femelle* est un peu plus grande.

Point mentionné dans Buffon. — Cet oiseau est peu répandu en France, quoique assez commun en Espagne et en Italie ; ce n'est que par intervalles que son apparition a lieu dans nos contrées. Se nourrit d'insectes et de petits oiseaux.

9

LE FAUCON A PIEDS ROUGES. — *F. RUFIPES.* (Temm.)

Nom du pays : *Mouicé Casso-Gril.*

COLORATION. — Le plumage du mâle adulte est d'un cendré foncé ou gris de plomb, à l'exception des couvertures inférieures de la queue et des cuisses qui sont d'un roux vif ; tour des yeux et pieds d'un rouge cramoisi. La vieille femelle est d'une belle couleur rousse, en-dessous. Longueur, 28 centimètres.

Variété singulière du HOBEREAU, Buff. — Le passage de ce Faucon n'est point régulier dans le Midi. Son apparition n'a lieu qu'accidentellement ; quelquefois en automne mais plus souvent au printemps. On le trouve aux alentours des prairies humides, où il est attiré par le nombre d'insectes qui s'y trouvent et dont il fait sa principale nourriture. Sa patrie est le nord de l'Europe.

DEUXIÈME DIVISION.

AIGLES PROPREMENT DITS.

Les armes et le courage que les Aigles ont reçus de la nature en ont fait la terreur des habitans de l'air, et même de plusieurs quadrupèdes qu'ils attaquent presque toujours avec succès.

L'Aigle vit du produit de sa chasse, et ce n'est que bien rarement qu'il touche aux cadavres. On trouve des aigles dans les deux continens.

AIGLE IMPÉRIAL. — *FALCO IMPERIALIS*. (Temm.)

Nom du pays : *Eglo*.

COLORATION. — Cet Aigle a le port trapu ; le des-sous du corps d'un brun noir ; parties supérieures d'un brun très-foncé et lustré ; les plumes de l'occi-put et du sommet de la tête bordées de roux ; quel-ques plumes blanches sur le manteau ; queue carrée, d'un gris foncé avec des bandes irrégulières noires. Longueur, 66 centimètres Les *jeunes* sont roussâtres ou de couleur isabelle, avec quelques bordures d'un roux vif sur les plumes de la poitrine et du ventre.

Point mentionné dans Buffon. — L'Aigle Impérial est la terreur des mammifères ainsi que des gros oiseaux, et c'est par un heureux hasard que ceux-ci peuvent échap-per à sa violence. Se laissant tomber du haut des airs, il poursuit sa proie en décrivant une ligne horizontale.

Cet oiseau de rapine est rare en France ; les jeunes visitent de préférence nos contrées que les vieux. L'espèce est assez répandue dans plusieurs provinces orientales de l'Europe.

AIGLE ROYAL*. — *F. FULVUS*. (Linn.)

Nom du pays : *Eglo négré*.

COLORATION. — Cet Aigle est brun-noir plus ou moins foncé selon l'âge ; les plumes de la tête et de

---

* L'Aigle royal devient très-docile lorsqu'on le nourrit en captivité ; il montre de la reconnaissance et même de l'attachement à ses maîtres. J'en possède un depuis longtemps, qui n'a jamais cherché à fuir malgré qu'il ait toutes ses ailes et que rien ne puisse l'en empêcher.

la nuque sont d'un roux vif. Avant l'âge de deux ans, la moitié supérieure de la queue est blanche, les plumes de la tête de la nuque sont de la même couleur que le reste du plumage qui est d'un brun ferrugineux. Longueur, 1 mètre, le *mâle*; la *femelle* a un centimètre de plus.

L'AIGLE ROYAL et L'AIGLE COMMUN, Buff. — Les mœurs de cet Aigle sont les mêmes que celles de l'Aigle-Impérial; comme celui-ci, il attaque une victime en face, la combat et l'immole à sa cruauté; mais il paraît plus attaché à sa compagne, puisque c'est de concert qu'ils se livrent à la chasse des animaux.

Ce rapace niche sur les hautes montagnes qui avoisinent les départemens du Gard, de l'Hérault, et celui de Vaucluse. Il n'est pas bien rare dans la Lozère.

AIGLE BONELLI. — *F. BONELLI.* (TEMM.)

Nom du pays : *Egloûn*, *Eglo.*

COLORATION. — Parties supérieures d'un brun plus ou moins foncé, sans taches; parties inférieures blanches avec une ligne brune le long de la baguette des plumes; elle est plus large si l'oiseau est moins vieux; la queue cendrée avec des bandes brunes; flancs un peu roussâtres; jambes longues emplumées jusqu'aux ongles qui sont longs et crochus; bec petit. Longueur, 66 centimètres, les *vieux.*

Les *jeunes* ont les parties supérieures moins foncées et sont roussâtres en-dessous; cette couleur s'efface à mesure qu'ils avancent en âge, ce qui fait qu'on en voit qui sont plus ou moins roux et blanchâtres.

Remarque. — Dans l'*Ornithologie du Gard*, en parlant du plumage de cet oiseau, la livrée des vieux est mal indiquée; c'est une erreur qui s'est glissée et que je rectifie ci-dessus.

Point dans Buffon. — Le naturel de cet Aigle est féroce et peu sociable; j'en ai conservé un vivant plusieurs années et je n'ai jamais pu le caresser sans courir les risques de ses serres. Cette nouvelle espèce niche dans le Gard et sur les montagnes de la Crau, en Provence. Les premiers sujets connus ont été tués en Sardaigne. En hiver, l'Aigle Bonelli descend dans les pays marécageux où il fait la guerre aux gros oiseaux tels que oies et canards. Il est assez commun dans le nord de l'Afrique.

L'AIGLE CRIARD. — *F. NOEVIUS.* (Linn.)

Nom du pays : *Eglo.*

Plusieurs naturalistes ont été trompés par le changement de livrée de cet Aigle, et en ont fait deux espèces sous les noms de *Nœvius* et *Maculatus*.

COLORATION. — L'Aigle Criard, qui doit son nom au cri qu'il pousse en chassant, est d'un brun lustré sur tout le corps : cette couleur est plus ou moins foncée selon l'âge et le sexe. Mais les *jeunes*, avant l'âge de deux ans, sont marqués ou portent encore les traces d'un grand nombre de taches blanchâtres en forme de gouttelettes répandues sur les couvertures des ailes des cuisses et des flancs. Longueur, environ 66 centimètres, les *vieux*.

LE PETIT AIGLE, Buff. — Cet oiseau ne montre pas le même courage que les espèces précédentes; il n'ose point attaquer de quadrupèdes un peu grands, et souvent un oiseau de proie plus petit que lui le met en fuite. Il arrive en hiver dans nos contrées, et séjourne toute cette saison dans nos marécages et autour de nos étangs ; il est rare ici, surtout depuis quelques années. On trouve cet oiseau dans une grande partie du nord de l'Europe.

AIGLE BOTTÉ. — *F. PENNATUS.* (Linn.)

Nom du pays : *Russo paoutudo.*

COLORATION. — Cet Aigle est le plus petit de ceux qu'on rencontre en Europe, il n'est pas plus grand qu'une *Buse* ; il a le front blanchâtre ; le derrière de la tête roussâtre, marqué de taches brunes ; le dessus du corps d'un brun sombre avec une tache blanche à l'insertion des ailes ; parties inférieures blanches avec une raie brune sur la baguette de chaque plume ; les pieds emplumés jusqu'aux doigts. Longueur, 52 centimètres. Les *jeunes* ont les parties inférieures de la couleur du dos ; mais toujours la tache blanche à l'insertion des ailes existe : c'est le plus rare des aigles d'Europe.

L'on pourrait compter les captures qui ont été faites en France. L'Aigle Botté nous visite quelquefois ; mais je ne peux citer que deux exemples de son apparition en Languedoc. Un individu adulte de cette espèce est chez notre ami Lebrun, de Montpellier ; l'autre semi-adulte fait partie de ma collection.

AIGLE JEAN-LE-BLANC. — *F. BRACHYDACTYLUS.* (Temm.)

Nom du pays : *Egloûn.*

COLORATION. — Cet Aigle est brun en dessus, blanc en dessous, avec des taches d'un brun-clair, celles-ci sont moins nombreuses, selon qu'il est *vieux*; les tarses sont couverts de fortes écailles et de couleur gris-bleu; yeux jaunes. Longueur, 66 centimètres, les *vieux*.

Les *jeunes* ont la gorge, la poitrine et le ventre d'un brun roux.

LE JEAN-LE-BLANC, Buff. — C'est sur la lisière des bois, au bord des rivières et autour des étangs et des marais que l'on peut rencontrer le Jean-le-Blanc; il nous visite en automne, et nous le revoyons encore au printemps, mais il ne reste pas chez nous pendant l'été. Il habite plusieurs contrées de l'Europe; sa nourriture consiste en petits mammifères, de lézards et de serpens.

L'AIGLE BALBUSARD. — *F. HALIÆTUS.* (Linn.)

Nom du pays : *Gal-Pesquié.*

COLORATION. — Le sommet de la tête et le derrière du cou garnis de plumes effilées qui sont noires au centre et bordées de jaunâtre; brun sur le dos avec une bande de cette couleur sur les côtés du cou; plumes de la poitrine pointues et d'un blanc jaunâtre, tachées de roux. Les grandes pennes des ailes et de la queue sont brunes; pieds d'un gris bleuâtre; yeux jaunes. Longueur, 56 centimètres.

Le Balbusard, Buff. — Rarement cet oiseau de proie
voyage seul ; on les voit presque toujours deux ensemble
posés sur quelques grands arbres au bord des eaux, d'où
ils épient le moment favorable pour s'emparer des poissons qui se montrent à la surface de l'eau ; ce qui lui a
valu ici le nom de *Gal Pesquié* (coq pêcheur). Cette espèce
nous vient en automne et en hiver.

AIGLE PYGARGUE. — *F. ALBICILLA.* (Temm.)

Nom du pays : *Eglo marino.*

Coloration. — La couleur générale de cet Aigle
est d'un brun sale ou d'un brun cendré ; la queue
blanche ; les pieds et les yeux jaunes ; le bec presque
blanc, *les vieux.* Longueur, 92 centimètres.

Les *jeunes* ont la tête et le cou d'un brun foncé
avec une teinte plus claire au bout des plumes, et
couleur de café grillé en dessus du corps.

Buffon en fait un double emploi sous les noms de
Grand Aigle de Mer et d'Orfraie ou Ossifraga. — Le
Pygargue nous visite régulièrement chaque hiver ; il se
plaît autour des étangs peu éloignés du rivage de la mer ;
l'on en tue aussi quelquefois le long de nos rivières. Le Pygargue habite toute l'Europe et l'Afrique.

Remarque. Aux huit espèces d'Aigles européens mentionnés dans la *Faune Méridionale*, il faut ajouter l'*Aigle
à Tête Blanche, Falco Leucocephalus*, qui n'a pas encore
été trouvé dans le Midi, mais qui vit dans les régions du
cercle arctique dont il s'éloigne peu.

TROISIÈME DIVISION.

AUTOURS ,

Qui ont pour caractères des ailes courtes , les jambes longues et écussonnées. L'Europe fournit les deux espèces suivantes.

L'AUTOUR. — *FALCO PALUMBARIUS*. (Linn.)

Nom du pays : *Grand Mouicé , Faûcoun.*

L'*Autour proprement dit* a les parties supérieures brunes ; les sourcils blanchâtres ; les parties inférieures portent sur un fond blanc des raies transversales et des traits en long d'un brun foncé. Le *mâle* a le dessus du corps nuancé de cendré bleuâtre ; yeux et pieds jaunes. Longueur, 40 centimètres.

L'Autour , Buff. — L'Autour est cruel, sanguinaire et féroce ; il attaque impitoyablement les oiseaux de basse-cour qu'il met à mort. Heureusement cette espèce n'est pas commune dans le Midi , tandis qu'on l'a trouve plus abondamment dans plusieurs contrées du Nord , toujours dans les montagnes et les forêts.

L'ÉPERVIER. — *FALCO NISUS*. (Linn.)

N. du pays : *Mouicé gris* (la femelle) , *M. roujhé* (le mâle.)

Coloration. — Toutes les parties supérieures du corps sont d'un cendré bleuâtre ou noirâtre ; une tache blanche à la nuque ; les parties inférieures de cette couleur ; la poitrine , les flancs ainsi que les cuisses teints de roux , et couverts de traits bruns transversalement. La *vieille femelle* n'a pas de roux ; elle est beaucoup plus grande que le *mâle*. Les deux sexes portent cinq ou six bandes brunes au travers de la queue. Les *jeunes* varient beaucoup selon l'âge. Longueur , 33 centimètres, le *mâle* ; la *femelle* a jusque 40 centimètres.

L'Epervier, Buff. — Il passe régulièrement dans nos contrées méridionales en septembre ; il est très-abondant alors, et on le rencontre partout. Il devient plus rare en hiver ; au printemps , il apparaît de nouveau en très-grand nombre ; mais il ne tarde pas à quitter entièrement notre pays pour remonter vers le Nord.

QUATRIÈME DIVISION.

MILANS.

CARACTÈRES. — Ils ont les ailes longues ; la queue très-fourchue ; les jambes courtes.

MILAN ROYAL. —*FALCO MILVUS.* (Temm.)

Nom du pays : *Tartarasso , Milan.*

COLORATION. — Ce joli oiseau a le fond du plumage fauve ou roux mêlé de brun ; les plumes qui recouvrent la tête et celles du cou minces et allongées , blanchâtres et rousses ; les grandes pennes des ailes noires ; la queue longue et fourchue ; iris d'un jaune-clair. Longueur , 66 centimètres.

Le Milan Royal, Buff. — C'est celui de tous nos oiseaux qui vole le mieux ; il semble se soutenir dans les airs

sans remuer ses ailes, et parfois on dirait qu'il glisse sur
un plan incliné. Mais cet oiseau est poltron et d'une lâcheté
qui surprend quand on songe qu'il est bien armé pour le
combat. Il est avide de chair morte et surtout d'immondices.
En Sicile, où il est très-commun, il se tient aux aguets des
femmes qui sont occupées à laver les ventrées des animaux
ruminans, et les leur enlève même en leur présence.

Le Milan royal est très-rare ici, mais il est répandu dans
presque toute l'Europe.

MILAN NOIR ou ÉTOLIEN. — *F. ATER.* (Linn.)

Nom du pays : *Milan*, *Russo*.

COLORATION. — Le plumage des *vieux* est d'un
brun uniforme en dessus ; les parties inférieures fer-
rugineuses ; le dessus de la tête, la gorge et le cou
blanchâtres, rayés longitudinalement de brun ; les
grandes pennes des ailes noires ; la queue à-peu-près
de cette couleur. Longueur, 60 centimètres.

LE MILAN NOIR, Buff. — Cet oiseau a donné lieu à plus
d'une erreur ; on en a fait plusieurs espèces par suite de la
variété que son plumage présente aux différens âges de sa
vie. Il est moins timide que le précédent, car il dispute une
proie qu'il enlève souvent dans les airs. Cet oiseau est peu
commun en Europe ; on le trouve en Asie et en Afrique ;
il est très-rare ici, où il ne se montre que pendant l'hiver.

CINQUIÈME DIVISION.

ÉLANIONS.

Cette division a été nouvellement formée pour recevoir
quelques espèces exotiques et dans laquelle M. Temminck,

a réuni deux charmans oiseaux de proie nouvellement observés en Europe, dont un nous visite quelquefois.

ÉLANION BLANC. — *F. MELANOPTERUS.* (Lath.)

COLORATION. — Plumage doux et soyeux; gris-
cendré en-dessus y compris la tête; le front et toutes
les parties inférieures sont d'un beau blanc pur; une
tache noire entre le bec et l'œil et autour des yeux;
queue peu fourchue; l'iris cramoisi (*et non pas
jaune*); les pieds couleur orange; ongles et bec
noirs. Longueur, 35 centimètres.

Quand je publiais mon *Ornithologie du Gard*, j'ignorais
encore que cette espèce se montre quelquefois chez nous,
et bien que je le supposasse d'une manière presque certaine,
sachant que quelques individus avaient été tués dans plusieurs départemens de la France, j'avais cru ne pas devoir
le décrire jusqu'à ce que je fusse convaincu que cet oiseau
nous visitait. Depuis, j'ai été assez heureux pour m'en procurer un : c'est un mâle adulte; il fut tué dans nos environs au mois d'octobre, sur des grands arbres de notre
plaine.

L'Elanion Blanc habite le midi et le nord de l'Afrique
d'où il s'échappe quelquefois pour venir en Europe. L'espèce est la même en Asie. Cet oiseau de proie mange
beaucoup d'insectes, ainsi que de rats et de campagnols.
Ses œufs sont blancs.

SIXIÈME DIVISION.

BUSES.

On en trouve plusieurs espèces dans l'ancien et le nouveau continent. Les unes montrent beaucoup de courage à

poursuivre leur proie, d'autres, au contraire, sont lâches et paresseuses. L'Europe en fournit les espèces suivantes.

BUSE COMMUNE. — *F. BUTEO.* (Linn.)

Nom du pays : *Russo*, *Tatarasso*.

COLORATION.— Son plumage est brun-foncé, quelquefois couleur chocolat ; le ventre est plus ou moins ondé de blanc ; la queue est coupée en-dessous par neuf ou dix bandes transversales ; les pieds jaunes. Longueur, 50 centimètres, les *vieux*.

La Buse, Buff. — Elle varie considérablement, selon qu'elle est jeune ou vieille ; quelques auteurs en ont fait une seconde espèce qu'ils ont nommée *Buse Changeante*.

Cette espèce est très-commune dans nos pays depuis le mois d'octobre jusqu'au mois de mars ; elle fréquente les bois, les olivettes et les champs découverts. On la voit souvent posée sur les arbres d'où elle épie sa proie. Son naturel est stupide et peu courageux.

La BUSE PATTUE. — *F. LAGOPUS.* (Linn.)

Nom du pays : *Russo dei Paõutudo.*

COLORATION. —Dans l'état adulte le dessus des parties supérieures est d'un brun bleuâtre ; le reste du plumage des parties inférieures est varié de brun et de blanc, mais le bas-ventre reste toujours brun-foncé. Les plumes qui recouvrent les jambes et les tarses sont fauves, parsemées de taches brunes. Longueur, 52 centimètres, le *mâle ;* la *femelle* est plus grande.

Point dans Buffon. — La Buse Pattue varie considérablement selon l'âge et le sexe, et ces différences dans le plumage ont donné lieu à en faire plusieurs espèces que Temminck et Vieillot ont avec raison rapportées à la Buse Pattue. Cette espèce est peu commune dans nos contrées méridionales et ne s'y trouve qu'en hiver.

La BUSE BONDRÉE. — *F. APIVORUS.* (Linn.)

Nom du pays : *Russo , Egloûn.*

COLORATION. — On distinguera toujours cette Buse de ses congénères aux petites plumes serrées, comme imbriquées les unes sur les autres, qui garnissent l'espace entre le bec et l'œil ; elle a le front brun cendré ; le dessus du corps brun-noirâtre ou cendré, varié de blanc, de brun et de jaunâtre en-dessous, quelquefois blanc pur ou seulement marqué par quelques lignes brunes au centre de chaque plume. Longueur, 50 centimètres.

La Buse Bondrée, Buff. — La Bondrée n'a pas le vol très-élevé ; souvent c'est d'arbre en arbre qu'elle effectue une grande partie de ses voyages ; au printemps, nous la voyons arriver chez nous venant du sud-ouest et se dirigeant vers le nord-est ; elles vont par petites troupes, suivant la même direction que celles qui ont passé les premières. Elles reparaissent de nouveau en automne ; mais elles ne s'arrêtent jamais longtemps dans le pays. On prétend qu'il en niche en France. Se nourrit d'oiseaux, de rats et d'insectes.

SEPTIÈME DIVISION.

BUSARDS.

Ils font leur demeure ordinaire dans le voisinage des étangs et des marais. Ils sont moins lourds et plus rusés que les *Buses.*

Le BUSARD HARPAYE. — *FALCO RUFUS*. (Linn.)

COLORATION. — Dans le jeune âge, il est d'un brun-foncé ou couleur de chocolat, avec la tête fauve ; les *vieux* ont les parties de dessous le corps mêlées de brun et de blanc-jaunâtre ; les cuisses et l'abdomen de couleur de rouille ; les parties supérieures sont d'un brun-roussâtre ; la partie interne des ailes est d'un blanc pur. On trouve des individus ayant la tête entièrement blanche. Longueur, 50 centimètres.

LA HARPAYE et le BUSARD DE MARAIS, Buff. — Cet oiseau de proie vit et niche au milieu de nos marécages ; il est assez commun, mais fort difficile à tirer. Il mange beaucoup de grenouilles et d'oiseaux d'eau. Il attaque souvent ceux pris aux lacets des chasseurs. Il est sédentaire.

Le BUSARD St-MARTIN. — *FALCO CYANEUS*. (Montagu.)

Nom du pays : *Russo deï blancos*.

COLORATION.— La tête, le cou, les ailes et la gorge d'un gris légèrement bleuâtre ; toutes les autres parties inférieures d'un blanc pur ; les grandes pennes des ailes sont blanches à leur origine et d'un cendré noirâtre sur le reste de leur longueur. La *vieille femelle* ne ressemble pas au mâle ; elle est d'un brun terne en-dessus et de couleur rousse en-dessous avec des mèches brunes en longs. Longueur, 50 centimèt.

L'OISEAU St-MARTIN et la SOUS-BUSE. Buff. — On reconnaît facilement le mâle St-Martin quand il est dans les airs,

car il paraît entièrement blanc. Il a le vol rapide et ordinairement bas ; il chasse de préférence le soir et le matin.
Il se montre dans le Midi en automne et en repart au
printemps.

LE BUSARD DE MONTAGU. — *F. CINERACEUS.* (Mont.)

Nom du pays : *Mouïcé , Russo d'Aïguo.*

COLORATION. — Le mâle de cette espèce ressemble
beaucoup à celui de l'espèce précédente ; mais on ne
pourra jamais les confondre , car l'oiseau qui fait le
sujet de cet article porte toujours aux parties inférieures de dessous le corps et aux cuisses des raies
longitudinales rousses sur un fond blanc. La *vieille
femelle* est moins grande que celle du *Busard St-
Martin ,* et en diffère encore par la couleur rousse
des cuisses qui est plus vive ; les joues sont aussi
plus blanchâtres. Longueur , 40 centimètres.

LA Sous-Buse , Buff. — Cet accipitre est très-rare dans
notre pays ; on le rencontre quelquefois depuis le mois de
septembre jusqu'en avril ; il habite en grand nombre plusieurs contrées du Nord ; mais il est toujours peu répandu
en France , où il niche cependant, selon le témoignage de
M. Baillon qui l'a observé dans les marais de la Picardie.

BUSARD BLAFARD. — *F. PALLIDUS.* (Sikes.)

COLORATION. — Cette rare espèce ne peut être
confondue avec les deux précédentes , malgré plusieurs
traits de ressemblance qui existent entr'elles : d'a-
bord , parce que le Busard dont il est question n'a
jamais de cendré bleuâtre aux joues, au menton , ni

sur le devant du cou, et que les couvertures supérieures de la queue sont marquées par des bandes transversales brunes. Longueur, 40 centimètres.

Point dans Buffon. — Dans l'*Ornithologie du Gard*, j'avais donné à cet oiseau le nom de *Buzard Méridional*; mais, depuis lors, je l'ai trouvé dans la quatrième partie du Manuel de M. Temminck, sous celui de *Buzard Blafard*, et, comme les ouvrages de ce savant sont entre les mains de tous les ornithologistes, j'ai cru devoir lui rendre ici le nom sous lequel le désigne cet auteur.

Cet oiseau de proie, qui est nouveau pour la science, habite l'Espagne, où il est commun; il se trouve accidentellement en France, en Italie, en Allemagne et dans notre pays.

C'est à M. Bruch, de Mayence, que l'on doit la connaissance de cet oiseau comme espèce européenne, et non à M. Gould, qui ne l'a décrit qu'après lui; il se nourrit de reptiles et quelquefois de petits oiseaux; niche dans l'Inde, sur les arbres.

OISEAUX DE PROIE NOCTURNES.

GENRE CINQUIÈME.

CHOUETTE. — *STRIX*. (Linn.)

CARACTÈRES. — Tous les rapaces nocturnes ont une physionomie particulière qui les fait distinguer au premier coup-d'œil des espèces diurnes; leur tête est grosse et aplatie; les yeux grands et dirigés en

10

avant ; leur plumage est doux et soyeux, leur vol est peu bruyant.

A l'exception d'un petit nombre qui y voient assez bien le jour, ces oiseaux ne sortent de leur retraite que pendant le crépuscule du soir et du matin, ou durant le clair de lune, pour se livrer à la chasse des petits oiseaux et des petits mammifères, selon que les espèces sont grandes. Ils rendent un vrai service à l'agriculture en faisant une grande destruction de rats et de campagnols.

PREMIÈRE DIVISION.

CHOUETTES PROPREMENT DITES.

1re *Section*. — ACCIPITRINES. — Point dans le pays.
2e *Section*. — NOCTURNES.

CHOUETTE HULOTTE. — *STRIX ALUCO.* (MEYER.)

Nom du pays : *Damo*, *Machôto*.

COLORATION. — La tête est très-aplatie, le fond du plumage grisâtre, marqué de traits d'un brun noirâtre ; les parties inférieures ont du blanchâtre ; une large raie brune partage le front et s'étend sur le haut de la tête. La femelle a une teinte rousse dans la coloration de son plumage. Longueur, 38 centimètres.

Buffon a nommé Chat-Huant la *femelle*, et Hulotte le *mâle*.

Cette Chouette se plaît dans les pays élevés et boisés, rarement elle descend dans la plaine. Son cri est fort, et elle l'exprime sur plusieurs tons pendant la nuit.

La Hulotte reste sédentaire dans le Midi, où elle est

peu abondante. Je n'ai jamais pu me servir avec avantage de cette espèce pour attirer les *alouettes*, à cause de son peu de vigueur à se soutenir droite sur la *palette**.

CHOUETTE EFFRAIE. — *S. FLAMMEA*. (Linn.)

Nom du pays : *Béou-Loli*, *Damo*.

Coloration. — Toutes les parties supérieures d'un jaune roux, ou ondé de gris avec une multitude de petits points blancs ; quelquefois le dessous du corps tout blanc ou bien d'un blanc teinté de roux, moucheté de brun ; les yeux sont noirs. Longueur, 53 centimètres environ.

L'Effraie ou La Fresaie, Buff. — Elle craint beaucoup la grande lumière ; aussi se tient-elle constamment cachée dans les fentes ou les trous des vieux édifices ; souvent elle s'introduit dans les greniers pour y chasser les rats. L'on entend son cri sinistre qu'elle répète en volant au dessus des maisons, soit au crépuscule du soir, soit pendant qu'il fait clair de lune ; elle est commune et habite toute l'Europe. C'est cette chouette qu'un préjugé populaire fait regarder plus particulièrement comme un oiseau de mauvaise augure. Le seul mal qu'elle nous cause c'est de tuer avec ses griffes les petits oiseaux qu'on laisse passer la nuit dehors dans leur cage.

CHOUETTE CHEVÊCHE. — *S. PASSERINA*. (Temm.)

Nom du pays ; *Chouéto-Machôto*.

Coloration. — Sa couleur est généralement gri-

---

* Cette chasse se fait ici depuis le mois d'octobre jusqu'à la mi-décembre.

sâtre, parsemée de grandes taches blanches; la poitrine, de cette dernière couleur; quatre ou cinq
barres sur la queue; iris d'un jaune clair. Longueur,
25 centimètres.

LA CHEVÊCHE ou PETITE CHOUETTE, Buff. — Cette
Chouette est remarquable par son habitude à prendre des
poses très-bizarres; car, dès qu'on l'approche, elle se
baisse sur ses jambes, puis elle se relève tout-à-coup, et
le plus souvent elle accompagne ces gestes d'un cri sec et
aigu.

Elle est très-vigoureuse, et c'est d'ailleurs l'espèce de
chouette qui résiste le mieux pour la chasse aux petits
oiseaux; ceux-ci ont pour elle une antipathie marquée.
La Chevêche fait sa demeure habituelle dans les vieilles
masures, dans les tas de pierres et dans les trous des
oliviers et des mûriers. Elle est sédentaire dans le pays.

La deuxième division des oiseaux de proie nocturnes est
celle des

HIBOUX.

CARACTÈRES. — Ceux-ci diffèrent des *Chouettes*
par les deux bouquets de plumes placés en avant
de leur front; leur vue paraît aussi moins sensible à
l'éclat de la grande lumière.

HIBOU BRACHIOTE. — *STRIX BRACHYOTOS.* (LATH.)

Nom du pays : *Damo.*

COLORATION. — La teinte générale est d'un jaune
d'ocre, marquée de brun foncé sur les parties su-

périeures ; le tour des yeux est noirâtre ; les parties inférieures sont de couleur isabelle clair, avec des mèches noirâtres. Les aigrettes ou cornes peu prononcées ; la queue est coupée en dessus par quatre bandes brunes ; les couleurs de la femelle sont plus claires. Longueur, 35 centimètres environ.

CHOUETTE ou GRANDE CHEVÊCHE, Buff. — Le Hibou-Brachiote se tient d'ordinaire retiré dans l'épaisseur des forêts ou dans les ruines, il s'approche peu des habitations. Son apparition dans le Midi a lieu en octobre ; il en repart en avril, mais il en reste peu pendant l'hiver dans le pays ; habite le midi et le nord de l'Europe.

HIBOU GRAND-DUC — *STRIX BUBO.* (LINN.)

Nom du pays : *Dugo.*

COLORATION. — Il est de couleur fauve avec des mèches noires et brunes sur le centre de chaque plume ; la gorge est blanche avec le devant de la poitrine marqué de cette couleur ; de longues plumes de chaque côté du front ; les yeux grands et de couleur orange ; la couleur fauve de la *femelle* est moins vive que celle du *mâle.* Longueur, à-peu-près 66 centimètres.

LE DUC ou GRAND-DUC, Buff. — Ce bel oiseau de nuit vit sédentaire dans nos contrées où il n'est pas très-rare. Les pays montagneux voisins des grandes forêts sont les lieux où il habite en été. En hiver, on le trouve souvent dans les gros buissons qui recouvrent des fossés, et dans ceux qui entourent les marécages, ainsi que dans les bois en plaine. La chair de ce hibou est tendre et d'un goût agréable. Il niche dans les rochers et les vieux châteaux.

HIBOU MOYEN-DUC. — *STRIX OTUS*. (Linn.)

Noms du pays : *Grand-Chô-Banu*, *Damo*.

COLORATION. — Fauve ou jaunâtre, avec des taches alongées brunes et grisâtres ; vermiculé de brun sur les ailes et sur le dessus de la tête ; aigrettes longues ; bec noir ; l'iris des yeux jaune. Longueur, 35 centimètres.

Le Moyen-Duc, Buff. — Il ne reste point dans nos contrées durant l'été, car, dès que le printemps arrive, il quitte entièrement notre pays et retourne vers le Nord qu'il avait abandonné en automne pour venir habiter nos forêts et nos champs d'oliviers. Cette espèce se trouve dans toute l'Europe ainsi qu'en Afrique. Elle est extrêmement commune partout.

HIBOU SCOPS. — *STIX SCOPS*. (Linn.)

Nom du pays : *Chô-deï-Banus*.

COLORATION. — Plumage d'un cendré roussâtre agréablement marqué de taches irrégulières brunes et noires ; le dessus du corps plus clair qu'en dessous ; les deux aigrettes sont formées de petites plumes réunies ; yeux jaunes. Longueur, 18 centimètres.

Le Scops ou Petit-Duc, Buff. — Aussitôt qu'au printemps les premières feuilles des arbres commencent à paraître, ce petit hibou annonce sa présence dans le Midi par un cri plaintif mille fois répété durant la nuit, et qu'on pourrait rendre par ces mots : *Schoûw, Schoûw*. C'est ordinairement sur les grands arbres des promenades et des jardins et près des maisons rurales qu'il établit sa demeure d'été. Il niche dans les trous des branches perforées, et repart en septembre.

ORDRE DEUXIÈME.

OMNIVORES. — *OMNIVORES*. (Temm.)

CARACTÈRES. — Leur bec est fort, convexe et tranchant sur le bord, un peu courbe à la pointe ; narines en parties recouvertes par des plumes séta- cées, couchées de derrière en avant ; les pieds ont trois doigts devant, un seul derrière.

Ainsi que l'explique leur dénomination, ils vivent de toute sorte de nourriture ; ils retiennent facilement les mots qu'on leur redit et les répètent assez distinctement.

GENRE SIXIÈME.

CORBEAU. — *CORVUS*. (Linn.)

A tous les autres alimens, les Corbeaux préfèrent les charognes ; aussi, s'exhale-t-il de leur corps une odeur re- poussante. C'est sur les rochers et à la cime des plus grands arbres qu'ils établissent leurs nids ; ils vivent en familles ou isolés. Il en existe dans toutes les parties du Globe.

CORBEAU NOIR. — *CORVUS CORAX*. (Linn.)

Nom du pays : *Grand-Croûpatas.*

COLORATION. — Plumage entièrement noir avec des reflets pourprés et bleuâtres en dessus du corps ; pieds et bec noirs. Longueur, 65 centimètres. Les *jeunes* n'ont point de reflets sur leur plumage.

Le Corbeau, Buff. — Le Corbeau se prive facilement et
apprend même à répéter quelques mots : il devient familier dans la maison dont il connaît toutes les issues. Il reste
toute l'année dans le pays; niche sur les roches escarpées
ou sur les grands arbres de nos forêts. Cette espèce est
très-répandue en Europe.

LA CORNEILLE NOIRE. — *C. CORONE* (Linn.)

Nom du pays : *Agraïo*, *Croûpatas*.

COLORATION. — Elle diffère du *Corbeau Noir* en
ce qu'elle n'a pas comme lui les plumes de la poitrine allongées et minces. La couleur de son plumage est noire avec des reflets violets et verdâtres ;
l'iris des yeux est de couleur noisette. Longueur,
50 centimètres, le *mâle*. La *femelle* est plus petite.

La Corbine ou Corneille Noire, Buff. — Cet oiseau est
très-répandu en Europe et dans les pays d'outre-mer. Nous
en voyons arriver des bandes nombreuses dès les premiers
jours d'octobre, qui vont de l'orient à l'occident. Quelques
petites troupes rôdent pendant l'hiver dans le pays et font
beaucoup de mal aux terres ensemencées dont elles mangent les grains ; elles font un second passage au printemps,
et il en reste peu dans nos contrées pour nicher.

LA CORNEILLE MANTELÉE: — *C. CORNIX*. (Linn.)

Noms du pays : *Agraïo*, *Croûpatas blanc* *.

COLORATION. — Il sera toujours facile à reconnaître cette espèce par la couleur gris cendré qui recou-

---

* Ici, comme dans beaucoup d'autres pays, bien des personnes pensent que cette espèce est un Corbeau qui devient blanc par vieillesse.

vre le dessus du corps ainsi que les parties inférieures ; le devant du cou , la poitrine , les ailes et la
queue sont d'un noir à reflets bleuâtres. Longueur ,
50 centimètres, le *mâle* et la *femelle*.

CORNEILLE MANTELÉE, Buff. — Elle est toujours rare
dans le midi de la France , et sa présence n'a pas lieu tous
les ans. C'est en automne qu'elle y arrive , et si elle fixe
sa demeure quelque temps ici , c'est ordinairement dans
le voisinage de la mer et dans les prairies humides qu'on
la voit. Elle est avide des poissons morts qui se rencontrent
au bords des eaux.

Cette espèce est très-commune dans plusieurs provinces
de la France et de l'Europe.

LE CORBEAU FRUX. — *C. FRUGILEGUS*. (LINN.)

Noms du pays : *Agraïo* , *Croüpatas*.

COLORATION. — Plumage tout noir avec des reflets
pourprés et violâtres , mais reconnaissable par la
nudité du front et de la gorge où l'on n'aperçoit
que l'indice de la racine des plumes ; cette nudité lui
vient de ce qu'il a l'habitude d'enfoncer son bec
dans la terre pour y chercher sa nourriture ; bec et
pieds noirs. Longueur , 41 centimètres.

LE FRUX OU FRAGONNE, Buffon. — Comme la Corneille
Noire , les Frux arrivent par grandes bandes , et se mêlent souvent aux autres *omnivores*.

Les passages de cet oiseau ont lieu en automne et au
printemps. Le Frux habite toute l'Europe ; plus commun
dans le Nord que dans le Midi.

CORBEAU CHOUCAS. — *C. MONĔDULA*. (Linn.)

Nom du pays : *Agraïoun*.

COLORATION. — Le corps noirâtre, d'une couleur plus foncée sur les parties supérieures, avec des reflets verdâtres ou violâtres ; le sommet de la tête noir ; l'occiput et les parties supérieures du cou gris cendré ; l'iris des yeux est blanc ; le bec et les pieds noirs. Longueur, 41 centimètres.

Le Choucas, Buff. — On trouve cette espèce dans presque toutes les contrées de l'Europe. Elle est de passage dans le midi en hiver, et se mêle souvent aux troupes de Corneilles, mais toujours en fort petit nombre. Le Choucas se nourrit de toutes sortes de grains, rarement de chair ; il se prive vite, on peut lui apprendre à parler.

GENRE SEPTIÈME.

GARRULE. — *GARRULUS*. (Briss.)

PREMIÈRE DIVISION.

PIES PROPREMENT DITES.

PIE ORDINAIRE — *CORVUS PICA*. (Linn.)

Nom du pays : *Agasso, Margot*.

COLORATION. — Plumage d'un noir soyeux avec des reflets pourprés bleus et dorés ; ventre et une tache sur l'aile blancs ; queue longue très-étagée ; bec et pieds noirs.

LA PIE. — L'histoire de la Pie est connue de tout le monde ; chacun sait qu'elle s'élève facilement dans les maisons, qu'elle apprend à répéter des mots, et surtout de grosses injures, mais qu'elle est incommode par son habitude de dérober tout ce qui reluit pour aller le cacher ensuite.

On rencontre la Pie dans toute l'Europe ; elle est fort commune ici toute l'année. L'on trouve des variétés albines de la Pie. J'en possède une entièrement blanche provenant d'une nichée où toutes étaient de cette couleur ; il n'y a pas encore longtemps que j'en vis voler une sur les bords du Rhône qui paraissait être d'un blanc pur.

DEUXIÈME DIVISION.

GEAIS.

GEAI GLANDIVORE. — *CORVUS GLANDARIUS.* (LINN.)

Nom du pays : *Gas, Gaché.*

COLORATION. — La couleur du Geai est d'un roux vineux et cendré ; deux rangées de plumes bleues qui produisent un joli effet sur l'aile ; la tête est huppée et l'on voit deux traits noirs au-dessous du bec en forme de moustaches. Longueur, environ 35 centimètres.

Le GEAI, Buff. — Les Geais descendent des montagnes et se montrent ici dans le mois d'octobre, quelquefois il en reste durant l'hiver ; ils se répandent dans les bois et sur les plus grands arbres des parcs. Ils font entendre un cri désagréable à l'oreille dès qu'on veut les approcher et se hâtent de fuir. On peut les priver et leur apprendre à articuler quelques mots, mais il faut bien se garder de les mettre avec d'autres oiseaux, car ils les tueraient.

Les Geais font ici un second passage au printemps, mais il est des années où ils sont peu communs. On les trouve dans toute l'Europe.

GENRE HUITIÈME.

CASSE-NOIX. — *NUCIFRAGA*. (Briss.)

On n'en connaît qu'une seule espèce en Europe.

Le CASSE-NOIX. — *NUCIFRAGA CARYOCATACTES*. (Briss.)

Coloration. — Plumage d'un brun couleur de suie, marqué par des mouchetures blanches et triangulaires, à l'exception de la tête ; les pennes des ailes et de la queue noirâtres, celle-ci terminée de blanc ; iris, noisette ; bec noirâtre, très-pointu. Longueur, 34 ou 35 centimètres, les *vieux*.

Le Casse-Noix, Buff. — On le trouve dans les pays montagneux de la Savoie, de la Suisse, de l'Auvergne et du Dauphiné ; il est très-rare dans nos contrées et ne nous visite qu'en hiver. Cet oiseau niche dans les trous naturels des arbres et souvent aussi dans ceux qu'il creuse lui-même.

GENRE NEUVIÈME.

PYRRHOCORAX. — *PYRRHOCORAX.* (Cuv.)

Caractères. — Bec plus long que la tête, un peu grèle, arrondi, arqué et pointu ; pieds forts ; doigt intermédiaire soudé à sa base avec l'interne ; ailes longues.

Ces oiseaux ont les mêmes mœurs que les Corbeaux ; comme ceux-ci, ils vivent sur les montagnes, mais ils préfèrent celles où règnent des neiges continuelles. Les deux espèces européennes se trouvent chez nous.

PYRRHOCORAX CHOQUART. — *P. PYRRHOCORAX.* (Cuv.)

Nom du pays : — *Agraïo à bé jhaoûnë.*

Coloration. — Entièrement noir, avee des reflets pourpres qui se changent en vert ; bec jaune ; pieds rouge (dans l'*adulte*). Longueur, 37 centimètres. Les *jeunes* n'ont point de reflets dans le plumage ; le bec et les pieds sont noirs.

Le Choquart, Buff. — On le trouve sur les Alpes suisses et les Pyrénées ; on le rencontre aussi, mais moins communément, en Auvergne et dans l'Ardèche ; quelquefois on en voit en hiver sur notre territoire, lorsque la saison est rigoureuse. Ces oiseaux nichent en troupes nombreuses dans les cavernes et les précipices.

PYRRHOCORAX CORACIAS. — *P. GRACULUS.* (Temm.)

Nom du pays : *Agraïo à bé roûjhë.*

Coloration. — Plumage d'un beau noir à reflets

violets, verts et pourprés ; bec et pieds d'un rouge carmin éclatant. Longueur, 36 à 38 centimètres, les *vieux*. Chez les *jeunes*, le noir est sans reflets ; les pieds et le bec noirs.

Le Coracias, Buff. — Rélégué dans les montagnes, cet oiseau descend rarement en plaine ; ce n'est que lorsque les neiges couvrent les contrées qu'il habite que nous le voyons dans nos environs, mais toujours en fort petit nombre.

Les Coracias recherchent la société de leurs semblables ; aussi, les voit-on réunis par bandes dans un même lieu. Leurs œufs sont déposés tout près les uns des autres, dans les fentes et les cavernes des rochers à la manière des *martinets*. Il en habite toute l'année sur les plus hautes montagnes qui avoisinent notre pays et même sur quelques-unes de notre département.

—————

GENRE DIXIÈME.

JASEUR. — *BOMBYCILLA*. (Briss.)

Caractères. — Bec court, droit, élevé ; la mandibule supérieure porte une dent très-distincte et est courbée vers sa pointe ; les narines sont cachées sous des poils rudes couchées en avant ; ailes médiocres.

Les Jaseurs sont des oiseaux erratiques et c'est toujours par grandes troupes qu'ils voyagent. Le nord de l'Europe fournit l'espèce suivante.

GRAND JASEUR. — *B. GARRULA*. (Briss.)

Coloration. — Plumage d'un cendré rougeâtre plus foncé en dessus qu'en dessous ; une huppe sur

la tête formée par des plumes alongées ; la gorge et
une bande au-dessus des yeux d'un noir profond,
rémiges noires, terminées par une tache angulaire,
jaune et blanche ; les pennes secondaires sont la
plupart terminées par un prolongement cartilagineux
d'un rouge vif ; queue noire terminée de jaune,
le *mâle*. Longueur, 17 centimètres. La *femelle* a le
noir de la gorge moins étendu, et n'a que quatre ou
cinq pennes secondaires terminées de rouge.

Le Jaseur, Buff. — Cette jolie espèce n'est point mentionnée dans l'*Ornithologie du Gard* comme faisant partie
des oiseaux qui se rencontrent dans ce département, mais
aujourd'hui je peux affirmer que le Jaseur nous visite quelquefois, puisque j'en ai reçu deux qui ont été tués dans
nos environs pendant l'hiver de 1842.

On dit que le caractère de cet oiseau est très-silencieux,
quoique son nom indique le contraire. Il habite durant l'été
les régions du cercle arctique, mais il passe régulièrement
dans les contrées orientales, et accidentellement dans les
pays tempérés.

Roux avait déjà mentionné cette espèce dans son *Ornithologie provençale*.

GENRE ONZIÈME.

ROLLIER. — *CORACIAS*. (Linn.)

CARACTÈRES. — Bec fort, comprimé vers le bout,
crochu à la pointe ; doigts des pieds entièrement divisés ;

Tous les Rolliers connus ont un plumage lustré

et nuancé par d'agréables couleurs. L'Europe en possède l'espèce suivante :

Le ROLLIER VULGAIRE. — *C. GARRULA.* (Temm.)

Coloration. — Une belle couleur d'aigue-marine et bleu clair se partagent la livrée de cet oiseau ; le dos est fauve ; pieds jaunâtres ; bec de la même couleur à sa base, noir sur le reste ; iris brun et gris. Longueur, 35 centimètres.

Le Rollier, Buff. — Les habitudes du Rollier sont farouches ; rarement cet oiseau se montre à découvert, et l'on ne peut guère le tirer que lorsqu'on le surprend dans sa retraite, car il sait se dérober à nos yeux en se cachant à travers les plus épais feuillages des forêts. Cependant, au moment des nichées, il brave les périls pour approvisionner ses petits.

Son apparition ici a lieu tous les ans au premier printemps ; il niche dans le pays, mais en très-petit nombre. *

GENRE DOUZIÈME.

LORIOT. — *ORIOLUS.* (Linn.)

Caractères. — Bec en cône, comprimé et tranchant, avançant un peu dans les plumes du front ; pieds ayant trois doigts devant, un derrière, celui du milieu soudé à sa racine avec l'interne.

Les Loriots sont de fort jolis oiseaux que l'on

* Voyez l'*Ornithologie du Gard*, pag. 77 et 78.

trouve en Afrique , dans l'Inde et en Australie ; presque toutes les espèces que l'on connaît ont du jaune dans leur plumage.

LORIOT. — *ORIOLUS GALBULA.* (LINN.)

Nom du pays : *L'Aouriôou ou Figo-l'Aouriôou.*

COLORATION. — D'un beau jaune d'or ; une tache entre le bec et l'œil , les ailes et la queue noires , mais celle-ci est terminée de jaune ; bec rougeâtre ; iris d'un beau rouge. Longueur , 24 centimètres , le *mâle vieux.* La *femelle* et les *jeunes de l'année* sont d'un vert olivâtre sur les parties supérieures , d'un gris blanc en dessous ; les ailes d'un brun noir.

LE LORIOT , Buff. — Dès les premiers jours d'avril, le Loriot commence à se faire entendre dans nos bois ; son cri, souvent répété , *yo , yo , yo , fi , i , yo , yo ,* annonce sa présence ; à cette époque , cette espèce n'est pas rare en Languedoc , mais quelques jours après le nombre diminue considérablement, car, étant remis des fatigues du voyage , chaque couple s'éloigne alors pour aller peupler les pays du Nord. Nous les voyons reparaître vers la fin du mois d'août suivis des *jeunes* ; ils sont alors fort gras et leur chair est délicieuse. Un petit nombre se reproduisent dans nos environs ; le Loriot fait un nid qui est artistement construit entre les rameaux des arbres.

GENRE TREIZIÈME.

ÉTOURNEAU. — *STURNUS.* (LINN.)

CARACTÈRES. — Le bec est droit, un peu déprimé , à pointe obtuse et un peu aplatie ; les narines sont couvertes en dessus par une membrane voûtée ; doigt intermédiaire réuni à sa base avec le doigt extérieur.

Les Etourneaux vivent en grandes troupes dans le même lieu et voyagent en bandes serrées. Leur principale nourriture consiste en vers et insectes qu'ils aiment à chercher dans les terrains humides.

ÉTOURNEAU VULGAIRE. — *S. VULGARIS*. (Linn.)

Nom du pays : *Estournel*.

COLORATION. —Tout le corps d'un noir lustré avec des reflets verts et pourprés. Le dessus du corps marqué par de très-petits points d'un blanc roussâtre ; bec et pieds jaunâtres ; iris brun. Longueur, 22 centimètres, le *mâle* au printemps. La *femelle* porte un grand nombre de mouchetures blanches sur son plumage. Le *mâle*, en hiver, a moins de reflets dans sa livrée. Les jeunes de l'année sont d'un cendré brun ou noirâtre, sans reflets et sans mouchetures.

L'ETOURNEAU OU LE SANSONNET, Buff. — Cette espèce est extrêmement commune dans le Midi, et surtout dans le Gard, à l'époque de ses passages d'automne et du printemps. Ils se répandent dans le voisinage de nos marais en bandes considérables ; il arrive qu'ils dévorent presque toute la récolte de raisin des vignes placées à leur portée. Ils sont également avides d'olives noires. On les trouve dans une grande partie de l'Europe. Ils nichent dans les creux des arbres, dans les fentes des masures et sous les toits des maisons.

GENRE QUATORZIÈME.

MARTIN. — *PASTOR*. (Temm.)

CARACTÈRES. — Bec en cône, convexe en dessus, mandibule supérieure un peu inclinée à la pointe; narines oblongues, à demi-fermées par une membrane; pieds forts.

Ce genre est composé d'une douzaine d'espèces que l'on trouve en Afrique et aux Indes-Orientales; une seule se montre quelquefois en Europe. Comme les *Étourneaux*, ces oiseaux se réunissent en grandes bandes pour voyager.

MARTIN ROSELIN. — *PASTOR ROSEUS*. (Temm.)

Nom du pays : *Merlé roso*, *Estournel d'Espagno*.

COLORATION.— Cette jolie espèce a la tête, la huppe, le cou et le haut de la poitrine noirs avec des reflets violets; ces reflets apparaissent aussi sur les ailes et la queue qui tire sur le brun; le dos, le ventre et l'abdomen d'un beau rose vif; bec rosé et jaune, noir à la pointe. Longueur, 22 centimètres, le *mâle*, *au printemps*. La *femelle* a des teintes plus sombres; les plumes effilées qui composent la huppe plus courtes et moins fournies; elle est plus petite.

LE MERLE COULEUR DE ROSE, Buff. — Cette jolie espèce visite nos contrées dans le courant de mai et de juin, presque toujours par troupes nombreuses. Ces oiseaux recherchent les pays plats et humides; ils sont avides de sauterelles et de cerises. J'en ai conservé longtemps dans mes volières ; ils s'étaient rendus très-familiers et chantaient depuis le matin jusqu'au soir ; quoique des pays chauds , les Martins peuvent vivre dans le Nord ; on conserve à Paris , au Jardin-des-Plantes , et depuis plus de quatre ans, une paire de ces oiseaux dont je fis hommage à MM. les ducs de Nemours et de Joinville qui avaient daigné honorer mon cabinet de leur visite.

Il arrive qu'en automne nous en trouvons parfois des *jeunes*. J'en ai rencontré plusieurs sur notre marché.

ORDRE TROISIÈME.

INSECTIVORES. — *INSECTIVORES.* (Temm.)

Caractères. — Bec médiocre ou court, droit, arrondi, faiblement tranchant ou en alène ; mandibule supérieure courbée ou échancrée vers la pointe , le plus souvent garnie à sa base de quelques poils raides dirigés en avant ; pieds : trois doigts devant et un derrière, articulés sur le même plan ; l'intérieur soudé à sa base ou jusqu'à la première articulation aux doigts du milieu. (Temm.)

GENRE QUINZIÈME.

PIE-GRIÈCHE — — *LANIUS*. (Linn.)

Caractères. — A l'exception de l'Amérique-Méridionale, les vraies Pies-Grièches sont répandues dans tous les pays connus. Par la violence et par la férocité de leur caractère, elles se rapprochent des oiseaux de rapine avec lesquels on les a quelquefois réunis. Une échancrure ou dent, placée vers la pointe de la mandibule supérieure du bec, leur permet d'attaquer et de vaincre les petits animaux dont ils font quelquefois leur proie.

L'Europe produit cinq espèces de Pies-Grièches ; toutes se rencontrent dans le Midi, une d'elle y est particulière.

PIE-GRIÈCHE GRISE. — *LANIUS EXCUBITOR.* (Linn.)

Nom du pays : *Tarnagas, Margasso.*

COLORATION. — Cendrée en dessus, blanche en dessous ; une bande noire passe sur l'œil ; les ailes et la queue noires ; quelques pennes extérieures ont du blanc pur ; bec et pieds noirs Longueur, 24 centimètres, les *vieux*.

PIE GRISE, Buff. — Cette espèce passe au printemps et en automne ; mais il en reste, quoique en bien petit nombre, dans le pays pendant toute l'année ; je me suis assuré de ce fait dans ces derniers temps, car j'avais pensé d'abord que cet oiseau n'était que de passage ici.

La Pie-Grièche Grise est répandue en Europe. Elle détruit beaucoup de petits oiseaux qu'elle poursuit au vol, et niche sur les arbres les plus élevés.

PIE-GRIÈCHE MÉRIDIONALE. — *L. MERIDIONALIS.* (Temm.)

Noms du pays : *Tarnagas, Aoûssel de Basty, Margasso.*

COLORATION. — Toutes les parties supérieures d'un

cendré noirâtre ; une fine bande blanche passe au-
dessus des yeux , et une plus grande , qui est noire ,
passe en dessous et s'étend sur les oreilles ; les parties inférieures sont d'une couleur vineuse lavée de
blanchâtre ; queue noire ; les pennes extérieures ont
du blanc vers leur bout et sur leur bord. Longueur ,
24 centimètres , les *vieux*.

Point dans Buffon. — La *Pie-Grièche Méridionale* est
sédentaire dans nos contrées qu'elle ne quitte jamais pour
remonter vers le Nord ; cet oiseau est très-rusé et ne se
laisse approcher que très-difficilement. C'est le plus cruel
ennemi des petits oiseaux que les chasseurs aux filets emploient pour leur servir d'appeaux , car, tombant sur eux
à l'improviste , il les a bientôt mis à mort d'un seul coup
de bec sur la tête. Cette espèce vit dans nos bois et nos
collines incultes ; elle niche au milieu des gros buissons ;
son nid est grand et solidement construit. (*Voyez* l'*Ornithologie du Gard* , pour les mœurs de cet oiseau et son
incubation).

PIE-GRIÈCHE A POITRINE ROSE. — *L. MINOR*. (Linn.)

Nom du pays : *Tarnagas grosso méno* , *Margasséto*.

COLORATION. — Une bande noire couvre le front ,
passe sur l'œil et s'étend sur l'orifice des oreilles ; le
dessous du corps est blanc , mais nuancé de rose sur
la poitrine et sur les flancs ; ailes noires avec une tache blanche sur le milieu ; ces deux couleurs règnent
sur la queue à la manière des deux espèces précédentes ; le bec est d'un noir brun un peu couleur de
corne. Longueur , 21 centimètres , les *vieux*.

La Pie-Grièche d'Italie, Buff. — Cette jolie Pie-Grièche est fort abondante ici au printemps et en été ; passé ce temps elle nous quitte et ne reparaît plus que l'année suivante. Elle aime à vivre parmi les arbres de haute futaie, placés près d'un champ vaste et plat, et recherche ordinairement ceux des parcs et des habitations rurales ; c'est à leur cime qu'elle place un nid fait avec des herbes odoriférantes qu'elle garnit de laine à l'intérieur. Ses œufs sont au nombre de quatre ou cinq.

PIE-GRIÈCHE ROUSSE. — *L. RUFUS*. (Brss.)

Nom du pays : *Tarnagas de la testo rousso* , *Margasséto*.

COLORATION. — Cette espèce est reconnaissable à la première vue par la couleur d'une partie de sa tête qui est d'un roux ardent ; le front , les yeux et les oreilles ainsi que le dos d'un noir profond ; les ailes sont de cette couleur , mais elles portent une tache blanche sur le milieu ; les parties inférieures blanches , lavées de roux sur les flancs ; la queue est noire et blanche, Longueur, 19 centimètres, le *mâle*. La *femelle* a les parties inférieures marquées par des lunulles ou espèces de petits croissans bruns.

La Pie-Grièche Rousse de France. Buff. — Cette espèce arrive en France au printemps et en repart vers la fin de l'été. Pendant son séjour ici, elle vit sur la lisière des bois, sur les collines et dans les champs d'oliviers ; elle sait contrefaire le chant de plusieurs petits oiseaux , dont elle s'empare après qu'ils sont venus à sa voix. J'ai plusieurs fois rencontré, dans la même olivette , le nid de la *Fauvette Orphée* placé dans le voisinage de celui de cette

Pie-Grièche ; et comme cette dernière n'arrive qu'après que l'*Orphée* a bâti son nid, elle vient sans doute s'établir auprès d'elle pour lui dévorer ses petits après qu'ils sont éclos.

La Pie-Grièche à Tête Rousse peut s'élever en cage, elle devient très-familière ; on la nourrit de chair et de sauterelles.

PIE-GRIÈCHE ÉCORCHEUR. — *L. CULLURIO.* (Briss.)

Nom du pays : *Tarnagas deï pichos, Rapinur.*

COLORATION. — Cette jolie petite espèce est d'une couleur cendrée sur le dessus de la tête et sur le croupion ; le dos et les ailes fauves ; parties inférieures d'un roux rosé ; gorge blanche ; une bande noire entoure l'œil et les oreilles ; les deux pennes du milieu de la queue noires ; les autres blanches, mais terminées de noir, le *mâle.* Longueur, 17 centimètres. La *femelle* est d'un roux terne en dessus, blanche en dessous.

LA PIE-GRIÈCHE ECORCHEUR, Buff.— Elle est aussi rusée que la précédente ; comme elle, sa voix imite celle des autres oiseaux. Elle est peu nombreuse ici ; on la voit depuis le mois d'avril jusqu'en septembre. Niche dans les haies et dans les buissons. On la trouve dans toute l'Europe pendant l'été.

GENRE SEIZIÈME.

GOBE-MOUCHE. — *MUSCICAPA.* (Linn.)

CARACTÈRES. — Le bec est déprimé horizontale-

ment, garni de poils raides à sa base, crochu au
bout ; trois doigts devant et un derrière, l'ongle de
celui-ci est très-arqué.

L'Europe fournit quatre espèces de Gobe-Mouches ; tous
sont de passage dans nos contrées. Les pays d'outre-mer
en fournissent un grand nombre d'espèces qui diffèrent
beaucoup par la forme du bec. Ils ont l'habitude de s'emparer de leur nourriture, qui consiste en insectes et en
petites mouches, soit en volant de branche en branche,
soit en rasant la terre.

GOBE-MOUCHE GRIS. — *M. GRISOLA.* (Linn.)

Nom du pays : *Béquo-Figo.*

COLORATION. — Gris en dessus, blanchâtre en
dessous, avec quelques mouchetures de brun cendré ; une raie longitudinale brune sur la tête ; gorge
et ventre blancs. La *femelle* ressemble au *mâle*. Longueur, 17 centimètres.

LE GOBE-MOUCHE PROPREMENT DIT , Buff. — Cet oiseau
recherche les arbres de haute-futaie ; souvent il se place
à leur cime, puis il descend de branche en branche pour
saisir les insectes. Quelquefois il se pose sur des pi-
quets isolés d'où il guette sa petite proie ; dès qu'il l'a-
perçoit, il la saisit au vol et va se poser un peu plus loin,
ou revient encore reprendre sa place pour recommencer ;
il est peu effrayé de l'approche de l'homme. Cette espèce
nous arrive en avril et nous quitte vers la fin d'août. Il
en niche beaucoup sur les châtaigniers centenaires des
environs du Vigan.

GOBE–MOUCHE A COLLIER. — *M. ALBICOLLIS.* (Temm.)

Nom du pays : *Béquo-Figuo.*

COLORATION. — Bec, pieds, sommet de la tête, front, dos et queue d'un noir profond; un demi-collier sur le dessus du cou, et toutes les parties inférieures d'un blanc parfait; un miroir ou tache de cette même couleur sur l'aile. Le *mâle* adulte *en été*. Longueur, 12 centimètres 4 millimètres. La *femelle* a le dessus du corps d'un gris cendré, le demi-collier est faiblement marqué par une teinte de cendré clair. Les *jeunes de l'année* ressemblent aux *femelles* et ont presque toujours été confondus avec ceux de l'espèce suivante.

LE GOBE-MOUCHE A COLLIER DE LORRAINE, Buff. — Cet oiseau, qui se trouve assez communément dans plusieurs provinces du centre de l'Europe, est rare dans le Midi, où il se montre au printemps. Il vit de la même manière que tous ses congénères, et habite les forêts.

GOBE-MOUCHE BEC-FIGUE. — *M. LUCTUOSA.* (Temm.)

Nom du pays : *Béquo-Figuo.*

COLORATION. — Cet oiseau a le front et toutes les parties inférieures d'un blanc pur; la tête, la queue et tout le dessus du corps d'un noir profond; les ailes, qui sont de cette couleur, ont leurs couvertures blanches, le *mâle au printemps* et *en été*. Longueur, 12 centimètres. La *femelle* est grisâtre en dessus, et blanchâtre en dessous. Le plumage de cet oiseau varie beaucoup selon l'âge et les saisons.

LE BEC-FIGUE, Buff. — C'est au printemps que ce Gobe-Mouche arrive dans le Midi ; il est fort commun alors dans les bois, sur les arbres des chemins, et même sur ceux des promenades publiques. Il est peu farouche, on le voit sautillant de branche en branche pour saisir les mouches et les moucherons ; il fait claquer son bec à la manière des hirondelles, chaque fois qu'il s'empare d'une proie. Cette espèce est plus abondante dans le Midi que dans le Nord. Elle repasse dans notre pays dans les premiers jours de septembre.

GOBE-MOUCHE ROUGEATRE. — *MUSCICAPA PARVA.* (BECHST.)

COLORATION. — D'une seule nuance de cendré rougeâtre en dessus, qui prend une teinte de bleuâtre au-dessus des oreilles ; pennes des ailes d'un cendré brun ; les deux pennes du milieu de la queue et le bout des latérales noirâtres, ces dernières sont d'un blanc pur depuis leur base ; gorge, devant du cou et poitrine d'un roux vif ; flancs rougeâtres ; le ventre, l'abdomen et les couvertures de dessous la queue blancs ; les poils de la racine du bec plus longs que dans les autres espèces. Longueur, 9 centimètres, les *vieux mâles.*

La *femelle* ne diffère que par des couleurs moins foncées.

Cette espèce de Gobe-Mouche a été trouvée tout nouvellement dans le pays par M. G. Lunel, conservateur du Musée d'Avignon, qui le tua sur les arbres du Jardin-des-Plantes de cette ville. Cet oiseau est très-alerte ; il pousse un petit cri continuel qui semble exprimer *trrr*, *trrr*. Il relève fortement la queue à la manière des *traquets* auxquels il ressemble en volant par le blanc des pennes caudales.

Ce Gobe-Mouche habite les grandes forêts de l'Allemàgne en été seulement ainsi qu'en Hongrie ; il est assez commun dans les parties orientales vers le midi ; il niche dans les rameaux unis de deux arbres voisins ou dans l'enfourchement des branches. M. Temminck dit que sa voix tient du gazouillement de notre bec-fin Rouge-Gorge, dont il a les allures.

Cette espèce n'est point mentionnée dans l'*Ornithologie du Gard*.

GENRE DIX-SEPTIÈME.

MERLE. — *TURDUS*. (Linn.)

CARACTÈRES.— Ils ont, comme les *Pies-Grièches*, le bec comprimé avec une échancrure à son extrémité ; mais, outre que cet organe n'est jamais crochu, comme chez ces dernières, il est plus long et moins gros, et l'échancrure qu'il présente est ordinairement peu marquée. Aussi les merles n'attaquent-ils jamais d'autres oiseaux.

Leur nourriture se compose uniquement d'insectes pendant la belle saison ; l'hiver, ils recherchent les baies sauvages et les vers.

Ces oiseaux vivent tantôt solitaires, tantôt réunis en familles. Le plus grand nombre émigre en automne et

au printemps. La délicatesse de leur chair, souvent par-
fumée, les fait rechercher pour nos tables.

On les a séparés en deux sections :

La première est celle des SYLVAINS.

Ceux-ci fréquentent les lieux fourrés, et nichent dans
les bois et dans les champs. Ils sont plus frugivores que
ceux de la deuxième section. Leurs voyages se font par
grandes bandes.

Les *Merles* forment un passage naturel qui conduit au
genre *Sylvia* ou *Fauvettes*.

MERLE-DRAINE. — *TURDUS VISCIVORUS*. (LINN.)

Noms du pays : *Grivo*, *Cézéro*.

COLORATION. — Toutes les parties supérieures sont
d'un gris brun qui est plus foncé sur le croupion.
Le plumage inférieur est généralement d'un blanc
jaunâtre moucheté de taches brunes triangulaires ;
le bec est brunâtre, noir à la pointe. Longueur, 50
centimètres. La *femelle* diffère peu du *mâle*.

La Draine est le plus grand oiseau du genre *Merles*.
Elle vit assez longtemps en volière, elle s'accommode de
toute espèce de nourriture, devient familière, et son
chant n'est pas sans agrémens. Nous l'avons toute l'année
dans le Midi, mais elle est plus commune depuis l'automne jusqu'au printemps qu'en été. On trouve son nid
sur les arbres, dans les enfourchures des branches. Elle
pond de très-bonne heure, et fait plusieurs couvées par an.

MERLE LITORNE. — *TURDUS PILARIS*. (LINN.)

Noms du pays : *Quo-Chacha* ou *Grivo-dé-Mountagno*.

COLORATION. — Cette espèce a le derrière de la

tête et la partie inférieure du dos cendré ; le haut du
dos et les ailes chatain ; les parties inférieures d'un
roux clair, couvertes par des taches longitudinales
brunes ; le milieu du ventre est blanc ; un espace noir
entre le bec et l'œil ; pieds et iris bruns. Longueur,
26 centimètres, le *mâle*. La *femelle* lui ressemble
beaucoup.

La LITORNE ou CALANDROTTE, Buff. — Les Litornes
n'arrivent dans le Midi que vers la fin de la première quin-
zaine de novembre ; elles nichent en Pologne et dans d'autres contrées du Nord. Si le froid se fait sentir, nous les
voyons par troupes nombreuses dans nos champs d'oliviers
et parmiles arbres et les buissons des endroits humides.
Ces oiseaux crient beaucoup en volant, et leur cri semble
s'exprimer par ces syllabes : *Quo-chacha*. On peut les garder en volière. J'en ai conservé plusieurs pendant quelques années. Du pain trempé, des raisins, des cerises et
de la chair formaient leur nourriture.

MERLE GRIVE. — *TURDUS MUSICUS*. (Linn.)
Nom du pays : *Tourdrē*.

COLORATION. — Dessus du corps d'un gris brun,
une raie blanche sur les yeux, gorge de cette même
couleur ; poitrine d'un jaune roussâtre avec des taches brunes, les flancs sont blancs, grivelés de taches
brunes ovales ; pieds d'un gris brun. Longueur,
19 centimètres. La *femelle* ne diffère du *mâle* qu'en
ce qu'elle est plus petite et a le jaunâtre de la poitrine
un peu plus clair.

La GRIVE, Buff. — Le chant de cet oiseau est fort doux

et très-agréable ; c'est placé au sommet des arbres des
bois, que le mâle le fait entendre au printemps. Cette
Grive nous vient du Nord, elle arrive en automne, passe
l'hiver dans nos bois et nos champs d'oliviers ; elle repart
en mars pour remonter vers les régions du Nord. La sua-
vité de sa chair la fait rechercher en tout temps pour la
table. Elle fait son nid sur les arbres ou dans les buissons ;
le mâle et la femelle couvent tour-à-tour.

MERLE MAUVIS. — *TURDUS ILIACUS.* (Linn.)

Nom du pays : *Tourdrë roujhë.*

Coloration. — D'un gris presque olivâtre en dessus; deux traits, l'un brun, l'autre jaunâtre occupent
l'espace entre le bec et l'œil; les flancs et le dessous
des ailes rougeâtres ; toutes les autres parties de dessous le corps parsemées de petites taches noirâtres.
La *femelle* diffère peu du *mâle.* Longueur, 22 cent.

Le Mauvis, Buff. — Cet oiseau se trouve dans toute
l'Europe; il nous visite en automne et nous quitte au
printemps pour aller nicher dans des pays plus tempérés. La femelle pond de 4 à 5 œufs. Le nid est placé
tantôt dans des touffes d'arbres, tantôt dans des buissons.
La chair du Mauvis acquiert en automne un goût exquis
du parfum que lui donnent les raisins et les baies dont
il se nourrit à cette époque.

MERLE A PLASTRON. — *T. TORQUATUS.* (Linn.)

Nom du pays : *Merlë deï Mountagnos.*

Coloration. — Les parties supérieures d'un brun
noirâtre ; une demi-lune ou plaque d'un blanc plus

ou moins pur sur le haut de la poitrine ; toutes les
plumes des parties inférieures bordées de blanc ; iris
couleur noisette ; pieds d'un brun noirâtre. Longueur, environ 27 ou 28 centimètres.

LE MERLE A COLLIER, Buff. — Ce Merle ne paraît
dans nos contrées que vers la fin de l'automne et durant
l'hiver. Si le froid est rigoureux il devient alors assez
abondant. Il fréquente les pays montagneux et couverts
de bois et de broussailles ; aussi en prend-on beaucoup
aux lacets qu'on place dans les fourrés. Cet oiseau ne
niche point dans le Midi, mais il se reproduit dans plusieurs contrées du centre de la France.

MERLE NOIR. — *TURDUS MERULA.* (LINN.)

Nom du pays : *Merlē négrē* ; *Merlatto*, la femelle.

COLORATION. — Plumage en entier d'un noir profond : tour des yeux, bec et intérieur de la bouche
jaunes ; iris noirâtre ; pieds noirs. Longueur, 25
centimètres, le *mâle vieux*. La *femelle* diffère beaucoup ; elle est quelquefois d'un brun foncé en dessus,
roussâtre et grisâtre aux parties inférieures ; le bec
et les pieds d'un brun noirâtre.

LE MERLE NOIR DE FRANCE, Buff. — Le chant du Merle
noir est éclatant, mais il plaît davantage au milieu d'une
nature sauvage, dans les bois, en pleine campagne, que
dans les volières. De tous nos oiseaux, c'est un de ceux
qui chantent le plus longtemps. Il vit de longues années
en cage, mais il taquine les autres oiseaux qui sont avec
lui et les tue quelquefois. J'en nourris un depuis longtemps
qui se plaît à arracher les plumes de la queue d'une *Per-*

drix gambra qui vit avec beaucoup d'autres espèces dans la
même volière que lui. Le Merle Noir habite toute l'Europe ; il est sédentaire ici où il est commun.

Variétés du Merle-Noir. — Je possède un individu qui
est d'un blanc parfait, avec les pieds jaunes et les yeux
rouges ; il me fut donné par M. le docteur Bousquet, de
St-Gilles. J'ai encore deux autres variétés, dont une est
blanchâtre sur la poitrine, avec le restant du plumage
noir, l'autre porte seulement un bouquet de plumes blanches sur la joue.

Cet été, 1843, un individu d'un blanc de neige a été
pris vivant dans les environs de Lasalle (Gard). C'est M.
Soutoul de cette ville qui le possède.

Remarque. Dans l'*Ornithologie du Gard*, page 104, j'ai
fait mention du *Merle à gorge noire*, dont une *femelle* fut
prise dans les environs de Marseille, en 1834, et qui fait
partie de la belle collection de cette ville. Depuis lors, je
n'ai pu, malgré beaucoup de recherches, me procurer
dans le pays un seul individu de cette espèce. Le *Merle à
gorge noire* habite les contrées du nord de l'Europe. Son
apparition dans le Midi doit être regardée comme très-accidentelle.

DEUXIÈME SECTION.

SAXICOLES.

Cette section a été formée pour séparer les deux espèces suivantes. Leurs habitudes sont d'ailleurs fort différentes de celles des *Sylvains*. Vivant constamment au
milieu des roches escarpées, on ne les voit jamais réunis
en troupes.

MERLE DE ROCHE. — *T. SAXATILIS.* (Lath.)

Nom du pays : *Merlé rouquié , Grosso Quó rousso.*

COLORATION. — La tête, le cou , la gorge et les petites couvertures des ailes d'un bleu cendré ; un espace blanc sur le milieu du dos ; les ailes et deux pennes de la queue brunes ; les autres pennes caudales et les parties inférieures d'un roux ardent. Longueur, 19 centimètres , le *mâle vieux.* La *femelle* est d'un brun terni en dessus qui est marqueté de roussâtre et de blanchâtre ; les parties inférieures comme chez le *mâle*, mais chaque plume est lisérée de blanc. Les *jeunes de l'année* diffèrent beaucoup des *vieux* et ressemblent assez aux *femelles.*

Le Merle de roche arrive dans le Midi en avril et en repart dans le courant de septembre. C'est au milieu des endroits les plus déserts et parmi les rochers que cet oiseau aime à vivre ; cependant, il lui arrive de nicher dans les trous des vieux châteaux ; ici j'en ai vu plusieurs paires nicher dans nos anciens monumens et même sur le clocher de notre Cathédrale. Le mâle a la voix flexible et sait varier son chant.

MERLE BLEU. — *T. CYANUS.* (Gmel.)

Nom du pays : *Merlé blu , Merlé rouquassié.*

COLORATION. — Tout le plumage d'un bleu foncé , en exceptant les ailes qui sont noires ; l'on voit souvent des individus sur les plumes inférieures desquels se dessinent de petits croissans blanchâtres. Ces signes sont d'autant plus multipliés que l'oiseau est moins vieux. Longueur, 22 centimètres. La *femelle* a le bleu moins foncé; il est mêlé de brun cendré en dessus; la gorge et le devant du cou sont marquetés de taches roussâtres; les autres parties inférieures sont rayées en travers de brun et de cendré bleuâtre.

Le Merle Bleu et le Merle Solitaire, Buff. — Cette jolie espèce se trouve chez nous toute l'année; elle fréquente les endroits montagneux et accidentés, et préfère ceux qui sont peu éloignés des torrens, des rivières ou des bois, parce que ces localités lui offrent une nourriture assurée dans les différentes saisons. La même roche est presque toujours habitée par une paire de Merles bleus, et longtemps encore après la couvée les jeunes y vivent en compagnie de leurs parens. C'est de très-grand matin et vers le soir que le mâle fait entendre sa jolie voix. Durant l'hiver, alors que ces oiseaux descendent dans les bois, on en prend aux lacets que l'on place dans les fourrés épais parmi lesquels ils s'en vont rechercher les baies sauvages pour se nourrir.

MERLE AZURÉ. — *T. AZUREUS.* (Lebrun.)

Coloration. — Cette nouvelle espèce a le front, le dessus de la tête et toutes les parties supérieures d'un bleu mêlé de brun; mais les plumes du haut du dos jusqu'au croupion et les couvertures des ailes sont presque toutes terminées de blanc; les côtés de la tête et les joues blanchâtres, teints d'azur; gorge, devant et côtés du cou blancs, avec une légère nuance de bleu d'azur; une large plaque sur la poi-

trine d'un cendré bleuâtre ; mais sur le milieu de
cette partie cette couleur est mélangée de blanc ;
parties inférieures blanches, avec de petites taches
de la couleur de la plaque qui recouvre la poitrine ;
les flancs portent également de grandes et de petites
taches d'un cendré bleuâtre, ainsi que quelques
teintes couleur de rouille ; les couvertures supérieures et inférieures de la queue sont de cette même
couleur avec une tache noire vers le bout de toutes
les plumes, qui sont terminées de blanchâtre ; rémiges noires ; les pennes de la queue sont d'une couleur de rouille vive surtout près de leur base ; mais
entourées et terminées de noir ; bec et pieds bruns ;
iris brun clair. Longueur, 23 centimètres, le *mâle*.

La *femelle* n'est pas connue.

Point dans Buffon ni chez aucun auteur. — Je m'empresse de faire connaître ce nouveau Merle qui m'a été
communiqué par mon ami Lebrun de Montpellier, et
l'on pourra voir, par la description que je viens d'en donner, que ce singulier oiseau semble plutôt être le produit
de deux oiseaux différens que celui d'une race pure, et
plus on l'examine plus on est convaincu de la vérité que
c'est un hybride ; il a d'ailleurs toutes les formes du *Merle
bleu*, et son plumage supérieur se rapproche de celui du
jeune mâle de cette espèce, tandis que sa queue et les
couvertures de celle-ci, de même que la teinte couleur de
rouille des flancs, lui donnent les plus grands rapports
avec la femelle du *Merle de Roche*. Il a encore beaucoup
de ressemblance avec ces deux *Saxicoles*, par sa manière
de vivre. Voici ce que M. Lebrun m'écrit : « Ce Merle fut
tué le 28 décembre 1840 sur le mont St-Loup, près de

Montpellier ; il était toujours en société d'un autre oiseau
qui lui ressemblait beaucoup ; était-ce la femelle de cet
oiseau , je ne puis le supposer. Il y avait plus de quinze
jours que le berger qui le tua cherchait une occasion favorable pour l'approcher ; il était très-méfiant, et sur le
milieu du jour , quand le soleil brillait, il faisait entendre
un petit ramage cadencé comme celui des fauvettes.» M.
Lebrun pense, comme moi , que cet oiseau ne peut prove-
nir que d'un accouplement croisé , et que ce ne peut être
une variété d'aucune espèce connue.

GENRE DIX-HUITIÈME.

CINCLE. — *CINCLUS*. (Temm.)

CARACTÈRES. — Le bec est grêle, emplumé et arrondi à la base ; il est finement dentelé sur les bords ;
ailes et queue courtes.

Peu d'oiseaux présentent , sous le rapport de leurs
mœurs , des faits aussi extraordinaires que les *Cincles*.
On en connaît trois espèces d'Europe , dont la suivante se
trouve en France.

CINCLE PLONGEUR. — *CINCLUS AQUATICUS*. (Bechst.)

Nom du pays : *Margoûsso*.

COLORATION. — Tout le dessus du corps d'un brun
foncé teint de cendré ; la gorge, le devant du cou
et la poitrine d'un blanc pur ; ventre roux ; bec noirâtre ; iris gris de perle ; pieds jaunâtres. Longueur ,
19 centimètres , le *mâle*. La *femelle* diffère peu de
celui-ci.

Le Merle d'Eau, Buff. — Cet oiseau recherche les eaux
limpides des rivières et des ruisseaux dont le fond est
pierreux ou couvert de graviers, et, quoique privé des organes dont les oiseaux aquatiques sont pourvus, il aime à
descendre au fond de l'eau, qu'il coupe dans tous les
sens pour y chercher les chevrettes et d'autres insectes
aquatiques qui forment sa principale nourriture.

Le vol du *Cincle* est rapide, malgré la briéveté de ses
ailes; il a de grands rapports avec celui de la *Fauvette
Cetti*. On le trouve le long des rivières de nos pays montagneux.

GENRE DIX-NEUVIÈME.

BEC-FIN. — *SYLVIA*. (Temm.)

CARACTÈRES. — Bec grêle, un peu déprimé ou
comprimé à la base, étroit; quelquefois un peu
fléchi, le plus souvent droit, entier ou échancré et
plus ou moins incliné à la pointe; pieds : trois doigts
devant et un derrière; ailes à pennes bâtardes, rémiges très-variables selon les espèces.

Dans ce genre sont compris tous les oiseaux connus sous
le nom de *Fauvettes*. C'est parmi eux que se trouvent les
plus petites espèces qui habitent l'Europe. Le chant du
plus grand nombre est doux, sonore, flexible et accentué.
Les uns peuplent les bois, les champs et même nos jardins, tandis que d'autres, au contraire, se répandent au
bord des eaux, vivent au milieu des jonchaies ou se cachent à l'ombre des roseaux; leur chant n'est qu'un babil
continuel qui charme la monotonie de ces lieux peu favo-
risés par la nature. La plupart des *Becs-fins* émigrent en

automne vers les pays chauds, et ne reviennent qu'avec le premier printemps.

RIVERAINS.

Ils vivent au bord des eaux, sous les ombrages humides et au milieu des vastes marécages.

BEC-FIN ROUSSEROLLE. — *SYLVIA TURDOIDES*. (Temm.)

Noms du pays : *Cracra deï gros*, *Roussignóou d'aïguo*.

COLORATION. — D'un beau roux en dessus; blanc jaunâtre en dessous; gorge blanchâtre; sourcils d'un blanc jaunâtre; pennes des ailes et de la queue brunes à bordures plus claires; queue arrondie. La *femelle* est semblable au *mâle*. Longueur, 22 centimètres.

LA ROUSSEROLLE. Buff. — Ce grand Sylvain, qui a été quelquefois rangé parmi les *Merles*, d'autrefois avec les *Fauvettes*, n'est pas rare chez nous partout où croissent des roseaux. Son chant rauque et continuel décèle sa présence dans les lieux qu'il habite, car il ne se montre guère à découvert que le soir et le matin.

Il nous vient au printemps et nous quitte à l'automne.

BEC-FIN LOCUSTELLE. — *SYLVIA LOCUSTELLA*. (Lath.)

Nom du pays : *Bisquerlo*

COLORATION. — Le dessus du corps est d'une couleur olivâtre qui se nuance en brun; une tache de

brun obscur sur le centre de chaque plume ; les pennes des ailes et de la queue brunes ; parties inférieures blanches, souvent lavées de jaunâtre ; de petites
taches d'un brun clair forment une zône sous la gorge ; queue longue et étagée. Longueur, 16 centim. Il
existe peu de différence dans la livrée des deux sexes.

L'ALOUETTE LOCUSTELLE et LA FAUVETTE TACHETÉE,
Buff. — Le chant du mâle de cette espèce est des plus
bizarres, et ne se rapproche nullement de celui d'aucune
espèce de *fauvettes* ; c'est un bruissement continuel, tantôt clair ou aigu, et l'on ne penserait jamais qu'il appartient à un oiseau ; les syllabes *sr*, *sr*, *sr*, *sr*, *sr*, sont
celles que l'on entend et qui semblent venir d'un côté
tout opposé à celui où est placé l'oiseau. Plusieurs années, au moment de son passage, j'en ai entendu chanter
sur les tilleuls de notre Fontaine, sur la lisière des bois et
dans le voisinage des marais. La Locustelle arrive ici au
printemps et repart en automne. On la trouve aussi dans
plusieurs provinces du centre de l'Europe.

BEC-FIN AQUATIQUE. — *SY. AQUATICA.* (LATH.)

Nom du pays : *Saoûto-Bartas.*

COLORATION. — Une bande d'un blanc roux passe
au-dessus des yeux ; une autre de la même couleur
partage le dessus de la tête en partant de la racine du
bec ; dessus du corps roussâtre taché de brun noir ;
gorge blanchâtre ; une espèce de zone formée par
de petites taches d'un brun clair, ou d'une teinte
fondue ; flancs lavés de roussâtre ; queue étagée.
Longueur, 13 ou 14 centimètres.

La FauvetteAquatique, Sonn., nouv. édit. de Buff. —
Ce Bec-Fin est sédentaire dans nos contrées; il habite les
vastes jonchaies, parmi les cannes des roseaux les plus
épais. L'espèce n'est pas abondante ici. Le mâle chante
dans les beaux jours d'hiver. Le nid est fait avec art et
entrelacé aux tiges des plantes aquatiques.

BEC-FIN PHRAGMITE. —*SY. PHRAGMITIS.* (Temm.)

Nom du pays : *Bisquerlo.*

COLORATION. — Sommet de la tête, le dos et les
plumes scapulaires d'un gris olivâtre, qui est marqueté de taches brunes ; gorge blanchâtre ; sourcils
et toutes les parties inférieures d'un blanc nuancé de
jaunâtre ; les plumes qui recouvrent le sommet de
la tête sont arrondies en forme d'écailles. Longueur,
13 ou 14 centimètres.

Point dans Buffon. — Le Phragmite est rare dans nos
contrées méridionales ; les lieux où il vit sont les marécages les plus fourrés. On l'a observé, en Italie, en Hollande et même en Angleterre. On ne dit point qu'on l'ait
trouvé ailleurs. Cette espèce se nourrit de cousins, de
demoiselles et autres petits insectes qui se trouvent au
bord des eaux.

BEC-FIN DE ROSEAUX ou EFFERVATTE.—*S. ARUNDINACEA.* (Lath)

Nom du pays : *Cracra deï pichos.*

COLORATION. — Toutes les parties supérieures d'un
brun roussâtre ; les ailes brunes ; dessous du corps
d'un blanc teint de jaunâtre ou de roux ; queue
arrondie ; gorge et un trait sur les yeux blanchâ-

tres ; le bec est brun en dessus ; jaunâtre en des‐
sous. La *femelle* de cette espèce ne diffère pas du
mâle. Longueur ; 15 centimètres.

La Fauvette des Roseaux , Buff.— On trouve ce Bec-
Fin en très-grand nombre dans toutes les vastes jonchaies
des parties basses de la Provence et du Languedoc. On le
rencontre encore le long de plusieurs fossés et au bord de
quelques-unes de nos rivières, surtout à ses passages d'automne et du printemps. Le chant monotone et continuel
qu'il fait entendre peut s'exprimer par les syllabes *tran* ,
tran, trin, trin , kiri , kiri , hauys, hauys. Il chante même
la nuit. L'Effervatte habite plusieurs contrées de l'Europe ;
son nid , qui a la forme d'un panier alongé , est entrelacé
aux cannes des marais ou à d'autres plantes aquatiques.

BEC-FIN VERDEROLLE. — *SY. PALUSTRIS.* (Bechst.)

Nom du pays : *Picho Cracra , ou Tratra.*

Coloration. — Cette espèce ressemble assez à la
précédente, mais on peut la reconnaître à sa teinte
olivâtre, à son bec qui est plus large que haut et à
la belle teinte orange qui le colore intérieurement.
Longueur , 15 centimètres, le *mâle* et la *femelle*.

Point dans Buffon.—La Verderolle nous visite au printemps et reste dans le pays jusque vers la fin de septembre. On la trouve dans les lieux humides et ombragés par
des arbres ; elle vit aussi au bord des marais dans lesquels
elle place son nid. Je l'ai trouvé aussi plusieurs fois entrelacé à des tamaris. Quant à son vol et à ses mouvemens ,
elle ne diffère pas de l'Effervatte avec laquelle il est facile
de la confondre. Cette espèce se rencontre en France et
dans quelques provinces de l'Europe.

BEC-FIN CETTI. — *SYLVIA CETTI*. (Marmora.)

Nom du pays : *Bouscarido*, *Roussignóou bastar*.

COLORATION. — Toutes les parties supérieures de couleur brun foncé; un peu nuancé de roux; un trait cendré en forme de sourcils; la gorge, le devant du cou et le milieu de la poitrine blancs; flancs roussâtres; queue brune à pennes étagées; elles sont larges et ne sont qu'au nombre de dix. Longueur, 15 centimètres.

LA BOUSQUERLE DE PROVENCE, Buff. — La Fauvette Cetti est sédentaire dans notre pays, mais ne reste pas toujours dans le même canton. Tantôt tel endroit qui en nourrissait les voit tout-à-coup diparaître pour y revenir après, car, à l'exemple du rossignol, il est rare que chaque printemps ne ramène pas une paire de ces oiseaux dans le même lieu où d'autres se sont multipliés. Le nid de la Fauvette Cetti est toujours très-difficile à découvrir parce qu'elle le place dans de gros buissons qui ont les pieds dans l'eau. Cette année j'ai pu cependant m'en procurer un sur les bords d'un marais; il est fait avec beaucoup de soin, peu large, mais profond; l'intérieur est soigneusement garni de la fleur du chardon et de quelques crins. Les œufs, au nombre de quatre, sont d'un rouge de brique un peu foncé, *sans aucune tache*. Ainsi, il est inexact que le nid de LA CETTI soit négligemment construit et que les œufs aient des taches, ainsi que quelques auteurs l'ont avancé.

BEC-FIN DES SAULES. — *SY. LUSCINOIDES.* (Savi.)

Nom du pays : *Bisquerlo ou Bousquarido**.

COLORATION. — La couleur générale de cette fauvette est d'un châtain tirant sur l'olivâtre, sans taches; quelques individus sont marqués par des ondes
peu apparentes et transversales ; les plumes des joues
et des oreilles un peu blanchâtres le long de leur tige.
Longueur, 13 centimètres, les *deux sexes.*

Point dans Buffon. — Cette espèce de Bec-Fin que je
n'avais pas encore vue lors de la publication de *l'Ornithologie du Gard*, habite nos marais ; elle préfère les lieux
entourés d'eau un peu élevés et couverts de broussailles
ou de tamaris. Ainsi que le dit Roux, elle ressemble à la
Fauvette Cetti, mais elle est plus petite ; je l'avais prise moi-
même pour une variété d'âge de cette espèce.

BEC-FIN A MOUSTACHES NOIRES. — *S. MELANOPOGON.* (Temm.)

Nom du pays : *Bisquerlo, Trâouquo-Bartas.*

COLORATION. —D'un brun châtain en dessus, avec
quelques traits noirs ou noirâtres ; gorge et bas du
ventre blancs ; un trait de cette couleur au-dessus
des yeux, une espèce de moustache noire couvre le
lorum; dessus de la tête noir ; flancs et couvertures
inférieures de la queue lavés de roussâtre ; pieds
bruns, iris noisette. Longueur, 13 centimètres.

* En général, toutes nos fauvettes sont confondues chez nous sous
ces noms.

Point dans Buffon. — Ce bec-fin est une de ces espèces d'oiseaux qui n'émigrent point ; il habite toujours au milieu des jonchaies, les endroits marécageux, ou sur les buissons qui les entourent ; il escalade les cannes en faisant entendre un cri que l'on peut rendre par les syllabes *kre, kre.*

Le Bec-fin à Moustaches Noires n'habite que les contrées les plus méridionales du Portugal, de l'Espagne, de la France et de l'Italie. On prétend que ses œufs sont d'un blanc bleuâtre. Cette espèce est peu commune.

BEC-FIN CISTICOLE. — *S. CISTICOLA.* (Temm.)

Nom du pays : *Montâouciel, Castagnole.*

COLORATION. — Cette petite espèce a le fond du plumage jaunâtre, mais les parties supérieures sont couvertes de traits noirâtres longitudinaux ; ils sont très-épais sur la tète ; ailes noirâtres, bordées de fauve ; gorge et milieu du ventre blanchâtres ; flancs fauves ; pennes de la queue étagées avec une tache noire vers le bout, mais terminée par du blanchâtre en dessous et par du fauve en dessus ; mandibule supérieure brune, l'inférieure plus claire. Longueur, 12 centimètres.

Inconnu à Buffon — Ce petit sylvain nous vient au printemps et nous quitte en automne ; il fixe sa demeure dans le voisinage des étangs et des marais et même dans les dunes qui bordent la mer. Il aime les endroits couverts çà et là par des broussailles sur lesquelles il se pose quand il descend de son ascension, car il s'élève en l'air et s'y soutient longtemps en volant par petits ricochets et sans cesser de pousser son cri d'appel *czin, czin,* que l'on entend de fort loin. Son nid est artistement entrelacé aux joncs et a la forme d'une quenouille*.

DEUXIÈME SECTION.

SYLVAINS.

Le plus grand nombre habite les bois ; d'autres vivent indifféremment dans les champs , les haies et les jardins. C'est parmi les *Fauvettes* de cette section que se trouvent les espèces dont la voix douce et harmonieuse salue par des accens d'amour le retour du printemps. Leur nourriture consiste en insectes , vers et petites baies sauvages.

BEC-FIN ROSSIGNOL. — *SYLVIA LUSCINIA* (Lath.)

Nom du pays : *Roussignôou.*

COLORATION. — La livrée du plus beau chantre de la nature est peu variée ; toutes les parties supérieures sont d'un brun roux ; mais la queue est d'un roux de rouille ; devant du cou et ventre blanchâtres ; poitrine et flancs cendrés. La *femelle* ressemble au *mâle*. Je possède une *variété* qui est du plus beau blanc uniforme avec les yeux rouges. On en voit quelquefois qui sont plus ou moins marqués par des taches blanches ou cendrées. Longueur , 17 centimètres.

LE ROSSIGNOL , Buff. — Tout le monde connaît la voix large , douce , flexible et accentuée du Rossignol , et l'on

---

* Voyez l'*Ornithologie du Gard* , pour de plus amples détails sur cette espèce.

sait aussi qu'il aime à venir fixer sa demeure d'été dans les endroits les plus rapprochés de l'habitation de l'homme. On dirait qu'il est jaloux de faire entendre sa belle voix ; cependant, il est peu de cantons où le Rossignol ne se répande ; il semble que la nature ait voulu que son chantre le plus mélodieux animât tous les lieux par ses amoureux concerts.

Le Rossignol s'habitue vite en cage ; on le nourrit au moyen d'une pâtee qu'on lui fait ou avec de la chair coupée menue, et surtout avec des vers de farine dont il est friand, ainsi que de chrysalides de vers-à-soie desséchées. M. Lesson indique la suivante qui lui convient beaucoup : c'est une pâtée que l'on fait avec un mélange de mie de pain, de chenevis broyé, du bœuf bouilli et haché avec peu de persil ; on y ajoute de temps en temps un jaune d'œuf dur ; on lui donne aussi deux fois par jour une vingtaine de vers de farine que l'on a soin de couper par le milieu.

Ce sylvain nous quitte en automne pour ne revenir que dans les premiers jours d'avril ; il émigre en Syrie.

BEC-FIN PHILOMÈLE. — *S. PHILOMELA.* (Bechst.)

Nom du pays : *Roussignóou déï gros.*

COLORATION.— Cette espèce ressemble beaucoup au rossignol, mais elle en diffère par une taille plus grande et par la couleur de son plumage qui est plus terne en dessus ; la poitrine est d'un gris clair avec des teintes plus foncées ; la queue est moins colorée de roux. Sa longueur est de 17 centimètres.

Point dans Buffon. — Le Bec-fin Philomèle est ici confondu avec le précédent, mais quelques amateurs de

Rossignols savent pourtant qu'il est plus gros et que sa voix a plus d'étendue ; aussi le recherchent-ils pour l'élever en cage. Ses habitudes sont à peu près les mêmes que celles du Rossignol ; on trouve le sylvain dont nous parlons dans les endroits ombragés et très-humides, surtout le long des lisières des bois entourés de ruisseaux.

Cette espèce, qui est assez rare en France, habite plusieurs provinces du centre de l'Europe. On dit qu'elle est assez commune en Espagne.

BEC-FIN ORPHÉE. — *SY. ORPHEA.* (Temm.)

Nom du pays : *Grosso Testo négro, Grosso Mouscarelol.*

COLORATION.— La tête et les joues noirâtres ; cette couleur se fond sur le dos qui est d'un gris cendré, gorge d'un blanc pur ; poitrine blanche un peu rosée sur son milieu ; les pennes de chaque côté de la queue blanches, les autres noires ; iris jaune clair. Longueur environ, 17 centimètres.

LA FAUVETTE, Buff. — Ce grand sylvain nous visite régulièrement chaque année ; il arrive dans les premiers jours d'avril et se répand aussitôt dans les bois touffus et surtout sur leurs lisières, où il se tient soigneusement caché parmi les bouquets des feuilles de chêne. Il recherche également les olivettes des endroits accidentés, et place son nid dans la bifurcation des jeunes oliviers. Sa voix est très-forte et vous trompe souvent parce qu'elle semble changer de direction, malgré que l'oiseau reste à la même place. Mais une chose bien singulière, c'est que j'ai presque toujours trouvé le nid de la *Pie-grièche à tête rousse* à quelque distance seulement de celui de l'Orphée.

Ce sylvain n'habite que les provinces méridionales de l'Europe. Il n'est pas bien rare chez nous.

FAUVETTE A TÊTE NOIRE.— *SY. ATRICAPILLA.* (Lath.)

Noms du pays : *Testo négro , Ca négrē.*

COLORATION. —Tout le dessus de la tête d'un noir profond ; cou et poitrine d'un gris cendré; toutes les parties supérieures , y compris la queue , d'un cendré teint d'olivâtre ; dessous du corps blanchâtre; tour des yeux blanc; iris noir ; le *mâle.* Longueur, 15 centimètres. La *femelle* ressemble assez au *mâle*, mais le dessus de la tête est roux au lieu d'être noir.

LA FAUVETTE A TÊTE NOIRE , Buff. —La voix du mâle de cette espèce est pleine d'agrément ; elle est douce , flexible et variée, et certains passages ont des modulations semblables à celles du Rossignol : elle peut vivre en cage , moyennant qu'on lui donne les mêmes soins qu'à ce dernier. Ce sylvain est commun dans notre pays à ses passages d'automne et de printemps , il en reste aussi durant l'hiver ; au temps des nichées , nous n'en voyons point aux alentours de Nimes , mais un bon nombre se multiplient dans les endroits les plus élevés du département du Gard. On le trouve dans presque toute l'Europe.

BEC-FIN RAYÉ. — *SY. NISORIA.* (Temm.)

La Fauvette Epervière. (Cuv.)

COLORATION. — La tête et le dessus du corps d'un gris brun cendré; la gorge et le milieu du ventre d'un blanc pur ; toutes les plumes terminées par une petite raie et une autre blanchâtre ; ailes et queue d'un brun cendré; la rectrice latérale terminée

13

par une tache blanche qui s'étend sur la barbe intérieure ; sur la suivante, une tache moins grande ; la
troisième et la quatrième seulement bordées et
terminées intérieurement de blanc ; bec brun ; iris
d'un jaune brillant. Longueur, 16 ou 17 centimètres,
le *vieux mâle*. La *femelle* a le cendré des parties supérieures nuancé de brun ; point de fines raies transversales, brunes et blanches sur les scapulaires et
sur le croupion ; les flancs sont légèrement nuancés
de roussâtre ; les taches, à l'extrémité des pennes
caudales, moins grandes et d'un blncahâtre terne.

Point dans Buffon. — C'est d'après Polydore Roux que
je comprends cette espèce qui se trouve décrite dans son
Ornithologie Provençale. Cet auteur dit que c'est accidentellement qu'elle a été vue en Provence, et, comme ordinairement tous les oiseaux qu'on trouve dans cette province se rencontrent également en Languedoc, j'ai cru devoir la signaler dans la *Faune Méridionale*, puisque mon
intention est de comprendre dans cet ouvrage tous les animaux qui ont été trouvés dans le Midi. Ce bec-fin, que je
ne me suis pas encore procuré ici, est de passage en Piémont, mais son séjour habituel est le nord de l'Europe.

BEC-FIN MÉLANOCÉPHALE. — *SY. MELANOCEPHALA.* (Lath.)

Noms du pays : *Testo négro, Ca négrë.*

Le tour des yeux nu et rougeâtre ; la tête et les
joues noires ; parties supérieures d'un gris ardoisé ;
ailes courtes ; queue noirâtre longue et étagée ; les
trois pennes de chaque côté marquées de blanc ex-
térieureme nt au bout ; iris châtain. Longueur, 15

centimètres, le *mâle*. La *femelle*, au lieu d'une calotte noire sur la tête, a du gris obscur ; toutes
les autres parties sont d'un brun roussâtre ; le tour
nu des yeux est rouge clair, comme chez le *mâle*.

Point dans Buffon. — Ce bec-fin, qui est particulier aux
contrées méridionales, habite nos bois et nos garrigues, recherche toujours les lieux fourrés ou couverts de buissons;
il est d'un naturel vif et léger, et rarement on le voit à
découvert ; sa voix est forte, quand il fait entendre son
cri d'appel *cre*, *cre*, *cre* ; le chant du mâle est doux et
grassillant. Cette Fauvette voyage peu, et je puis assurer que rarement elle abandonne le canton qu'elle s'est
choisi. Il existe un endroit couvert d'arbustes et de broussailles situé à quarante pas de ma demeure, j'y ai toujours vu deux paires de *Melanocéphales*, sans compter les
jeunes qui changent de lieux, une fois capables de se passer de leurs parens. J'ai trouvé le nid de cette espèce dans
les cyprès et arbustes du jardin de notre Fontaine, quelquefois dans le même buisson que le Rossignol.

BEC-FIN GRISETTE. — *SY. CINEREA*. (Lath.)

Noms du pays : *Bouscarido*, *Bousquerlo*, *Mousquet*.

COLORATION. — L'espace entre le bec et l'œil et le
sommet de la tête cendrés; le reste du plumage est
d'un cendré fortement teint de roussâtre ; la gorge
et le milieu du ventre blanc pur ; (*au printemps*, on
voit sur la poitrine une légère teinte de rose); les
ailes d'un brun noirâtre ; leurs couvertures bordées
de roux vif; la queue, qui est brune, a les deux
pennes latérales en partie blanches. La *femelle* diffère peu du *mâle*. Longueur, 15 centimètres.

La Fauvette Grise , Buff. — Cette Fauvette habite presque tous les lieux , elle recherche surtout les arbres qui
bordent les chemins et la lisière des bois. Le mâle fait
entendre son chant en volant d'un endroit à l'autre ; il
aime à se poser à l'extrémité des arbres , et craint peu
l'approche de l'homme. La Grisette place son nid dans
les touffes épaisses du bord des fossés ou dans les haies.
On la trouve dans toute l'Europe. Ici , elle arrive au printemps et repart en septembre.

BEC-FIN FAUVETTE. — *SY. HORTENSIS.* (Bechst.)

Noms du pays : *Bisquerlo , Bousquarido.*

Coloration. — Le plumage supérieur de cette
espèce est d'un gris cendré lavé de vert olive ; tour
de l'œil blanc; gorge blanchâtre; poitrine et flancs
d'un gris roussâtre ; pennes des ailes et de la queue
d'un brun clair ; bec et pieds de cette couleur ; iris
brun. Longueur, 15 centimètres.

La Petite Fauvette , Buff. — C'est au mois d'avril que
le Bec-Fin Fauvette arrive dans nos contrées, qu'elle abandonne de nouveau dès les premiers jours d'octobre. Elle
fréquente les lieux couverts et voisins des eaux. Les bosquets et les taillis de nos vergers conviennent également à
ses goûts. On la voit quelquefois sur nos figuiers au moment de son passage d'automne. Le chant du mâle est
doux, varié et assez étendu. Ce Bec-Fin niche dans les charmilles et les taillis , souvent aussi sur les arbrisseaux. On
ne le trouve point dans toutes les contrées de l'Europe , et
pousse ses migrations jusqu'en Asie et en Afrique.

BEC-FIN BABILLARD. — *SY. CURRUCA.* (Bechst.)

Nom du pays : *Bousquerlo.*

Coloration — La Fauvette Babillarde ressemble
du premier abord à la Grisette ; mais elle en diffère
par le joli gris tirant au bleuâtre des parties supérieures : cette couleur est plus sombre sur la tête et
derrière l'œil ; le dessous du corps est d'un blanc qui
se nuance en grisâtre sur les côtés de la poitrine et du
ventre ; les ailes sont brunes, bordées de cendré
brun ; la queue, qui est noirâtre, a du blanc sur les
trois pennes extérieures ; bec et iris brun. Longueur,
14 centimètres. La *femelle* diffère peu du *mâle*.

La Fauvette Babillarde, Buff. — C'est à cause du
chant du mâle, que l'on peut comparer à un babil continuel, que Brisson imposa le nom de *Babillarde* à cette
fauvette. Plus craintive que bien d'autres, elle se tient
ordinairement loin des habitations ; elle préfère les endroits épais, peu fréquentés et voisins d'un ruisseau.
Quelques-unes habitent les bosquets peu éloignées des
métairies, mais plus rarement. Cette espèce, qu'on rencontre dans une partie de l'Europe et en Asie, reste dans
notre pays depuis les premiers jours d'avril jusqu'en automne. Elle niche dans les buissons.

BEC-FIN A LUNETTES. — *SY. CONSPICILLATA.* (Marm.)

Nom du pays : *Tràouco bartas**, *Bouscarido* **.

Coloration. — Le *mâle* a l'espace entre le bec

* *Perce buissons.*
** *Habitant des bois.*

et l'œil noir ; joues et sommet de la tête d'un cendré pur tirant au bleuàtre ; tour des yeux blanc ; derrière du cou et dos cendrés ; ailes noirâtres, fortement bordées de roux ; gorge et côtés du cou blancs ; poitrine et flanc d'un roux vineux ; queue noirâtre, avec du blanc sur les trois pennes extérieures ; bec noirâtre et jaune à la base de la mandibule inférieure ; iris brun. Longueur , 12 centimètres.

La *femelle* diffère du *mâle* par des teintes moins pures[*].

Inconnu de Buffon. — Ce petit Sylvain est encore une de ces espèces qui ne visitent jamais que les contrées les plus méridionales. Il arrive chez nous du 10 au 15 avril et nous quitte vers la fin de septembre. Il habite les pays incultes et les bois peu épais, recherche le versant des collines, et les lieux où se trouvent des buissons. Quelques-uns se répandent dans les dunes et dans le voisinage des étangs, là seulement où croissent quelques broussailles. Le cri que jettent le mâle et la femelle est *trrhr, trrhr* ; mais le premier a un joli petit ramage qu'il fait entendre au printemps. Son nid est placé au pied des petits buissons. Ses œufs sont au nombre de 4 ou 5, presque arrondis, d'un blanc grisâtre ou blanchâtre, marquetés de petites taches brunes, plus ou moins nombreuses, mais souvent très-rapprochées sur le gros bout où elles forment une zone.

BEC-FIN PITCHOU. — *SY. PROVINCIALIS.* (Gml.)

Noms du pays : *Bisquerlo, Bousquarido.*

COLORATION. — La couleur du plumage supérieur

[*] Voyez l'*Ornithologie du Gard.*

du Pitchou est d'un cendré foncé ; la gorge, la poitrine et les flancs d'un ferrugineux obscur (au printemps), dans les autres saisons, cette couleur se change en couleur de brique ou de lie de vin ; queue noirâtre, longue et étagée ; les pennes de chaque côté blanches à leur extrêmité ; le cercle qui entoure les yeux est de couleur orange ; iris d'un jaune un peu rougeâtre. Longueur, 14 centimètres.

La *femelle* diffère du *mâle* par des teintes plus pâles ; et l'on voit sur la gorge de fines raies blanchâtres.

LE PITCHOU, Buff. — Cette espèce se tient toujours dans les bois couverts de bruyères et de genêts ; d'un naturel vif et pétulant, il ne reste jamais à la même place, et disparaît souvent sans qu'on le voie, parce qu'il court à terre ou vole très-bas, mais il va bientôt se poser à l'extrêmité d'une broussaille, en poussant son cri favori, *pchâa*, *pchâa*, tout en relevant fortement sa longue queue. Le mâle a un petit ramage qui a du rapport avec celui du *Bec-Fin à Lunettes*. Ce sylvain ne quitte jamais nos contrées, mais ne se trouve pas dans beaucoup des provinces de la France, et jamais dans le Nord.

BEC-FIN PASSERINETTE. — *SY. PASSERINA.* (LATH.)

Noms du pays : *Bisquerlo*, *Bousquarido*.

COLORATION. — Ce joli sylvain a toutes les parties supérieures d'un cendré couleur de plomb inclinant au bleu ; toutes les parties inférieures d'un roux de brique ; un trait en forme de moustache et milieu du ventre blancs ; ailes noirâtres bordées de roussâtre ;

la queue, qui est également noirâtre, a du blanc sur les trois pennes extérieures ; tour des yeux rougeâtre ; iris jaune foncé. Longueur, environ 14 centimètres, *le mâle au printemps.*

La *femelle* diffère par des couleurs plus ternes ; le blanc de chaque côté du bec est peu apparent.

LA PASSERINETTE, Buff. — C'est toujours dans les bois, et surtout dans ceux des pays montueux, au milieu des grosses touffes de chênes qui sont à leurs pieds couverts de broussailles, que se tient cet oiseau ; rarement on le voit à découvert, car, dès qu'on veut l'approcher, il plonge comme un trait dans le plus épais des fourrés ; bientôt après le mâle fait entendre son petit ramage tout en escaladant de branche en branche jusqu'à la cime de l'arbre pour disparaître de nouveau. La femelle préfère se tenir dans les broussailles ou sur les branches basses, d'où elle appelle le mâle qui lui répond par les mêmes syllabes, *ké, ké, ké, ké.*

Ce Bec fin, qui est propre aux pays méridionaux, arrive chez nous vers les premiers jours d'avril, et nous quitte en automne. Il niche dans les fourrés épais, où il a soin de bien cacher son nid *.

BEC-FIN ROUGE-GORGE. — *SY. RUBECULA.* (LATH.)

Nom du pays : *Barbo-rousso, Rigdou, Papa-rous.*

COLORATION. — Cette fauvette, qu'il est facile de reconnaître à la première vue, a tout le dessus du corps d'un gris brun teint d'olivâtre ; le front, le tour des yeux, la gorge et la poitrine d'un roux ar-

---

* Voyez l'*Ornithologie du Gard*, p. 138 et 139.

dent; flancs d'un cendré olivâtre ; ventre blanc ; iris d'un noir brillant. Longueur, 16 centimètres.

La *femelle* ressemble beaucoup au *mâle*. On trouve des individus qui ont du blanc ou du gris sur diverses parties du plumage. Je possède dans ma collection deux de ces *variétés*.

LE ROUGE-GORGE, Buff. — Cette Fauvette aime le voisinage des habitations de l'homme. Les jardins, les haies et les vergers sont les endroits qu'elle recherche, ce qui ne l'empêche point d'habiter les bois et les champs ; dès la première aurore, on l'entend pousser son cri d'appel, prononcé d'un ton triste; mais le mâle, même en hiver, fait entendre un chant fort agréable. Cet oiseau est répandu dans toute l'Europe ; nous le voyons ici depuis le mois de septembre jusqu'au printemps.

BEC-FIN GORGE-BLEUE. — *SY. CYANECULA.* (MEYER.)

Noms du pays : *Bisquerlo*, *Papa-blú*.

COLORATION. — Ce joli sylvain a le dessus du corps d'un cendré brun, un peu roussâtre sur les joues; sourcils blancs; gorge et devant du cou d'un blanc d'azur; au centre de cette couleur est une tache d'un blanc pur; la partie inférieure de la plaque bleue est bordée de noir qui est lui-même suivi d'une bande rousse ; les autres parties inférieures blanchâtres ; teint de roussâtre sur les flancs; la queue est rousse à sa partie supérieure, et d'un

---

* Je donne à cette espèce le nom de *Syanecula*, en laissant à la suivante celui de *Suecica*, proposé par Meyer et indiqué par M. Temminck, vol. 3, p. 143.

brun noirâtre sur le reste. Longueur, 17 centimètres, le *mâle*.

La *femelle* ressemble au *mâle* quant aux parties
supérieures ; le cou a de chaque côté une raie longitudinale noirâtre qui se réunit sur le haut de la poitrine en un large espace noirâtre teint de cendré. Les
vieilles femelles ont quelquefois la gorge d'un bleu
très-clair.

LA GORGE-BLEUE, Buff. — La Fauvette Gorge-bleue
est de passage deux fois l'année dans notre pays : en septembre et en avril. C'est surtout à cette dernière époque
qu'elle est plus commune ; on les voit souvent par paires
le long des fossés couverts d'eau, au bord des rivières, et
quelquefois en grand nombre autour des marais, parmi
les tamaris et les plantes aquatiques. Le mâle fait entendre
un ramage qui ne manque pas d'élégance ; il le redit tantôt posé, tantôt en s'élevant dans l'air. Mais cet oiseau
préfère se tenir à terre et courir à travers les herbes humides pour y découvrir les petits vers et insectes. Cette
espèce habite toute l'Europe.

BEC-FIN GORGE-BLEUE A MIROIR ROUX.

SYLVIA SUECICA. (Temm.)

COLORATION. — Cette belle fauvette ressemble
beaucoup à la précédente, mais au lieu d'avoir une
tache blanche sur le milieu de la poitrine, cette
couleur est remplacée par du roux ardent ; le bleu
qui l'entoure est plus clair et plus lustré, et le noir
qui est au bas des pennes de la queue est plus profond. Longueur, 15 centimètres.

Point dans Buffon. — La Gorge-Bleue à miroir roux,
dit M. Temminck, est une variété constante ou espèce
propre aux contrées du nord de l'Europe, et qui diffère
de celle de nos climats à-peu-près de la même manière
que le *Moineau cisalpin* diffère constamment de *notre*
Moineau commun. Quoi qu'il en soit, ce sylvain, qu'on dit
ne point s'écarter des régions froides, nous visite quelquefois ; les sujets de ma collection ont été tués dans nos
environs, et encore cette année, au printemps, j'en ai
tiré un dans notre plaine. Cette espèce est aussi confiante
que la précédente, et ses habitudes sont les mêmes.

BEC-FIN ROUGE-QUEUE. — *SY. THITYS* (Scopoli.)

N. du pays : *Ramoûnur* (le mâle), *Quo-rousso* (la fem.)

Coloration. — Toutes les parties supérieures d'un
cendré bleuâtre ; front, joues, gorge et poitrine d'un
noir profond ; la queue et ses couvertures d'un roux
ardent, excepté les deux pennes du milieu qui sont
brunes ; l'abdomen blanchâtre ; iris, bec et pieds
noirs.

La *femelle* a toutes les parties plus ternes et point
de noir sur la poitrine. Longueur, 15 centimètres.

Cette Fauvette se plaît dans les endroits élevés et pierreux, ainsi que le long des rivières bordées de rochers ;
souvent aussi, cet oiseau aime à se poser sur le haut des
masures et sur les cheminées des maisons de campagne peu
fréquentées ; c'est à cause de cette habitude qu'on lui a
imposé ici le nom de *ramoûnur* (ramoneur). Cette espèce
arrive chez nous en automne et nous abandonne au printemps. Elle est rare dans le nord de la France.

BEC-FIN DE MURAILLES. — *SY. PHOENICORUS.* (Lath.)

Nom du pays : *Quo-rousso.*

COLORATION. — Front, sourcils, d'un blanc pur ; une petite bande sur le haut du bec, espace entre celui-ci et l'œil, gorge et devant du cou d'un noir profond ; toutes les parties supérieures d'un cendré bleuâtre foncé ; poitrine, flancs, croupion et queue d'un roux vif ; mais les deux pennes du milieu brunes, du blanc sur le ventre ; iris noir. Longueur, 14 centimètres.

La *femelle* ressemble à celle de la fauvette thitys, mais les *très-vieilles* ont la gorge noirâtre marquetée de roussâtre.

LE ROSSIGNOL DE MURAILLES, Buff. — Cette espèce est assez nombreuse dans le Midi à l'époque de ses passages, dont l'un a lieu au printemps et l'autre en automne ; quoiqu'elle se plaise à se poser sur les vieux édifices, on la voit plus communément dans l'intérieur et sur les lisières des bois. Souvent aussi l'on rencontre des individus isolés, le long des fossés bordés d'arbres, qui fuient à petite distance au fur et à mesure que l'on avance vers eux.

C'est au printemps que le mâle fait entendre un ramage mêlé d'accens tristes, surtout le soir et de grand matin. Ce Bec-Fin ne fréquente point les trous de murailles comme son nom pourrait le faire croire. On le trouve dans toute l'Europe ; il n'en niche pas dans nos environs.

TROISIÈME SECTION.

MUSCIVORES.

Ils se nourrissent généralement de mouches et de cousins qu'ils saisissent au vol, ou qu'ils enlèvent de dessous les feuilles ; le plus grand nombre habite les bois et les champs ; plusieurs vivent également au bord des marais.

BEC-FIN A POITRINE JAUNE. — *SY. HIPPOLAIS.* (Lath.)

Nom du pays : *Tui-Tui.*

COLORATION. — Ce muscivore a toutes les parties supérieures d'un cendré nuancé de verdâtre ; les inférieures d'un jaune pâle, tendant au gris sur les flancs ; tour de l'œil, sourcils et le pli de l'aile jaune ; la queue brune lisérée de gris verdâtre ; dessus du bec d'un gris brun ; blanc jaunâtre en dessous ; pieds d'un brun clair. Longueur, 15 centimètres.

La Fauvette des Roseaux, Buff. — Ce Bec-Fin est extrêmement commun en France et ici ; on le trouve dans tous les lieux ; les bois, les jardins, les champs et le voisinage des marais nourrissent cet hôte, pourvu qu'il s'y trouve quelques arbres où le mâle puisse se poser pour chanter. Son nid, qui est bien construit, est souvent attaché aux ronces qui couvrent les fossés. Le père et la mère ont tellement d'attachement pour leur progéniture, que, dernièrement, leur ayant enlevé un nid, ils me suivirent fort longtemps d'arbre en arbre, tout en faisant entendre un cri de colère, qu'on pourrait rendre par les syllabes *trrrou, trrrou,* et semblaient vouloir braver tout danger pour le ravoir. Cet oiseau habite toute l'Europe. Il nous quitte en hiver.

BEC-FIN SIFFLEUR. — *SY. SIBILATRIX*. (Bechst.)

Nom du pays : *Trâouquo-Bouissoûn*.

COLORATION. — Toutes les parties supérieures d'un beau vert jaune ; les sourcils, le devant du front, les joues, la gorge et le haut de la poitrine jaunes ; dessous du corps d'un blanc pur ; les pennes des ailes et de la queue noirâtres, liserées d'un gris verdâtre.

La *femelle* a des couleurs moins vives. Longueur, 15 centimètres, les *deux sexes*.

Point dans Buffon. — Cette espèce est moins commune dans le Midi que la précédente ; elle préfère les bois aux champs découverts et se plait sur les arbres de haute futaie qui se trouvent sur les bords du Rhône, et dans les grands parcs. Ce Sylvain se pose ordinairement sur les rameaux les plus élevés, d'où il fait entendre son petit ramage qui commence ainsi : *s, s, s, s, r, r, r, r, fid, fid, fid*. Nous le trouvons chez nous depuis le mois d'avril jusqu'en octobre.

BEC-FIN ICTERINE. — *SY. ICTERINA*. (Vieill.)

Nom du pays : Confondu avec les autres *Muscivores*.

COLORATION. — Le sommet de la tête et toutes les parties supérieures d'un olivâtre sans mélange ; espace entre le bec et l'œil d'un gris un peu olivâtre ; une ligne jaune, partant de la naissance des narines, passe au-dessus des yeux et se prolonge au-delà ; côtés, devant du cou, joues, poitrine et flancs d'un jaune un peu plus clair distribué en mèches séparées et longitudi-

nales.; milieu du ventre blanc avec de petites mèches
jaunes; bord extérieur de l'aile de cette couleur;
gorge d'un blanc jaune ; les ailes et la queue d'un
brun cendré ; les pennes sont légèrement bordées d'o-
livàtre clair , mais terminées par du cendré blan-
chàtre; *queue assez fourchue à son centre* ; les pennes finement frangées d'olivàtre extérieurement ; bec
court , peu pointu , déprimé à sa base ; d'un brun
plus foncé en dessus qu'en dessous ; pieds et ongles
de cette couleur; yeux bruns , le *mâle au printemps*.
Longueur , 15 centimètres environ.

Point dans Buffon. — Ce Bec-Fin, dont on compte encore
les quelques sujets des collections , n'est point mentionné
dans l'*Ornithologie du Gard*. Cette espèce est peu répandue.
M. Cantraine dit cependant en avoir tué plusieurs en Hollande. Mais cet habile observateur , malgré bien des recherches dans les marais d'Ostia (Italie) , ne put se procurer qu'un seul individu , qu'il tua voltigeant au-dessus des
roseaux. Depuis que j'ai eu connaissance de ce fait , j'ai
toujours pensé que cette rare espèce devait aussi se trouver dans nos contrées marécageuses , et mes prévisions se
sont réalisées, puisque je m'en suis procuré un durant l'été
dernier , tandis qu'un autre individu se trouvait parmi les
Muscivores de ma collection ; en effet , depuis plus de trois
ans , je possédais l'*Ictérine* sans m'en douter , car , à
l'exemple de plusieurs naturalistes , je la prenais pour un
Pouillot, avec lequel il est facile de la confondre si on
l'examine séparément. J'ai tué ces oiseaux dans le voisinage
de nos marais et sur les bords du Rhône , parmi les saussaies. Ce Bec-Fin est peut-être plus commun ici que je ne
l'avais cru d'abord. Il habite donc la Hollande, les États-
Romains et la France, toujours dans les lieux humides.

C'est le *Beccafigo itterino* du prince Charles Bonaparte
(*Fauna italica*.)

BEC-FIN POUILLOT. — *SY. TROCHILUS*. (Lath.)

Nom du pays : *Tuit-Tuit*, *Tráouquo-Bouissoún*[*].

COLORATION. — Toutes les parties qui recouvrent
le dessus du corps, y compris la tête, sont d'un olivâtre clair, une raie d'un jaune pâle passe au-dessus
des yeux ; du jaune pur sur le fouet de l'aile ; tout
le dessous du corps d'un jaune blanchâtre ; bec d'un
brun jaunâtre ; iris brun.

La *femelle* a des couleurs moins prononcées que
le *mâle*. Longueur, 12 centimètres.

LE POUILLOT ou CHANTRE, Buff. — Tout le monde peut
reconnaître cette petite espèce en faisant attention au cri
qu'elle répète souvent étant posée sur l'arbre d'un jardin
ou d'une promenade, et qui peut se rendre par *chuitz*,
chuitz, redit d'un ton plaintif. Le Pouillot est commun
chez nous depuis les premiers jours du printemps jusqu'en
octobre, époque de son départ. On le trouve dans presque
toute l'Europe.

BEC-FIN VÉLOCE. — *SYLVIA RUFA*. (Lath.)

Noms du pays : *Tuit-Tuit*, *Tráouquo-Bartas*.

COLORATION. — Le plumage supérieur de cette
espèce est d'un gris brun nuancé d'olivâtre ; pau-

---

[*] Les noms vulgaires des *Becs-Fins-Muscivores* sont ici très-em-
brouillés ; on fait peu de différence des espèces entr'elles.

pières et un trait jaune sur les yeux ; ventre, flancs et couvertures inférieures de la queue blancs, nuancés de jaune ; gorge blanche ; de petits traits jaunâtres sur la poitrine ; rémiges et rectrices brunes, lisérées de jaune, le *mâle*. Longueur, 9 centimètres.

La *femelle* et les *jeunes* se ressemblent, mais le dessous du corps de ceux-ci est d'un jaune blanchâtre, au lieu d'être nuancé de jaune.

LA PETITE FAUVETTE ROUSSE, Buff. — Ce Bec-Fin est très-familier ; en hiver, on le voit sur les arbres des promenades publiques et dans les jardins ; il sautille à travers les rosiers pour attraper les petits insectes qui s'y attachent ; il aime aussi à se tenir le long des rivières, et fréquente les gros buissons ; ici, nous le voyons lorsqu'il fait bien froid, autour des bassins de notre Fontaine, furetant dans les fentes des murailles pour y saisir les insectes attachés aux toiles d'araignées. Dans les beaux jours, il jette un petit cri ou ramage que l'on peut rendre par *zip, zap, zip, zap*, répété plusieurs fois de suite. Dès le printemps, cet oiseau retourne avec la compagne qu'il s'est choisie dans l'épaisseur des forêts qu'ils avaient abandonnées, pour s'y livrer à la reproduction de leur espèce. Ce *Muscivore* est répandu en France et dans une grande partie de l'Europe.

BEC-FIN DES TAMARIS. — *SY. TAMARIXIS.* (MIHI.)

COLORATION. — Sommet de la tête, derrière du cou, dos, croupion et couvertures supérieures de la queue d'un cendré olivâtre ; côtés de la tête cendrés ; espace entre le bec et l'œil et un petit trait derrière celui-ci d'un brun noirâtre ; gorge, devant du cou

14

blancs, avec quelques stries d'un jaune clair; poitrine et flancs blanchâtres, ces derniers teints de
verdâtre; mais ainsi que la poitrine ils sont marqués
de petites mèches jaunes; le bord des ailes et les couvertures inférieures d'un jaune citron; pennes des
ailes et de la queue d'un brun peu foncé, légèrement
bordées d'olivâtre; pennes caudales d'égale longueur, dépassant les ailes d'environ 2 centimètres;
bec brun, moins fort que chez *le Bec-fin Natterer*,
mais un peu plus large que celui du *Véloce*; tarses
longs de 1 centimètre 7 millimètres, grêles, jaunâtres; doigts et ongles de cette même couleur, les
ongles sont très-minces et longs. Longueur totale, 8
centimètres (*au printemps*).

Ce petit Muscivore, qui n'a pas encore été décrit, fut
trouvé par moi au mois de mai 1843, sur des tamaris qui
bordaient un large fossé le long d'un chemin conduisant
à l'étang de Scamandre, et voisin des marais; il sautillait
de branche en branche au moment où je le tirai, mais je
n'entendis point sa voix, et, comme j'allais le ramasser, il s'en leva un autre que je présumai être de la
même espèce, autant que je pus le reconnaître à sa petite taille, mais comme il fallait franchir un grand
espace rempli d'eau, et que je portais un *flamant* sur
l'épaule, je renonçai, quoique à regret, à le poursuivre à travers des touffes de tamaris dans lesquelles il
s'envola. Malgré le nom que je lui donne ici, il ne faut
pas en conclure cependant que ce Bec-Fin vive seulement
dans les endroits couverts de tamaris, car je suppose bien
qu'il n'était que de passage dans ces lieux.

Remarque. — Les *Pouillots* ou *Muscivores* sont encore

loin d'être bien connus, ces oiseaux ont tellement d'affinité entre eux, qu'il faut en avoir plusieurs sous les yeux pour pouvoir bien les distinguer, et ce n'est qu'en établissant beaucoup de sujets de comparaison qu'on parviendra à déterminer les espèces d'une manière sûre.

M. Jules Ray a décrit dans la *Faune du département de l'Aube*, une nouvelle espèce de *Bec-Fin Muscivore*, sous le nom de POUILLOT A QUEUE ÉTROITE, *Sylvia angusticauda*, découverte dans les environs de Paris par M. Gerbe, qui s'occupe en ce moment d'une monographie de ces petits oiseaux.

BEC-FIN NATTERER. — *SY. NATTEREII* (TEMM.)

Noms du pays : *Trâouquo-Bouissoûn, Fenoui.*

COLORATION. — Le sommet de la tête et le dos d'un cendré brun ; ailes brunes, bordées de verdâtre ; joues grisâtres ; un large sourcil et toutes les parties inférieures d'un blanc pur et lustré ; queue d'un cendré noirâtre, lisérée de verdâtre clair ; le bec est blanc en dessous et brun clair en dessus ; iris noir. Longueur, 9 centimètres.

La *femelle* a le plumage supérieur d'une teinte moins rembrunie.

Point dans Buffon. — Les habitudes de cette espèce diffèrent peu de celles du *Bec-Fin véloce*, avec lequel elle a resté longtemps confondue. MM. Natterer et Bonnelli en ont fait les premiers la distinction. Le passage de l'oiseau qui fait le sujet de cet article a lieu en automne et au printemps, mais je ne sache point qu'il reste l'hiver dans nos contrées.

Cette Fauvette, qui se trouve dans plusieurs départemens de la France, est peu connue dans le reste de l'Europe, excepté en Piémont.

GENRE VINGTIÈME.

ROITELET. — *REGULUS*. (Temm.)

CARACTÈRES. — Les Roitelets ont été séparés du genre *Fauvette*, parce que leur bec n'est point déprimé à sa base et qu'ils sont munis de petites plumes décomposées qui se dirigent sur les narines. Cuvier fait la remarque que ces oiseaux ont le bec en cône, très-aigu et à côtés un peu concaves. Selon M. Temminck, ils forment le passage des *vrais Sylvains* aux *Mésanges*.

ROITELET ORDINAIRE. — *REGULUS CRISTATUS*. (Temm.)

Noms du pays : *Bénéri, Zizi, Ratatas*.

COLORATION. — La tête de ce petit oiseau est ornée d'une espèce de couronne aurore, bordée de noir sur chaque côté ; elle est composée de plumes longues, soyeuses et effilées ; les plumes qui recouvrent les parties supérieures sont d'un vert olivâtre nuancé de jaune ; la gorge et la poitrine sont roussâtres ; bas-ventre blanchâtre ; deux bandes blanches en travers de l'aile ; iris noir ; pieds jaunâtres. Longueur, 8 centimètres, le *mâle*.

La *femelle* a la huppe citron et les teintes générales du plumage plus faibles.

Pour avoir la liste entière des
Becs-fins d'Europe, il faudrait
ajouter, à ceux de Crespon, les suivants:

Bec-fin des oliviers. Syl obscurorum T.
— rubigineux. rubiginosa Tem
riverain — fluviatilis. T.
Trapu. certhiola. Tem
Lancéolé. lanceolata T.
Soyeux. cericea Tem
de Ruppel. Rueppellii T.
Sarde. Sarda. T

Blafard, scita. Dégland
ambigu. elaeica. D.
Botté. saliaria (caligata) D
Guldenstadt. erythrogastra. D.
de Caire. — Cairii. Dégland.

subalpin. subalpina. Tem.
qui au reste est probablement
le même que Passerinette.

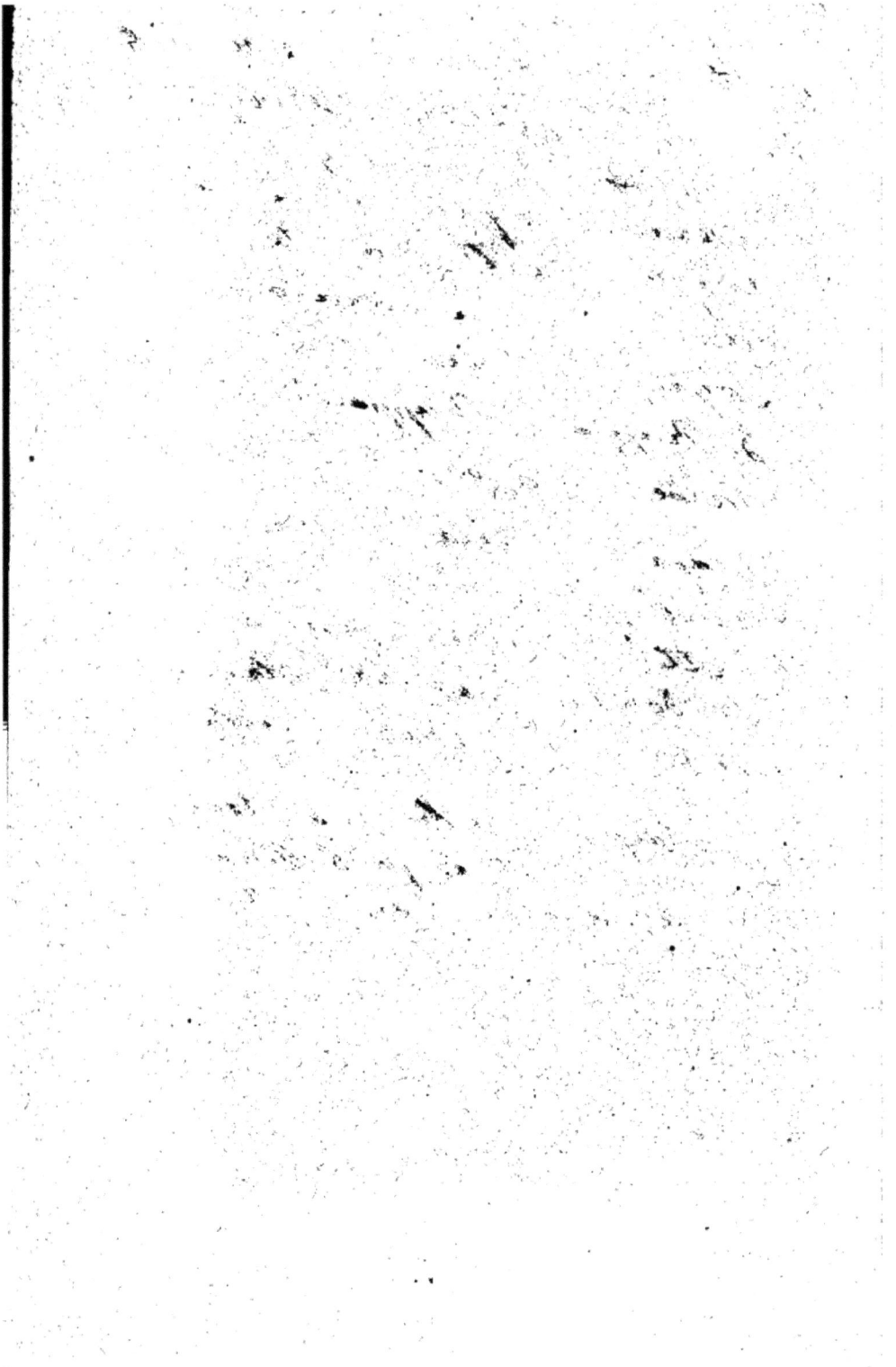

Le Roitelet, Buff. — Dès les derniers jours du mois d'août, le Roitelet commence à se faire entendre dans notre pays, car depuis la fin de l'hiver il s'était retiré dans des contrées situées plus au nord ; à mesure que nous approchons de la saison des frimats, cet oiseau devient plus commun, et bientôt on le trouve dans tous les lieux, jusque sur les arbres et les rosiers des jardins situés au sein des villes. Sa voix perçante peut se rendre par *zi zi zi zi zi zi*, et si l'on cherche à le découvrir on le voit parcourant chaque branche des arbres pour saisir dans les gerçures des écorces les petits insectes qui peuvent s'y trouver cachés. Cet oiseau vit dans toute l'Europe.

ROITELET TRIPLE-BANDEAU. — *R. IGNICAPILLUS.* (Temm.)

Noms du pays : *Bénéri*, *Zizi*, *Ratatas*

COLORATION. — Ce Roitelet, qu'on pourrait confondre avec la précédente espèce, en diffère par la huppe qui est d'un orangé couleur de feu ; les bords des plumes sont noirs ; une bande roussâtre passe sur le front et au-dessus de l'œil ; elle s'étend en blanc pur sur les côtés de la tête ; un trait noir traverse l'œil, mais le dessous de cette partie est blanchâtre ; le reste du plumage est à peu près le même que chez le *roitelet ordinaire*.

Le Roitelet, Buff. — Cet illustre auteur et autres naturalistes ont cru que cette jolie petite espèce n'était qu'une variété de la précédente, mais il est bien reconnu maintenant que ce sont deux oiseaux différens. Celui dont il est question arrive ici en même temps que l'autre et nous quitte à la même époque ; ils habitent ensemble les mêmes

localités, seulement, j'ai cru m'apercevoir que le Triple-
Bandeau préférait les grands arbres des forêts aux autres,
les chênes blancs surtout. Quant aux habitudes, elles sont
lesmêmes. On le trouve dans une grande partie de l'Europe. Les deux espèces ont un joli petit ramage que le
mâle fait entendre durant les beaux jours.

———————

GENRE VINGT-UNIÈME.

TROGLODYTES. — *TROGLODYTES.* (Cuv.)

CARACTÈRES. — Le bec est grêle, fin et sans échancrures, pointu et faiblement arqué.

La dénomination de *Troglodytes* explique parfaitement l'habitude qu'ont ces oiseaux de fréquenter les
petites cavernes et les vieilles murailles dans les
trous desquelles ils aiment à s'enfoncer.

TROGLODYTE ORDINAIRE. — *TROGLODYTES VULGARIS.* (TEMM.)

Nom du pays : *Castagnolo, Trâouquo-Bartas.*

COLORATION. — Les parties supérieures, y compris
la queue, d'un brun roux, légèrement rayé par du
brun, plus foncé sur le dos; une bande blanchâtre
au-dessus des yeux et des joues; parties inférieures
généralement de cette couleur avec de petits traits
bruns sur le ventre et les cuisses; iris noisette; pieds
de couleur livide. Longueur 7 centimètres.

LE TROGLODYTE, vulgairement ROITELET, Buff. — Cet
oiseau, qui nous arrive à l'approche de l'hiver, nous

abandonne dès les premiers jours du printemps ; il a l'habitude de se rapprocher des habitations rurales, et même des jardins situés au milieu des villes. Il aime à fouiller dans leslieux obscurs, le long des murs tapissés de verdure, et dans les piles de bois. Il tient constamment la queue relevée, et ne cesse de faire entendre un petit cri saccadé qui exprime très-bien *tre*, *tre*, *tirit*, *tirit* ; mais le mâle de cette petite espèce a un fort joli ramage qu'il fait entendre dans toutes les saisons. Ce Troglodyte habite toute l'Europe.

GENRE VINGT-DEUXIÈME.

TRAQUET. — *SAXICOLA*. (Temm.)

CARACTÈRES. — Bec plus large que haut à sa base, très-fendu ; mandibule en alène, la supérieure courbée à sa pointe ; quelques poils à la racine du bec.

Le nom de *Saxicole* a été imposé à ces oiseaux par suite de leur goût très-prononcé pour vivre au milieu des rochers et des terrains pierreux. Ils sont d'un naturel vif, remuant, et sont fort rusés. L'Europe en fournit sept espèces : six d'entre elles se trouvent dans notre pays, quatre y sont de passage, les trois autres sont sédentaires. Leur nourriture consiste en insectes et en vers, quelquefois en petites baies sauvages, selon la saison.

TRAQUET-RIEUR. — *S. CACHINNANS*. (Temm.)

Nom du pays : *Merlë de la Quouéto blanco* *.

COLORATION. — Le *mâle* a toutes les parties d'un

---

* *Merle de la queue blanche* ; dénomination assez convenable.

noir profond ; la queue est blanche dans presque toute sa longueur et terminée de noir, excepté les deux pennes du milieu qui sont en entier de cette couleur ; les yeux, le bec et les pieds sont noirs, le *mâle*, *au printemps*. Longueur, environ 18 centimètres.

La *femelle* et les *jeunes de l'année* sont d'un brun cendré ou couleur de suie.

Point dans Buffon. — Le Traquet Rieur est le plus grand de ceux qui habitent l'Europe ; ses habitudes sont celles du *Merle Bleu* et du *Merle de Roche*. Il vit toujours au milieu des roches inaccessibles, et sur le revers des collines pierreuses et accidentées. Méfiant et rusé, il est presque impossible de pouvoir le tirer, excepté le soir, si l'on est à portée de l'endroit où il se retire pour coucher. Il niche dans les trous des vieux édifices inhabités, voisins des montagnes, ou dans les petites cavernes. Ses œufs, au nombre de 3 à 5, sont de forme oblongue ou un peu arrondie, d'un blanc bleuâtre, marqués de quelques points rougeâtres en forme de couronne vers le gros bout.

TRAQUET-MOTTEUX. — *S. ÆNANTHE*. (Bechst.)

Nom du pays : *Quiôu-blan*.

COLORATION. — Toutes les parties supérieures du corps d'un gris cendré pur ; espace entre le bec et l'œil, joues, ailes et parties inférieures de la queue noirs ; front, sourcils, gorge et parties inférieures blancs ; la moitié supérieure de la queue de cette couleur ; poitrine roussâtre ; bec, iris et pieds noirs, le *mâle*. Longueur, 15 centimètres.

La *femelle* est d'un brun cendré en dessus ; le front d'un brun roussâtre ; un trait brun derrière l'œil ; ventre blanchâtre ; poitrine roussâtre ; *en automne*, le plumage des *mâles* et des *jeunes* diffère peu de cette livrée.

LE MOTTEUX ou VITREC, Buff. — Cet oiseau arrive ici au printemps ; son passage est presque toujours inaperçu. Il en niche plusieurs dans le pays, toujours dans les lieux élevés et incultes, voisins des bois. Dès le milieu du mois d'août, l'espèce commence à être commune dans les terres nouvellement labourées, où il court au milieu des sillons pour y saisir les insectes, puis, tout-à-coup, il se pose au-dessus d'une motte, fait quelques mouvemens de tête et de queue et recommence à courir.

Cette espèce est abondante ici jusqu'à la fin du mois de septembre, époque à laquelle elle émigre tout-à-fait dans des contrées plus méridionales. Sa chair est un mets délicat, surtout quand la terre est humide, car il trouve alors une ample nourriture. Il habite toute l'Europe en été.

TRAQUET-STAPAZIN. — *S. STAPAZINA.* (TEMM.)

Noms du pays : *Reynaoubi*, *Pèro-Carmé*.

COLORATION. — Du noir profond à la gorge, aux joues, aux ailes, aux parties inférieures de la queue et sur toute la longueur des deux pennes du milieu de celles-ci ; le reste du plumage est d'un blanc pur ou d'un blanc nankiné, c'est-à-dire que plus on approche de la mue, plus les plumes blanchissent et s'usent à leurs bords ; bec, iris et pieds noirs. Longueur, 15 centimètres ; *en automne*, toutes les parties blanches sont devenues d'un roux vif, et le noir de la gorge est moins pur, selon que la saison est avancée.

La *femelle*, qui ressemble à celle du *Motteux*, s'en distingue en ce qu'elle a la gorge et les joues d'un noir nuancé de grisâtre ou de roussâtre.

LE CUL-BLANC ROUX, Buff. — Ce Traquet, qui est propre au Midi, vit toujours isolément ou par paires; jamais, soit dans notre plaine, soit ailleurs, je ne l'ai vu autrement. Ses passages d'automne et de printemps sont peu nombreux, et s'opèrent presque inaperçus, parce que ces oiseaux voyagent plus de nuit que de jour. Ils nichent dans nos garrigues et sur la lisière des bois des pays montueux, rarement dans les pays plats. Dès la première aube du jour, cet oiseau commence à se faire entendre; il aime à se poser sur les éminences du quartier qu'il habite. Sa voix imite celle de plusieurs autres oiseaux au point de s'y méprendre. Il émigre dans des pays plus méridionaux.

TRAQUET OREILLARD. — *S. AURITA.* (TEMM.)

Noms du pays : *Reynâoubi, Pèro-Carmé.*

COLORATION.—Le *mâle* de cette espèce porte entre le bec et l'œil une bande d'un noir profond qui s'étend sur les oreilles; ailes, pennes du milieu de la queue ainsi que le bout de toutes les autres d'un noir pur et profond; le reste, comme chez l'espèce précédente. Longueur, 15 centimètres.

La *femelle*, dans toutes les saisons, ressemble à celle du *Traquet Stapazin.*

Le Cul-Blanc Roussatre , Buff. — Cette espèce arrive et part en même temps que celle dont nous avons parlé dans l'article précédent. Ses habitudes sont les mêmes , et sa voix ne diffère que parce qu'elle est un peu plus forte. Cet oiseau est moins commun chez nous que le Traquet Stapazin.

TRAQUET TARIER. — S. RUBETRA. (Bechst.)

Nom du pays : Bistratra.

Coloration. — Les sourcils et un trait en forme de moustaches d'un blanc pur ; la moitié de la queue et une tache sur l'aile de cette couleur ; parties supérieures variées de roux et de noir ; les inférieures d'un roux clair ; queue terminée de noir ; les deux pennes du milieu en entier de cette couleur ; iris d'un brun foncé , *au printemps*. Longueur , 11 centimètres.

La *femelle* ressemble au *mâle* , mais elle a des couleurs plus ternes.

Le Grand Traquet ou Tarier , Buff. — Ce joli Traquet habite les bois , les taillis , les lieux incultes et en pentes. Moins farouche que ses congénères , il se laisse approcher de très-près ; toujours en mouvement, qu'il accompagne d'un petit cri , il change bientôt de place et va se percher à l'extrémité de quelque buisson. Il est commun à ses deux passages au printemps et en automne , toujours dans les lieux indiqués plus haut. On le trouve en France et dans toute l'Europe tempérée.

TRAQUET RUBICOLE. — *S. RUBICOLA*. (Bechst.)

Nom du pays : *Bistratra*.

COLORATION. — La tête, la gorge, le haut du dos d'un noir profond ; côtés du cou, une tache sur l'aile et croupion d'un blanc pur ; poitrine d'un beau roux qui passe au blanc roussâtre sur le ventre ; bec et pieds noirs ; iris noirâtre, *le mâle au printemps*. En hiver, le noir de la gorge et du dos est varié de stries rousses, et les autres parties sont moins pures. Longueur, environ 11 centimètres.

La *femelle* a des nuances moins prononcées et mélangées par du blanchâtre et du roussâtre.

LE TRAQUET, Buff. — Cette petite espèce de saxicole est la seule, avec le *Traquet-Rieur*, qui reste dans notre pays toute l'année ; mais indépendamment du petit nombre qui passe l'hiver dans nos bois, nous en avons qui sont de passage et qui s'en vont plus au Midi. D'un naturel vif et gai, on voit cet oiseau sautillant, s'élevant en l'air, retombant ensuite sur l'extrémité de quelque petite branche d'un arbre ou d'un buisson. Il prononce un petit cri qui semble exprimer *ouistratra*, d'où lui vient son nom patois *Bistratra* *. Il est répandu dans toute l'Europe.

GENRE VINGT-TROISIÈME.

ACCENTEUR. — *ACCENTOR*. (Temm.)

CARACTÈRES. — Bec plus haut que large à sa base,

* Voyez l'*Ornithologie du Gard*.

droit, pointu, à bords recourbés en dedans ; mandibule supérieure un peu fléchie à son extrêmité. Les
narines percées au milieu d'une membrane.

Le genre Accenteur ne se compose que de quatre espèces, dont deux se trouvent en Provence et en Languedoc,
durant l'hiver seulement. Leur nourriture consiste en
insectes et en graines. Ces oiseaux habitent les bois et les
pays montagneux. Ils ne sont point farouches, et leur voix
est mélodieuse.

ACCENTEUR DES ALPES. — *ACCENTOR ALPINUS*. (Bechst.)

COLORATION. — Tête et tout le dessus du corps
d'un gris cendré, avec un peu de brun sur le dos en
mêches ; ventre et flancs variés de roux, de blanchâtre et de gris ; gorge émaillée de blanc et de
brun ; ailes d'un blanc noirâtre ; les couvertures terminées de blanc, queue d'un brun obscur ; bec
jaunâtre noir à sa pointe.

La *femelle* diffère peu du *mâle*. Longueur, 18
centimètres.

LA FAUVETTE DES ALPES, Buff. — Cet Accenteur, que
l'on nomme aussi *Pégot*, vit toujours sur les hautes montagnes et les roches escarpées ; les Alpes et les Pyrénées
sont les lieux où on le trouve habituellement ; mais lorsque
la saison d'hiver est trop rigoureuse, il s'en écarte quelques-uns qui viennent jusque dans notre pays. Les rochers du bord du Gardon conviennent à ces oiseaux, car
c'est là seulement que je les ai trouvés dans notre département. Les pays voisins, qui ont des sites montagneux
coupés par des vallées, sont également fréquentés par cette
espèce durant les gros froids d'hiver.

ACCENTEUR MOUCHET.—*A. MODULARIS*. (Bechst.)

Noms du pays · *Passéro* , *Trâouquo-Bouissoûn.*

COLORATION. — Sommet de la tête et bas du cou
cendré avec des taches brunes ; dos , ailes , côtés de
la poitrine et flancs d'un fauve roux , marqués de
taches brunes sur le centre des plumes ; queue brune
bordée de roux ; gorge , devant du cou, poitrine, d'un
gris ardoisé ; milieu du ventre blanchâtre ; bec jaunâtre et brun ; iris d'un brun clair, le *mâle*. Longueur , 14 centimètres.

La *femelle* a plus de taches brunes sur la tête.

Cet oiseau fréquente , en hiver, nos bois, nos vergers et
nos jardins les plus rapprochés des champs. Dès la première aurore, il commence à se faire entendre par un petit
cri d'appel ; mais si le temps est beau , quoique froid , le
mâle redit son ramage , qui est plaintif sans être dépourvu
d'agrémens. Cette espèce est pleine de confiance , et semble
ne point redouter l'approche de l'homme.

On peut élever cet oiseau en cage , et le nourrir avec
une pâtée comme celle qu'on donne au rossignol ; il aime
aussi la graine de chenevis bien pilée. Il habite jusque très-
avant dans le Nord.

GENRE VINGT-QUATRIÈME.

BERGERONNETTE. — *MOTACILLA*. (Linn.)

CARACTÈRES. — Bec cylindrique grêle ; narines
sur le bord d'une membrane ; tarses élevés , minces ;
queue longue ; ailes médiocres.

Ces oiseaux se plaisent dans les prairies et au bord des eaux. Ils aiment à suivre les moutons dans les champs, et se posent quelquefois sur leur dos pour y saisir les insectes qui y sont attachés. C'est ce qui leur a valu 'e nom par lequel on les désigne. Ils remuent perpétuel-lement la queue de bas en haut.

BERGERONNETTE LUGUBRE. — *M. LUGUBRIS.* (PALLAS.)

Nom du pays : confondue avec l'espèce suivante.

COLORATION. — Le front, les joues, le côté du cou, le ventre, l'abdomen et les pennes extérieures de la queue blancs ; gorge, poitrine et tout le dessus du corps, y compris la queue, noirs ; les couvertures des ailes entourées de blanc ; pieds et bec noirs ; yeux jaunâtres (*les deux sexes en plumage complet de printemps*). *En hiver*, la gorge et le devant du cou blancs ; une tache en forme de hausse-col noir sur la poitrine ; les autres parties comme en *été*. Longueur, 19 centimètres,

Point mentionnée dans Buffon. — Cette Bergeronnette est rare en France, surtout dans le Midi ; M. Temminck la dit très-commune au Japon, et fort répandue en Cri-mée ; elle vit en Hongrie et se trouve aussi en Égypte. Ce n'est qu'accidentellement qu'elle vient dans nos contrées et en Italie. Cette espèce n'est point mentionnée dans l'*Or-nithologie du Gard*, parce qu'à l'époque où cet ouvrage a paru je n'avais pas eu l'occasion de me la procurer dans le pays. Depuis lors, deux sujets pris aux filets par mon frère, à l'époque du printemps, sont venus m'attester sa présence dans le Midi. Roux Polydore dit en avoir trouvé une en Provence.

BERGERONNETTE GRISE. — *M. ALBA.* (Linn.)

Noms du pays : *Branla-Quouéto, Galla-Pastrë.*

Coloration.— Occiput , nuque , gorge , poitrine ,
croupion et queue d'un noir profond ; les deux pennes
de cette dernière partie , le front , les joues , côtés
du cou et parties inférieures blancs ; flancs et dos
gris cendré ; du blanchâtre sur les couvertures des
ailes ; bec, iris et pieds noirs , *le mâle au printemps.*

La *femelle* diffère peu de cette livrée.

La parure d'hiver ressemble presque à celle de
l'espèce précédente , mais elle a moins de noir,

La Bergeronnette Grise et la Lavandière , Buff. —
Les Bergeronnettes grises arrivent en automne dans le
Midi et reparaissent au printemps ; un bien petit nombre
niche au bord des rivières de nos pays montueux ; ces oiseaux vont ordinairement par petites troupes durant l'automne , et suivent les bestiaux dans la campagne pour se
nourrir des insectes que leur présence y attire , et qu'ils
s'en vont chercher jusque sur leur dos. Ils ont des mœurs
vives et pétulantes ; on les voit courir ou bien s'élever
par petites volées et retomber en pirouettant ; ils s'appel-
lent souvent en volant. Cet oiseau habite l'Europe depuis
le Midi jusque dans les contrées boréales. Partout il fréquente le bord des eaux.

BERGERONNETTE JAUNE ou BOARULE. — *M. BOARULA.* (Linn.)

Nom du pays : *Berjheïretto , Branlo-Quouéto.*

Coloration. — Gorge et devant du cou noirs ;
deux traits blancs partent de la racine du bec , l'un

passe au-dessus des yeux, l'autre suit de chaque côté
la direction du noir de la gorge ; poitrine et toutes
les parties inférieures d'un jaune jonquille; tête et
cou cendrés ; dessus du corps d'un cendré teint d'o-
livâtre ; queue longue ; les pennes du milieu noirâtres, blanches, bordées de noir extérieurement; bec
brun; pieds rougeâtres; iris brun, le *mâle au prin-*
temps. Les *deux sexes en automne* n'ont plus de noir
à la gorge ; cette partie est alors d'un blanc tirant au
rougeâtre. Longueur, 19 centimètres.

La Bergeronnette Jaune, Buff. — Cet oiseau se montre aux alentours de Nimes, dans les premiers jours de
septembre *, et il devient plus commun à mesure que nous
approchons du mois d'octobre. On voit alors ces Bergeronnettes le long des eaux, courant sur la vase et le limon
pour s'emparer des insectes et des vermisseaux. Le soir
elles se réunissent par petites troupes, se poursuivent en
jetant un petit cri d'appel, et finissent par se retirer dans
un même lieu pour y passer la nuit. Au printemps, elles
regagnent des pays plus élevés ; il n'en reste que fort peu
pour nicher dans nos environs, toujours le long des rivières. Elle habite une grande partie de l'Europe.

BERGERONNETTE PRINTANIÈRE. — *M. FLAVA.* (Linn.)

Noms du pays : *Siblaire*, *Berjheïretto*.

COLORATION. — Tête d'un cendré bleuâtre (quelquefois teint d'olivâtre) ; parties supérieures d'un

---

* ERRATA. — *Lisez* dans l'*Ornithologie du Gard*, p. 173 : Les premiers jours de *septembre*, au lieu d'*octobre*.

vert olivâtre ; une ligne blanche au-dessus des yeux ;
toutes les parties inférieures d'un beau jaune ; les
deux pennes latérales de la queue blanches, les autres noirâtres ; grandes et petites couvertures des
ailes entourées de blanc jaunâtre ; bec noirâtre ; iris
brun. Longueur, 17 centimètres, *livrée du mâle au
printemps*. On trouve des individus qui ont sur la
poitrine des mouchetures noirâtres en forme de
croissant.

La *femelle* a la gorge blanche et des teintes moins
pures. Les *jeunes* ont les parties inférieures d'un
blanc jaune ou d'un blanc sale.

La Bergeronnette de Printemps, Buff. — C'est au
mois d'avril que les Bergeronnettes printanières font
leur passage dans le Midi ; elles arrivent par petites troupes, poussant un cri aigu qui est leur cri d'appel ; elles
visitent les champs découverts, souvent au milieu des
pâturages, pour se nourrir des insectes qui s'y trouvent,
et semblent ne point faire attention au voisinage de
l'homme. Dès le mois d'août, ces oiseaux reparaissent
encore, les jeunes d'abord, les vieux après ; mais, vers
la fin de septembre, ils abandonnent notre pays. Indépendamment de ces deux passages, un grand nombre niche
autour de nos étangs et de nos marais. Cette Bergeronnette habite dans toute l'Europe.

BERGERONNETTE FLAVÉOLE. — *M. FLAVEOLA*. (Gould.)

Nom du pays : Confondue avec l'espèce précédente.

COLORATION. —Tête, côtés du cou, gorge et toutes
les parties inférieures d'un beau jaune jonquille ;

dos, croupion et couvertures supérieures de la queue d'un jaune nuancé d'olivâtre; ailes brunes; avec leurs couvertures bordées de blanc jaunâtre; queue noirâtre; les deux pennes extérieures blanches, avec du noir sur leurs barbes intérieures; la troisième a du blanc le long de la baguette et au bout seulement; bec et pieds noirâtres; iris brun foncé, les *vieux mâles en livrée de noce ou de printemps*. Longueur, 17 centimètres environ.

La *femelle* ne diffère du *mâle* que par des couleurs moins vives et moins pures.

Point dans Buffon. — La Flavéole nous visite au mois de mai et niche dans notre pays. Ses habitudes sont celles de l'espèce précédente, avec laquelle il est facile de la confondre en la voyant dans les champs. Cette Bergeronnette a été trouvée tout récemment pour la première fois par M. Gould, en Angleterre; elle est encore inconnue dans la plupart des pays de la France et de l'Europe. A l'époque où j'ai publié l'*Ornithologie du Gard*, elle n'avait pas encore été décrite comme visitant le continent.

———————

GENRE VINGT-CINQUIÈME.

PIPI. — *ANTHUS.* (Bechst.)

Caractères. — Bec droit, grêle, en alène; les bords fléchis en dedans dans son milieu; une légère échancrure à la pointe; narines à demi-cachées; tarses nus; ongle postérieur plus ou moins arqué,

quelquefois très-long ; ailes à grandes couvertures ;
point de pennes bâtardes.

Bien longtemps les Pipis ont été rangés avec les alouet-
les, quoiqu'ils en diffèrent par plusieurs caractères et par
teurs habitudes. Ces oiseaux se rapprochent davantage des
Bergeronnettes. On trouve sept espèces de Pipis en Europe ; six d'entre elles * visitent nos contrées. Ces oiseaux
se posent rarement sur les branches des arbres.

PIPI RICHARD. — *A. RICHARDII.* (Vieillot.)

Nom du pays : *Prioûlo deï grossos.*

COLORATION. — Parties supérieures brunes, mais
chaque plume entourée de roussâtre ; joues d'un
brun roux ; un trait blanchâtre sur les oreilles, espace entre le bec et l'œil brun ; gorge et abdomen
blancs ; poitrine et flancs d'un blanc roussâtre ; une
lignée de petites taches brunes part du coin du bec
et descend sur les côtés du cou ; des taches semblables sur la poitrine ; queue brune et blanche ; les
deux pennes du milieu bordées de roussâtre ; couvertures des ailes frangées de blanchâtre et de roussâtre ;
tarses longs, forts, couleur de chair ; ongle postérieur très-long, un peu arqué ; bec couleur de corne,
noir à la pointe. Cet oiseau mesure 17 centimètres.

La *femelle* diffère peu du *mâle* **.

Point dans Buffon. — Le Pipi dont il s'agit est le plus

---

* Dans l'*Ornithologie du Gard*, p. 179, lisez : *six espèces*, au lieu
de *sept*.

** Voir l'*Ornithologie du Gard*, p. 179, pour la livrée des *jeunes*.

grand du genre, c'est M. Richard de Lunéville qui en fit
la découverte en Picardie, il n'y a pas bien longtemps
encore. Nous le trouvons chez nous dans les premiers
jours d'octobre ; il se plaît dans les champs de luzernes
nouvellement coupées et dans les terres labourées. Il ne
se perche pas, mais il court très-vite à terre. Cet oiseau se
montre de nouveau en avril, mais il ne s'arrête guère ici.
Peut-être en niche-t-il dans le pays, mais je n'ai pas eu
l'occasion de vérifier ce fait, quoique Roux dise qu'il en
niche en Provence. Le Pipi Richard est peu répandu en
France et en Europe.

PIPI SPIONCELLE. — *A. AQUATICUS.* (Bechst.)

Nom du pays : *Cici deï Gros.*

Coloration. — Parties supérieures d'un gris brun,
plus foncé au centre de chaque plume ; dessous
blanc ; côtés du cou et de la poitrine flambés de
brun clair ; queue d'un brun cendré, du blanc sur
les deux pennes extérieures ; pieds d'un brun marron ; bec noirâtre ; la mandibule inférieure de couleur livide (*les vieux en livrée d'automne et d'hiver*).
Longueur, 17 centimètres.

Au printemps et en été, toutes les parties supérieures d'un joli gris bleuâtre ; dessous du corps d'un
roux rougeâtre ; gorge d'un blanc lavé de roux[*].

C'est l'Alouette Pipi de Buffon. — Cet oiseau nous
visite vers le milieu du mois d'octobre, et se mêle souvent avec les *Pipis Farlouses*, mais on le distingue toujours à sa plus grosse voix, bien qu'il exprime les mêmes

[*] Voyez l'*Ornithologie du Gard*, p. 181.

syllabes *pipi* , *pipi*. Il passe l'hiver dans le Midi, et en repart vers le milieu d'avril. C'est en approchant de cette époque qu'il se rend dans les pays bas , comme aux environs des marais, dans la vase desquels on le voit chercher les vers et les insectes. Le Pipi-Spioncelle est moins confiant que ses congénères , car , dès qu'on veut l'approcher, il se hâte de fuir. Cette espèce habite le Japon et toute l'Europe.

PIPI ROUSSELINE. — *A. RUFESCENS.* (Temm.)

Nom du pays : *Prioûlo.*

COLORATION. — Cet oiseau est de couleur isabelle plus foncé en dessus qu'en dessous ; ailes d'un brun noirâtre avec de larges bordures roussâtres sur les couvertures ; queue de la même couleur que les ailes ; mais les deux pennes du milieu et les deux de chaque côté sont plus ou moins entourées de blanc roussâtre ; une raie blanchâtre sur les yeux ; joues et un petit trait de chaque côté de la mandibule inférieure du bec bruns ; bec brun noir en dessus, jaunâtre en dessous jusque vers sa pointe ; iris brun clair ; pieds d'une couleur livide , l'ongle du doigt postérieur plus court que ce doigt. Longueur , 14 centimètres environ.

Buffon a décrit cette espèce sous les noms de *la Rousseline* , d'*Alouette de Marais* et de *Fitz de Provence.* Tous ces noms, joints à sa planche 654 , qui n'est pas exacte, contribuèrent beaucoup à la confusion dans laquelle tombèrent plusieurs auteurs au sujet du Pipi Rousseline.

Nous trouvons cet oiseau depuis le commencement

d'avril jusqu'à la mi-septembre ; mais nous en voyons
moins pendant l'été qu'aux deux époques de leurs passages, qui ont lieu en automne et au printemps. Le cri
que fait entendre cet oiseau lorsqu'il vole, est *priou*,
priou, *prepriou*. Il n'est pas farouche ; on peut l'approcher d'assez près lorsqu'il est posé. Il aime à courir dans
les sillons des terres nouvellement labourées, et niche
dans les garrigues et dans le voisinage des marais.

Ce Pipi n'habite que le midi de l'Europe pendant l'été ;
il émigre en hiver.

PIPI FARLOUSE. — *A. PRATENSIS*. (Bechst.)

Nom du pays : *Cici*.

COLORATION.— Tout le dessus du corps, y compris
la tête, d'un cendré foncé, marqué par de grandes
taches noirâtres plus confluantes sur le dos ; ailes
noirâtres bordées d'olivâtre, les couvertures terminées de noirâtre et de blanchâtre ; parties inférieures d'un blanc nuancé de jaunâtre avec beaucoup
de taches oblongues noires ; une bande au-dessus des
yeux et une autre sous les joues d'un blanc jaunâtre ;
iris noirâtre ; pieds de couleur livide. Longueur , 14
centimètres environ.

LE CUJELIER, Buff. — C'est en automne que ce Pipi se
montre dans le Midi ; il y passe l'hiver, et repart au printemps. C'est toujours par petites troupes qu'on les voit
dans les champs, souvent posés au milieu des terres ensemencées, ou bien dans les vignes. Ces oiseaux sont confians, mais dès qu'on les fait lever, ils jettent leur petit
cri favori, *ci ci ci ci* ou *pipi pipi*, et vont se poser à
peu de distance. En chassant aux alouettes avec une

chouette, il n'est pas rare de voir cet oiseau venir planer au-dessus du miroir. La chair de cette espèce, comme celle de tous ses congénères, est fort bonne. On le trouve dans une grande partie de l'Europe.

PIPI A GORGE ROUSSE. — *A. RUFUGULARIS.* (Temm.)

Nom du pays : *Cici.*

COLORATION. — Le plumage d'automne et d'hiver de ce Pipi ressemble à celui de l'espèce précédente, mais en diffère toujours par le brun rougeâtre de la gorge et du méat auditif; parties inférieures blanches ou d'un isabelle clair; iris brun; bec brun, la base de la mandibule inférieure jaune. Longueur, 14 centimètres.

Au printemps et en été, le *mâle* a les sourcils, la gorge et le devant du cou d'un roux rougeâtre; sur la poitrine il existe une zone formée par de petites taches noires, les autres parties inférieures de couleur isabelle, bec tout brun.

Point dans Buffon. — Ce joli oiseau est rare en France, et ne s'y montre qu'accidentellement; il n'y a pas longtemps que M. Temminck l'a décrit parmi les oiseaux que l'on trouve en Europe; il paraît avoir les habitudes du *Pipi-Farlouse*; comme lui il vole par petites troupes, en faisant entendre les syllabes *cici* ou *pipi*. Cette espèce habite la Syrie et l'Egypte, où elle est commune. Sa présence en Europe est tout exceptionelle; cependant, dans nos contrées, il s'en est vu et tué plusieurs années de suite, au printemps.

PIPI DES BUISSONS. — *ANTHUS ARBOREUS.* (Bechst.)

Nom du pays : *Grassé.*

COLORATION. — Parties supérieures d'un cendré olivâtre, avec des taches brunes sur le centre de chaque plume. Les petites et moyennes couvertures des ailes sont bordées de blanc jaunâtre ; les pennes sont noirâtres ; poitrine et flancs jaunâtres, avec des taches et des mêches noires ; ventre blanc ; un large sourcil d'un blanc jaunâtre ; pieds livides. Longueur, 15 centimètres.

J'ai dans ma collection un individu de cette espèce qui est en entier d'un blanc de lait. Il fut tué dans notre plaine par M. Moustardier, qui m'en fit hommage.

Buffon a donné à cette espèce les noms de *Farlouse* et d'*Alouette de Prés*, et, c'est encore à cet oiseau que doit être rapportée la *Pivote Ortolane* du même auteur, qui n'est autre qu'un jeune individu du Pipi dont nous parlons. Nous l'avons très-commun dans le Midi à son passage d'automne ; il se répand dans les champs humides, les prés et les luzernes ; il aime à aller se poser sur les grands arbres qui les entourent, et s'y tient caché pendant qu'il fait chaud. Cet oiseau s'engraisse considérablement, ce qui lui a valu ici le nom de *Grassé*. C'est une chasse passionnée pour quelques personnes de nos pays que celle qu'on lui fait, vu la saveur de sa chair. Il repasse au printemps, mais ne s'arrête point. On trouve cette espèce dans toute l'Europe.

ORDRE QUATRIÈME.

GRANIVORES. — *GRANIVORES*. (Temm.)

Caractères. — Bec cylindrique, en cône, plus ou moins alongé, plus ou moins arqué ou droit; mandibule supérieure voûtée, garnie à sa base de petites plumes dirigées en avant; narines, à la base du bec, demi-closes par une membrane; pieds, trois doigts devant et un derrière, l'intermédiaire soudé à la base avec l'extérieur; ongle postérieur plus ou moins long, plus ou moins arqué.

Ces oiseaux vivent par couples et se rassemblent en grandes bandes pour leurs voyages; ils sont sédentaires ou de passage selon les pays qu'ils habitent; leur nouriture consiste en grains et en semences durant l'époque des nichées; ils nourrissent leurs petits principalement avec des insectes. Leur chair est estimée.

GENRE VINGT-SIXIÈME.

ALOUETTE. — *ALAUDA*. (Linn.)

Caractères. — Bec cylindrique, plus ou moins long, plus ou moins arqué ou droit; de petites plumes raides, serrées à la base du bec; pieds nus; le doigt du milieu soudé à sa base avec l'extérieur.

L'Europe possède onze espèces d'Alouettes connues; six d'entre elles se trouvent dans nos contrées; les

unes n'y sont que de passage, les autres sont sédentaires.
Les Alouettes sont très-matinales ; dès la première aurore,
elles s'élèvent dans les airs et commencent à faire entendre
leur chant qui est doux et varié. Leur nourriture consiste
en grains et semences, en insectes et en jeunes pousses
d'herbes. Les pays étrangers en ont fourni une vingtaine
d'espèces.

ELLES FORMENT TROIS SECTIONS qui ont pour base la
forme du bec.

PREMIÈRE SECTION.

Bec aussi long ou plus long que la tête, faiblement arqué. On en connaît deux espèces.

ALOUETTE DUPONT. — *A. DUPONTII.* (VIEILLOT.)

COLORATION. — Plumage supérieur varié de roux
et de brun ; gorge blanche, sans tache ; le reste des
parties inférieures est légèrement lavé de roux, parsemé de taches noirâtres alongées, à l'exception cependant des cuisses et de l'abdomen ; queue noire à
penne exétrieure blanche, marquée sur la barbe par
une bordure noire ; la seconde est bordée de blanc extérieurement ; bec noir, de la longueur de la tête ;
pieds couleur de chair ; iris brun. Longueur, 22 centimètres environ.

Point mentionné dans Buffon. — Cette grande espèce
d'Alouette a beaucoup de rapports avec l'*Alouette Sirli*,
du Cap-de-Bonne-Espérance. Son apparition dans le midi
de la France est tout accidentelle comme celle de plusieurs
espèces d'Asie et d'Afrique qui, emportées par quelque
orage, traversent la Méditerranée en se reposant d'île en

île. Quand je publiai *l'Ornithologie du Gard*, je n'avais pas connaissance de la présence de cet oiseau dans le pays.

Le seul exemple que je puisse citer jusqu'à présent est basé sur un individu qui fut tué auprès d'Aimargues, par M. Gustave Gaillard, qui m'en donna la description, car, un malheureux mal-entendu m'a privé de le posséder, malgré les recommandations de celui qui l'avait tué; on le mangea au lieu de me l'apporter, parce qu'on ignorait le prix qu'un collecteur attache toujours à un oiseau rare capturé dans le pays qu'il habite.

Cette Alouette est propre à la Syrie et à quelques autres parties de la côte barbaresque.

Nourriture et propagation inconnues.

DEUXIÈME SECTION.

Bec un peu grêle, à-peu-près droit, de forme longicone.

ALOUETTE A HAUSSE-COL NOIR. — *AL. ALPESTRIS.* (Linn.)

COLORATION. — Un trait noir partant du bec passe sur les yeux et les joues; une tache en forme de hausse-col sur la poitrine et une bande sur la tête de cette même couleur; *deux petits bouquets de plumes noires sur les côtés de la tête*; gorge, sourcils, espace derrière les yeux d'un jaune clair; parties supérieures, haut de l'aile et côtés de la poitrine d'un cendré teint de rougeâtre; queue noire; les deux pennes latérales bordées de blanc en dehors; les parties inférieures du corps d'un fauve blanchâ-

tre ; milieu du ventre blanc. Longueur , 19 centimètres environ.

L'ALOUETTE A HAUSSE-COL-NOIR , Buff. — L'Alouette
dont il s'agit ici est très-rare en France ; sa véritable patrie est le Nord. Cette espèce niche dans les dunes de sable près de la mer ; en hiver, elle se répand autour des
villages. Je possède un individu mâle qui fut pris au filet,
dans le territoire de Nimes , par M. Martin qui m'en fit
hommage.

ALOUETTE DES CAHMPS. — *ALAUDA ARVENSIS.* (LINN.)

Nom du pays : *Alouéto , Lâouzetto.*

COLORATION. —Parties supérieures d'un gris roussâtre marqué de noirâtre sur le centre de chaque
plume ; joues d'un brun gris ; gorge blanche ; poitrine et flancs teints de roussâtre avec une tache
brune sur chaque plume ; milieu du ventre blanc ;
queue noirâtre ; les deux pennes extérieures ont du
blanc sur leurs barbes. Longueur, 16 centimètres.

On trouve souvent des variétés de cette espèce, j'en
ai plusieurs qui sont de couleur isabelle, toutes blanches, ou blanchâtres.

L'ALOUETTE ORDINAIRE, Buff. — Cette espèce est la plus
commune du genre ; elle vit dans toute l'Europe. Sa voix
est douce et mélodieuse ; elle aime à s'élever à une grande
hauteur dans les airs , surtout à l'aube du jour , et c'est de
là qu'elle donne le plus d'éclat à son ramage. La bonté de
sa chair * est cause que, partout où elle vit, on lui fait une

---

* Celles qui ont vécu quelque temps dans notre territoire sont d'un
goût exquis.

guerre acharnée ; on sait que cet oiseau a la singulière manie de venir battre des ailes au-dessus d'un miroir que l'on fait tourner au milieu d'un champ ; elle se jette aussi sur la *Chouette* que l'on place auprès du miroir ; ce qui fait qu'on en tue beaucoup. Cette chasse est une des plus amusantes dans notre pays : c'est au mois d'octobre qu'elle commence et finit fin novembre, époque à laquelle cesse leur passage, beaucoup d'alouettes nichent dans nos environs, sans compter celles qui nous arrivent en automne en grand nombre pour passer l'hiver chez nous.

ALOUETTE LULU. — *AL. ARBOREA.* (Linn.)

Nom du pays : *Couteloû*, *Pétourlino*.

COLORATION. — La forme de l'Alouette-Lulu est plus trapue que celle des autres espèces ; les plumes de la tête sont aussi plus longues ; joues brunes et blanchâtres ; un trait de cette couleur, partant du front, entoure la tête ; les parties supérieures rousses ; chaque plume tachée de noir ; queue carrée, courte ; les quatre pennes latérales sont marquées de blanc au bout ; dessus du corps blanc roussâtre avec des taches d'un brun noir sur la poitrine ; iris brun ; pieds couleur de chair. Longueur, environ 16 centimètres.

Buffon a décrit cette espèce sous le nom de LULU, l'ALOUETTE DES BOIS et CUJELIER.

C'est dans les pays broussailleux et accidentés que cette Alouette aime à fixer sa demeure ; elle habite ici nos garrigues boisées et les vignes. On les voit par petites troupes de 15 à 20 individus, qui font entendre en volant leur cri d'appel, qui exprime *bédouli*, *bédouli*; d'autrefois *lu*, *lu*, *lu*, *lu*, redit avec douceur.

Ces alouettes sont de passage ici en automne; plusieurs familles restent l'hiver dans le Midi; mais, à l'approche du printemps, à l'exception d'un petit nombre qui demeurent] pour nicher, toutes remontent vers le Nord. Cet oiseau vit presque dans toute l'Europe.

ALOUETTE COCHEVIS. — *AL. CRISTATA.* (Linn.)

Nom du pays : *Cáouquiado*, *Capéludo*

COLORATION. — Une huppe sur la tête que l'oiseau peut redresser à volonté; parties supérieures d'un cendré roussâtre, avec une tache étroite le long de la baguette; ailes brunes avec les couvertures bordées de roussâtre; les pennes de la queue roussâtres et noirâtres; parties inférieures d'un blanc lavé de jaunâtre avec des taches d'un brun noirâtre sur la poitrine; pieds couleur de chair. Longueur, 16 centimètres.

Le COCHEVIS ou la GROSSE ALOUETTE HUPPÉE et la COQUILLADE, Buffon. — Elle vit sédentaire dans le Midi, habite indifféremment les plaines et les pays élevés, mais elle est moins répandue dans ces dernières localités que dans les premières. Elle aime à parcourir les grandes routes pour chercher dans les bouzes les grains non digérés. Dès qu'elle s'élève, elle jette un petit cri exprimé d'un ton plaintif : *pipi*, *pi*, *piou*. Après les couvées, les Cochevis vivent par familles; les jeunes accourent de loin à la voix qui imite celle des mères, et c'est le moyen qu'emploient les chasseurs pour les attirer.

Le Cochevis habite presque toutes les contrées du midi

de l'Europe ; on le trouve aussi en Egypte et en Morée.
Cette espèce semble être moins multipliée que les autres
espèces d'alouettes.

ALOUETTE CALANDRELLE. — *AL. BRACHIDACTYLA.* (Temm.)

Nom du pays : *Calandretto, Courentia.*

COLORATION. — Toutes les parties supérieures
d'un beau roux isabelle avec une tache brune sur
chaque plume ; queue noirâtre ; les pennes bordées
de roux vif ; les latérales ont une tache noirâtre sur
la barbe extérieure ; dessous du corps blanchâtre ; la
poitrine lavée de roux ; sourcils d'un blanc jaunâtre ; bec de cette couleur ; iris brun foncé ; pieds couleur de chair. Longueur, 9 centimètres.

Point dans Buffon. — C'est du 6 au 10 avril que les
Calandrelles commencent à arriver dans nos contrées ;
leur passage dure environ vingt-cinq jours ; il en reste un
grand nombre dans le pays pour y passer l'été. Elles se
répandent dans les vignes, et dans les garrigues, d'autres
préfèrent les endroits en plaines ; leur naturel est vif,
léger, on les voit courir avec rapidé au milieu des champs.
Souvent elles se mêlent aux Cochevis, sur les chemins, pour
fouiller dans les crottins. Le cri d'appel de cet oiseau est
fi , *fi* , *fi* , *fi* , *vui* , *vui* , prononcé précipitamment. Ces oiseaux nous arrivent par petites troupes au printemps ; mais
en automne, ils se réunissent en grandes bandes ; on les
trouve tout le long de la Méditerranée, en Europe. On
prétend qu'elles émigrent en Afrique.

TROISIÈME SECTION.

Bec gros , fort , plus haut que large.

ALOUETTE CALANDRE. — *AL. CALANDRA.* (LINN.)

Noms du pays : *Calandro, Calandras.*

COLORATION. — Tout le dessus du corps d'un cen_
dré roussâtre , taché de noir sur chaque plume ;
gorge d'un blanc pur ; un large demi-collier noir ;
poitrine lavée de jaunâtre ; marquée de taches brunes et noirâtres ; le reste des parties postérieures
blanc, mais les flancs roussâtres ; queue noirâtre ;
les deux pennes extérieures blanches ; bec roussâtre
en dessous, brun en dessus ; iris brun. Longueur , 26
centimètres (les *vieux mâles*).

Les *femelles* sont un peu moins grandes , et le noir
du cou est moins espacé.

LA GROSSE ALOUETTE OU CALANDRE , Buff. — La Calandre est très-abondante dans nos contrées méridionales, mais
dans les pays peu éloignés de la mer seulement. C'est un
oiseau chanteur par excellence ; sa voix est forte , sonore
et imite le chant d'un grand nombre d'oiseaux; c'est
en s'élevant haut qu'il le fait entendre ; en captivité , il
retient les airs qu'on veut lui apprendre , et vit quelquefois plus de 25 ans.

Les Calandres vont par bandes ; celles qui habitent
notre plaine s'en vont en partie chaque soir coucher dans
les garrigues et redescendent le matin. Cette espèce est
particulière au midi de l'Europe seulement.

16

GENRE VINGT-SEPTIÈME.

MÉSANGE. — *PARUS*. (Linn.)

CARACTÈRES.—Bec court, conique, droit, pointu, tranchant, garni à sa base par de petites plumes à barbes fines; narines arrondies, cachées par des plumes; pieds forts; doigts divisés; ongle postérieur le plus fort; ailes à pennes bâtardes ou de moyenne longueur.

Les Mésanges recherchent la société de leurs semblables; leurs mouvemens sont lestes et pleins de grace; elles sont sans cesse en action, parcourant par petites volées brusques et courtes les branches des arbres, furetant dans toutes les gerçures de l'écorce pour y chercher des araignées, des chenilles et d'insectes, ce qui ne les empêche pas de manger des graines et des semences; elles attaquent aussi les bourgeons des arbres. Les Mésanges sont très-fécondes; elles nourrissent leur nombreuse famille avec un zèle et une activité infatigables. L'Europe en fournit douze espèces dont huit se trouvent dans le Midi, et particulièrement chez nous.

M. Temminck en a fait trois sections, ainsi qu'il suit :

PREMIÈRE SECTION.

SYLVAINS.

La première rémige de l'aile de moyenne longueur.
Elles vivent dans les bois, les buissons et les haies; émigrent en hiver.

MÉSANGE CHARBONNIÈRE. — *PARUS MAJOR.* — (Linn.)

Nom du pays : *Sarayé.*

Coloration. — Un grand espace d'un blanc pur sur les joues ; tête , derrière des joues , gorge , poitrine et milieu du ventre d'un noir lustré ; le reste des parties inférieures jaune ; haut du dos d'un vert olivâtre ; croupion bleuâtre ; du blanc en travers de l'aile ; queue noirâtre et cendrée ; les deux pennes extérieures ont du blanc. Longueur , 16 centimètres.

La Charbonnière ou Grosse Mésange, Buff. — Cette Mésange est fort commune dans le Midi , surtout en hiver, car il nous en arrive en automne des contrées du nord de la France ; elle n'est pas craintive, et fréquente les arbres de nos promenades et ceux de nos jardins. On la voit escaladant les branches dans tous les sens pour y chercher des insectes. Elle donne facilement dans les piéges pourvu qu'elle y voie une de ses pareilles. On la désigne ici sous le nom de *Sarayé*, par rapport à sa voix qui semble exprimer au printemps : *titipu, titipu, titipu* ; ce qui produit l'effet d'un petit marteau frappant sur un enclume. On trouve la Charbonnière dans toute l'Europe ; elle pond jusqu'à 15 œufs , fait trois couvées et niche dès le mois de mars.

MÉSANGE PETITE CHARBONNIÈRE. — *PARUS ATER.* (Linn.)

Nom du pays : *Sarayé deï pichos.*

Coloration. — Tête, gorge et parties supérieures du cou noires ; moustaches, joues et côtés du cou blanc pur ; du blanc sur les ailes ; dessus du corps cendré ; flancs et abdomen grisâtre ; queue rembru-

nie, légèrement fourchue ; bec et iris noir ; pieds
couleur de plomb ; elle varie accidentellement en
blanc, ou marquetée de blanc. Longueur, 12 centimètres.

LA PETITE CHARBONNIÈRE, Buff. — En automne, cette
Mésange arrive dans le Midi ; c'est des contrées du Nord
qu'elle nous vient, mais elle est peu commune ; il y a
même des années où l'on en voit que très-rarement. Comme
la *Grande Charbonnière*, elle vit sur les arbres les plus rapprochés de nos demeures, et montre peu de méfiance à
l'approche de l'homme. Si l'on en met une dans un trébu-
chet, l'on est sûr que le plus grand nombre de celles qui
entendent sa voix accourent se faire prendre. Elle vit en
cage au moyen de la graine de chenevis. En été, cette espèce habite jusque fort avant dans le Nord, et ne se voit
point dans le Midi.

MÉSANGE BLEUE. — *P. COERULEUS.* (LINN.)

Nom du pays : *Sarayé*, *Bluï*.

COLORATION. — Cette jolie espèce porte une calotte
azurée, bordée de blanc ; le reste de la tête est
noir et blanc ; dessus du corps d'un cendré olivâtre,
d'un beau jaune en dessous ; ailes et queue bleuâtres
avec du blanc au bout des couvertures, ainsi qu'une
bande blanche en travers ; gorge, de même qu'une
ligne au milieu du ventre, d'un noir bleuâtre ; poitrine et flancs d'un beau jaune. Longueur, 13 centimètres.

La *femelle* ne diffère du *mâle* que par des couleurs
moins prononcées.

La Mésange Bleue, Buff. — Cette espèce est la plus jolie de toutes celles qui vivent en Europe. Ses mouvemens son[t] vifs, gracieux et légers ; elle fréquente tous les lieux et ne craint point de s'approcher de nos demeures ; on la voit dans les jardins, se cramponnant aux branches des arbres qu'elle dépouille des insectes qui sont cachés sous l'écorce. Elle répète souvent un petit cri qui semble exprimer *drididi, tirididi*, auquel celles de son espèce répondent aussitôt tout en se rapprochant d'elle.

Cette Mésange arrive dans nos contrées en automne et nous quitte au printemps pour retourner dans des pays plus élevés. On la trouve dans toute l'Europe.

MÉSANGE HUPPÉE. — *P. CRISTATUS.* (Linn.)

Coloration. — Plumes de la tête noires et blanches ; celles qui forment la huppe partent du milieu de la tête, sont noires, bordées de blanchâtre et longues ; joues et côtés du cou blanchâtres, poitrine et milieu du ventre de cette couleur ; flancs roussâtres ; une raie sur la joue ; la gorge et un collier d'un noir profond ; parties supérieures d'un gris roussâtre ; pieds couleur de plomb. Longueur, 14 centimètres.

La *femelle* a la huppe plus courte que le *mâle*.

La Mésange Huppée, Buff. — Cette jolie espèce est assez rare en France ; en hiver, elle visite nos contrées, et ne descend guère dans la plaine ; on la trouve plus communément sur les montagnes boisées ; par exemple, sur les *Causses*, au-dessus du Vigan. M. Félix de Lapierre a eu l'occasion d'en tuer quelquefois. Les Mésanges Huppées vont par petites troupes qui ne se séparent guère pendant leur pérégrination. Leur naturel étant plus farouche que celui des autres mésanges, on ne les voit jamais auprès de nos demeures. Cet oiseau niche dans le Nord.

MÉSANGE NONETTE. — *P. PALUSTRIS*. (Linn.)

COLORATION. — Une calotte d'un noir profond qui descend jusqu'au haut du cou ; gorge de cette couleur ; parties supérieures d'un gris brun ; ailes d'un brun noirâtre, bordées de brun plus clair ; queue noirâtre ; poitrine et joues blanchâtres ; milieu du ventre et flancs d'un blanc nuancé de brun ; bec et pieds noirâtres. Longueur, 12 centimètres.

La *femelle* diffère peu du *mâle*.

LA NONETTE CENDRÉE, Buff. — Cet oiseau habite indifféremment les bois, les vergers et les lieux marécageux ; s'accroche par les pieds aux rameaux flexibles des arbres et des buissons, et grimpe le long des roseaux. Son apparition dans le Midi n'a lieu que durant les gros hivers, mais elle est toujours rare. Cette espèce aime à se nourrir de la graine de tournesol ; sa véritable patrie est le nord de l'Europe.

MÉSANGE A LONGUE QUEUE — *P. CAUDATUS*. (Linn.)

COLORATION. — Tête, cou, gorge, poitrine, d'un blanc pur ; dos, croupion, rectrices, moyennes couvertures des ailes, noirs ; queue très-longue, cunéiforme. Longueur, 16 centimètres environ.

La *femelle* a les parties latérales de la tête noires ; le milieu en est blanchâtre.

LA MÉSANGE A LONGUE QUEUE, Buff. — C'est dans l'épaisseur des bois que vit cet oiseau pendant l'été ; mais, en automne, il s'en éloigne pour se répandre autour des habitations rurales afin d'y trouver une plus ample nourriture : il fréquente les jardins, les vergers et le bord des marécages. Vif et pétulant, on ne le voit jamais en repos ; son petit cri d'appel exprime les syllabes *tieyi*, *tititi*. Cette Mésange en a encore un autre plus grave : *guicheig*, *guicheig*, qu'elle pousse au moment où elle veut en entraîner d'autres. C'est en automne et en hiver qu'elle se montre chez nous, mais son apparition n'est pas toujours très-régulière. Elle habite presque toute l'Europe et voyage par petites bandes de 10 à 15 individus.

DEUXIÈME SECTION.

RIVERAINS.

La première rémige nulle ou presque nulle ; mandibule supérieure un peu recourbée sur l'inférieure.

Ils vivent dans les roseaux, dans les joncs, sur les arbres et dans les buissons situés à peu de distance des eaux.

MÉSANGE A MOUSTACHES.—*P. BIARMICUS*. (LINN.)

Nom du pays : *Trïn-Trïn*.

COLORATION. — Des plumes noires en forme de moustaches de chaque côté du bec ; couvertures inférieures de la queue de la même couleur ; tête et côtés d'un gris de perle ; gorge et devant du cou un peu rose ; cette teinte est plus prononcée sur la poitrine ; haut du cou, flancs et pennes du milieu de la queue d'un roux vif ; les autres pennes d'un blanc

cendré, mais noires à leur base, étagées ; bec orange ;
iris d'un jaune clair, le *mâle*. Longueur, 17 centimètres.

La *femelle* n'a point de moustaches ; les couvertures de dessous la queue sont blanchâtres, et toutes
les autres couleurs sont plus ternes.

. La Mésange a Moustache, Buff. — Elle vit sédentaire
au sud de notre département,qu'elle ne quitte point ; habite les marais ou dans leurs voisinages. Elle escalade les
joncs et les cannes des roseaux. Peu farouche, on peut
l'approcher de fort près sans qu'elle s'envole. On les voit
toujours réunies par petites troupes, s'appelant en chan-
geant de place par un petit cri qui a du rapport avec le
son d'une corde de mandoline que l'on pince, et que les
habitans riverains ont traduit par le mot *trïn-trïn*. La
Mésange à Moustache se trouve en France dans les marais
de la Picardie et dans ceux du Midi, ainsi que dans plusieurs pays de l'Europe, toujours dans des lieux inondés.

TROISIÈME SECTION.

PANDULINES.

Bec droit, effilé et aigu.

MÉSANGE REMIZ. — *P. PANDULINUS.* (Linn.)

Noms du pays : *Pigrë, Débassaïrë.*

Coloration. — Front et côtés de la tête noirs ;
milieu de la tête, nuque, derrière du cou et gorge
d'un blanc pur ; haut du dos, poitrine et flancs d'un
roux rosé ; haut de l'aile d'un roux marron ; bas du

dos d'un cendré roussâtre ; pennes de la queue noirâtres, bordées de blanchâtre ; pieds couleur de
plomb ; bec noir et couleur de corne ; iris brun.
Longueur, 11 centimètres, le *mâle*.

La *femelle* a la poitrine et les flancs légèrement
teints de roussâtre ; le dessus de la tête et le derrière
du cou cendrés.

LA REMIZ et LA MÉSANGE DU LANGUEDOC , Buff. — Cette
Mésange vit sédentaire dans le midi de la France ; fréquente les pays en plaine qui bordent la Méditerranée
depuis les environs d'Arles jusqu'à Narbonne seulement.
Rarement on la voit autre part qu'aux bords des eaux. Elle
se plaît sur les grands arbres qui croissent le long du Rhône
et sur ceux qui bordent le Lez dans le département de l'Hérault. Elles ne vont jamais en troupes ; en hiver, elles s'é-
parpillent aux alentours des marais ; on en voit rarement
au-delà de six ensemble. Le nid de cette espèce est des
mieux faits ; il est tissu avec des crins ou de la laine, quelquefois avec du fil de chanvre ; ces matériaux servent à
retenir la fleur ou chaton des saules et des peupliers qu'ils
tissent d'une manière solide, en lui donnant la forme d'une
bourse. Il est ordinairement attaché à un rameau flexible
des arbres de haute futaie, quelquefois à des saules ou des
tamaris, de sorte que c'est un vrai berceau balancé par le
zéphir. Les mâles sont plus nombreux que les femelles, j'ai
eu l'occasion plusieurs fois de m'en assurer dans mes
chasses*.

On trouve la Remiz en Italie, en Sicile, en Autriche et
dans la Pologne.

* Voyez l'*Ornithologie du Gard*, p. 202 et 203.

BRUANT. — *EMBERIZA*. (Linn.)

CARACTÈRES. — Bec court, fort, conique, un peu comprimé latéralement, mandibules à bords rentrés en dedans ; l'inférieure plus large que la supérieure, celle-ci garnie d'un tubercule intérieurement ; narines arrondies, cachées en partie par les plumes ; doigts divisés ; l'ongle postérieur court et fléchi, queue fourchue.

Les Bruants sont de passage ou sédentaires dans nos pays ; ils vivent de semences et d'insectes. Les mâles sont parés de couleurs que les femelles ne partagent pas. Leur chant, quoique agréable, n'est pas très-varié. Ils font entendre leur voix durant la nuit, surtout lorsqu'il fait clair de lune. L'Europe en fournit dix-sept espèces, huit d'entre elles se trouvent dans nos contrées.

PREMIÈRE SECTION.

BRUANTS PROPREMENT DITS.

Ils ont l'ongle postérieur court et courbé. Ils vivent dans les bois, dans les champs et autour des habitations rurales. Le plumage des mâles, au printemps, prend des teintes plus vives qu'ils perdent après la mue d'été.

BRUANT CROCOTE. — *E. MELANOCEPHALA*. (Temm.)

COLORATION. — Sommet de la tête, région des yeux, des oreilles et des joues d'un noir profond ;

dos d'un roux foncé qui devient jaunâtre sur le bas
du croupion ; ailes brunes frangées de blanchâtre ;
queue de la couleur des ailes ; la penne extérieure
d'un brun isabelle, lisérée de blanc ; collier , gorge,
devant du cou et toutes les parties inférieures d'un
jaune citron ; bec d'un cendré bleuâtre ; iris noir ;
pieds d'un brun jaune. Longueur , 17 centimètres,
le *mâle au printemps*.

En automne , le noir de la tête est mêlé de brun et
de brun jaunâtre ; le jaune des parties inférieures est
moins vif.

La *femelle* est d'un cendré roussâtre en dessus ; la
gorge blanchâtre , et le dessous du corps est lavé d'un
blanc jaunâtre.

Point dans Buffon. — Depuis longtemps l'on m'avait
assuré qu'un oiseau semblable à celui-ci se laissait quelquefois prendre aux filets ; mais, malgré ces données , je
n'avais pas voulu le décrire parmi les oiseaux qui nous
visitent de loin en loin , parce que je n'en étais pas assez
assuré ; mais, au mois de novembre 1842 , un individu
mâle fut chassé aux filets dans nos garrigues , par une
personne bien peu exercée dans cette chasse , qui cependant eut l'heureuse idée de me l'apporter, parce qu'il
mourut faute de soin , dans la même journée. Roux le
signale également comme se trouvant de temps en temps
en Provence ; selon M. Temminck , ce Bruant se rencontre communément en Dalmatie et dans tout le Levant.

BRUANT JAUNE. — *EMBERIZA CITRINELLA.* (Linné.)

Nom du pays : *Verdagno, Verdeyrolo.*

COLORATION. — Gorge , devant du cou , joues ,

tête et milieu du ventre d'un beau jaune ; dos, croupion et couvertures supérieures des ailes marron ; poitrine roussâtre; queue longue, un peu fourchue, noirâtre; les pennes extérieures presque blanches ; iris brun foncé ; pieds jaunâtres. Longueur, 17 centimètres.

La *femelle*, qui est plus petite, est moins jaune; elle est tachetée sur la tête, le cou et le ventre.

Le Bruant de France, Buff. — C'est vers la fin de l'automne et en hiver que nous trouvons cet oiseau; il est plus ou moins commun, selon la rigueur du froid ; car, dès qu'il tombe de la neige dans les pays voisins, ces oiseaux deviennent très-nombreux; mais aussitôt que l'approche des beaux jours arrive, ils regagnent les contrées situées plus au nord. Le mâle a un chant assez éclatant, il est composé d'une suite de sons qui semblent exprimer *ti, ti, ti, ti, tii, tiii*, et son cri d'appel, quand il vole, est *chiriz, chiriz*. Le Bruant jaune habite le Midi et le Nord jusqu'en Suède.

BRUANT PROYER. — *E. MILIARIA*. (Linn.)

Noms du pays : *Térido*, *Chinchourlo*.

Coloration. — Parties supérieures d'un brun cendré ; chaque plume marquée de brun au centre ; queue noirâtre; milieu du ventre et abdomen d'un blanc jaunâtre ; gorge marquetée de petites taches noirâtres; on en voit de plus grandes sur les côtés du cou et de la poitrine ; bec fort et couleur de corne ; iris brun; pieds roussâtre. Longueur, 19 centimètres.

LE PROYER, Buff. — Cet oiseau est facile à reconnaître dans la campagne; le mâle, au printemps, aime à se percher à l'extrêmité des rameaux des arbres qui bordent les chemins ou les fossés. C'est là qu'il répète son chant plusieurs heures de suite. Il se compose des syllabes *tri, tri, tri, triii*, en appuyant sur les dernières. On le voit s'élancer par petites volées au-dessus de sa compagne, lorsqu'elle est occupée aux soins de l'incubation, il donne alors à ses ailes un mouvement particulier de trépidation.

A l'approche de l'hiver, ces oiseaux se réunissent par familles qui forment de petites troupes, et commencent à changer de cantons; ils volent assez haut et vite, ils sont alors très-méfians. Nous en voyons moins durant la saison des frimats qu'en été. L'on a beaucoup de peine à faire vivre cet oiseau en cage, il se brise ordinairement la tête contre les barreaux et meurt.

Le Proyer se rencontre dans toute l'Europe, mais il est moins commun dans le Nord que dans le Midi.

BRUANT DE ROSEAUX. — *E. SCHOENICULS.* (LINN.)

Noms du pays : *Chic deï Palus*, *Chinouois*.

COLORATION. — Tête, bec, gorge et devant du cou d'un noir profond; joues brunes; un collier blanc entoure le cou et vient finir au bec; ventre et abdomen blanc pur; des traits en long sur les flancs; le dos et les ailes d'un beau roux, avec une tache noire sur le centre des plumes; queue brune avec du blanc sur les deux pennes latérales; iris et pieds noirs, le *mâle*.

Longueur, 16 centimètres.

La *femelle* a la gorge blanchâtre; tout le dessous

de corps lavé de roux, avec de petits traits bruns
sur la poitrine. Les *jeunes* varient beaucoup jusqu'à
l'âge d'un an.

C'est l'ORTOLAN DE ROSEAUX et LA COQUELUCHE de Buffon. Ces oiseaux ne sont pas rares en hiver dans nos
contrées méridionales ; on les trouve sur la lisière des
bois, auprès des ruisseaux, dans les marais, et dans les
vignes des pays qui en sont le plus rapprochées, parce que
ces lieux leur offrent de la graine de *panis rude* qu'ils
aiment beaucoup. Ce Bruant est peu méfiant, on l'approche de très-près sans qu'il cherche à fuir. Il a les mouvemens gracieux et animés, mais son cri est triste et
monotone ; il semble exprimer *ifs, ifs, reischolo*. Le mâle
en fait entendre un autre dans les nuits d'été. Cette espèce
abandonne le Midi dès que le printemps commence à
paraître. Elle niche dans les roseaux, et se trouve depuis
les pays méridionaux jusque dans les régions les plus
froides du Nord.

BRUANT DE MARAIS. — *E. PALUSTRIS.* (Savi.)

Noms du pays : *Chic dei Palus.*

COLORATION. — *On distinguera toujours cette espèce de la précédente, à son bec qui est court, gros,
bombé et fort.*

La tête, la gorge et le devant du cou d'un noir
profond ; occiput, côtés du cou et de la poitrine ainsi
que les autres parties inférieures d'un blanc pur ;
flancs marqués de traits en long, roussâtres ; plumes
du haut du dos d'un noir profond à leur centre, mais
bordées de cendré et de roussâtre ; couvertures des
ailes d'un brun noir, avec de larges bordures d'un

roux vif ; queue à pennes extérieures blanches et
noirâtres ; les suivantes sont noires et celles du milieu
d'un brun noirâtre bordé de roussâtre ; bec et pieds
d'un brun noir ; iris châtain, le *mâle vieux au printemps*. Longueur, 17 centimètres.

Le plumage d'automne et d'hiver diffère de cette
dernière livrée par des nuances moins pures ; le noir
de la gorge et du cou est mélangé de blanchâtre.

La *femelle* manque de noir sur la tête et sur la
gorge ; joues brunes ; elle est roussâtre en dessus [*].

Ce Bruant est particulier aux marais des contrées méridionales de la France et de l'Italie. Ce n'est que depuis
peu d'années que M. Temminck l'a fait connaître. Pour
ma part, je suis heureux d'avoir pu, dans mon *Ornithologie du Gard*, ajouter quelques nouveaux détails à l'histoire de cet oiseau qui était douteux pour quelques auteurs comme espèce différente du *Bruant des roseaux*. Il
habite les pays bas et marécageux de notre département,
où il reste sédentaire ; mais je me suis assuré, depuis peu,
qu'il était bien moins abondant au printemps et en été
qu'en hiver. Pendant qu'il a son nid, cet oiseau est peu
farouche, il se laisse facilement approcher, puis s'envole
à une petite distance, et, si on se dirige vers lui, il recommence la même manœuvre ; de cette manière, il cherche
à vous éloigner du lieu où est caché le fruit de ses amours.

[*] Voyez l'*Ornithologie du Gard*, p. 219 et 220, pour de plus amples renseignemens sur cette nouvelle espèce.

BRUANT ORTOLAN. — *E. HORTULANA**. (Linn.)

Nom du pays : *Ourtoulan.*

Coloration. — Gorge et tour des yeux jaunes ; tête, joues et cou olivâtres ; poitrine d'un jaune verdâtre ; les autres parties inférieures rousses ; plumes du dos brunes et noires à leur centre ; queue noirâtre, les deux pennes latérales ont du blanc sur leurs barbes intérieures ; bec et pieds roussâtres ; iris brun ; paupières jaunâtres ; yeux grands. Longueur, 17 centimètres, le *mâle au printemps.*

La *femelle* ressemble beaucoup au *mâle*, mais elle en diffère par des couleurs plus ternes et par des taches brunes sur la poitrine.

L'Ortolan, Buff. — Les Ortolans arrivent en grand nombre dans le Midi au mois d'avril ; ils voyagent par petites troupes de six jusqu'à vingt individus, et c'est le plus souvent durant la nuit, par un clair de lune. Il en niche beaucoup dans le pays, les uns dans les vignes, les autres dans les bois et les broussailles. L'Ortolan a l'habitude de chanter de nuit comme de jour. Cet oiseau quitte le Midi à l'approche de l'automne, mais ceux qu'on retient en volière peuvent devenir forts gras à cette époque, si l'on a soin de les renfermer dans un lieu obscur et de leur donner de la graine de millet un peu bouillie pour nourriture.

BRUANT CENDRILLARD. — *E. CÆSIA.* (Temm.)

Coloration. — Sommet de la tête, nuque, joues,

---

* Il y a une erreur typographique dans l'*Ornithologie* : p. 221, lisez *Hortulana,* au lieu de *Hortulanus.*

côtés du cou et un large ceinturon sur la poitrine d'un beau cendré bleuâtre; front, *lorum*, moustaches et gorge d'un roux clair; parties inférieures d'un roux de rouille; dessus du corps d'un brun roussâtre, avec une mèche noire sur le centre de chaque plume; ailes et queue bordées de roux; les trois pennes caudales extérieures ont une tache blanche; bec et pieds d'un rouge clair. Longueur, 14 centimètres, le *mâle* et la *femelle en livrée de printemps*.

Point dans Buffon. — Ce n'est que très-accidentellement que cette nouvelle espèce visite le midi de la France, où peut-être l'a t-on prise pour une variété du *Bruant Ortolan* ou du *Bruant Fou*, ainsi que le présume M. Temminck. Ce même auteur dit que le Bruant Cendrillard habite la Syrie et l'Egypte.

BRUANT ZIZI ou DE HAIES. — *E. CIRLUS* (Linn.)

Nom du pays : *Chic.*

COLORATION. — Une bande au-dessus des yeux et une en dessous d'un beau jaune; une grande tache de la même couleur au bas du cou; gorge, haut du cou ainsi qu'une bande qui traverse l'œil d'un noir profond; poitrine et le haut du dos olivâtre; haut du ventre et flancs marron; ventre jaune; dos et couvertures des ailes marron et noir; queue noirâtre; du blanc sur les trois pennes latérales; iris brun. Longueur, 17 centimètres, le *mâle au printemps. En hiver*, les plumes noires de la gorge sont frangées de jaunâtre.

17

La *femelle* n'a point de noir sur la gorge ; elle est jaunâtre en dessous avec des lignes brunes sur la baguette des plumes ; un peu de roux sur 'la poitrine ; un trait noir au bas du coin du bec ; le dessous du corps est d'un roux olivâtre marqué de taches noires en long.

Le Zizi ou Bruant de Haies , Buff. — C'est au mois d'octobre que ces oiseaux commencent à arriver en Provence et en Languedoc ; ils voyagent de très-grand matin , par petites troupes de six à dix individus ; ils sont peu rusés , et donnent facilement dans les filets qu'on leur tend si l'on est muni d'un bon appelant. En hiver , ils fréquentent les bois et les endroits élevés de préférence à ceux en plaine. Pendant les nuits d'été, le mâle chante. Au printemps , ces oiseaux nous quittent, à l'exception d'un petit nombre qui nichent dans nos contrées. Ce Bruant ne remonte dans le Nord jamais au-delà des bords du Rhin.

BRUANT FOU ou DE PRÉ. — *E. CIA.* (Linn.)

Nom du pays : *Chic d'Aouvergno* , *Chic gris.*

Coloration. — Tête , devant et côtés du cou , ainsi que la poitrine, d'un cendré bleuâtre ; une bande noire passe sur les yeux, entoure la région des oreilles et va se réunir à l'angle du bec ; tête cendrée , tachée de noirâtre ; parties inférieures d'un beau roux ; croupion de cette couleur ; queue noire avec du blanc sur les trois pennes extérieures ; les deux du milieu bordées de roux ; bec grisâtre ; iris et pieds bruns. Longueur , 17 centimètres, le *mâle.*

La *femelle* a des couleurs plus ternes, et l'on voit une multitude de taches brunes sur sa poitrine.

Buffon a donné à cette espèce les noms suivans : Le *Bruant Fou*, le *Bruant de Pré de France*, l'*Ortolan de Lorraine* et l'*Ortolan de Passage*.

Le Bruant-Fou n'est pas commun en France, mais il est abondant en Italie et en Espagne, et pas très-rare ici ; car il est des époques en hiver où l'on en prend beaucoup. Cet oiseau se plaît dans les endroits fourrés, les lisières des bois, et dans les pays en pentes où se trouvent des vignes. Il est si peu rusé qu'il donne dans tous les piéges. C'est à cause de cela que les Italiens l'ont nommé *Oiseau Fou*. Dès le printemps il quitte nos contrées.

BRUANT RUSTIQUE. — *E. RUSTICA*. (Pallas.)

COLORATION. — Le sommet de la tête est coupé par trois bandes blanches ; région des oreilles d'un brun noirâtre ; un grand collier d'un rouge de brique ceint la région thorachique ; cette même couleur couvre la nuque, et forme de larges mèches tout le long des flancs ; milieu et abdomen d'un blanc pur ; les ailes et le dos couverts de grandes mèches noires bordées de rouge de brique ; queue noire avec du blanc sur les deux pennes extérieures ; bec jaunâtre et noir sur l'arête supérieure ; pieds jaunes. Longueur, 14 centimètres.

Inconnu à Buffon. — Ce joli Bruant, qui forme une espèce nouvelle pour l'Europe, ne se montre qu'accidentellement dans le nord et dans l'orient des limites européennes ; sa présence dans le midi de la France n'est due qu'à quelques causes également accidentelles. Le seul individu que je sache que l'on ait capturé, a été trouvé en Provence, et fait partie de la collection d'*Ornithologie de Marseille*. C'est à M. Barthélemy, directeur distingué de cet établissement, que j'en dois la connaissance.

Voir l'*Ornithologie du Gard*, page 229, pour quelques notes sur cet oiseau.

BRUANT MITILÈNE. — *E. LESBIA*. (Geml.)

Nom du pays : *Chic*.

Coloration. — Ce rare oiseau a les parties supérieures d'un roussâtre cendré varié par de grandes taches noirâtres sur le centre de chaque plume ; front, sourcils et le méat auditif d'un roux clair ; trois petites bandes d'un brun noir sur les côtés du cou ; gorge et parties inférieures blanchâtres, lavées de roux sur la poitrine et les flancs ; queue brune un peu fourchue ; du blanc et une bande blanchâtre le long de la baguette ; pieds et ongles jaunâtres. Longueur, 12 centimètres, les *vieux*.

Le Mitilène de Provence, Buff. — Malgré la dénomination du savant dont le nom précède, qui semble faire croire que cet oiseau doit se trouver communément en Provence, le Bruant Mitilène y est au contraire très-rare, et sa présence n'y est qu'accidentelle. Dans ces dernières années, un individu seulement a été capturé dans les environs de Marseille, par M. Baumier, de cette ville, et un autre dans le département de l'Hérault, qui fait partie de la jolie collection de M. Lebrun. Le Mitilène habite les parties orientales de l'Europe, et on le dit commun en Grèce et en Crimée.

DEUXIÈME SECTION.

BRUANTS ÉPERONNIERS.

L'ongle postérieur est long, faiblement arqué.
L'Europe en produit deux espèces, une nous visite
accidentellement.

BRUANT MANTAIN. — *E. CALCARATA.* (Temm.)

COLORATION. — Gorge et poitrine noires ; flancs
blancs, marqués de noir ; haut du cou d'un beau
roux vif ; dos et ailes nuancés de noir et de brun ;
du blanc aux petites couvertures ; ventre et couvertures inférieures de la queue d'un blanc sale ; queue
noirâtre, un peu fourchue ; les pennes lisérées de
blanc, mais les latérales ont une tache blanche conique ; bec un peu jaune à sa base, noir à la pointe.
Longueur, 17 centimètres.

La *femelle* a le sommet de la tête et le dessous du
cou blancs ; le dos gris, marqué de taches noirâtres ;
gorge et devant du cou blancs ; haut de la poitrine
varié de roux et de noir.

Les contrées du pôle arctique, telles que la Laponie,
le Groënland et la Sibérie sont les lieux qu'habite ce
Bruant durant l'été ; mais, à l'approche des gros hivers,
il en descend jusqu'en Allemagne, en Suisse, et quelquefois même jusque chez nous ; plusieurs individus ont
été trouvés, il y a peu de temps, dans les environs de
Montpellier.

BRUANT DE NEIGE. — *E. NIVALIS.* (Linn.)

Coloration. — Tête, cou, toutes les parties inférieures, grandes et petites couvertures des ailes d'un blanc pur ; haut du dos, les trois pennes secondaires des ailes les plus près du corps noires ; ailes bâtardes et la moitié inférieure des rémiges noires ; les pennes de la queue mi-partie blanches et noires ; bec jaune à sa base, noir vers la pointe ; pieds et ongles noirs. Longueur, 17 centimètres.

La *femelle* a la tête et le derrière du cou roussâtres ; le dos est mêlé de roux et de noir ; parties inférieures blanches avec un ceinturon sur la poitrine et les flancs roussâtres ; les couvertures supérieures de la queue de la même couleur.

Voici encore une espèce que je n'avais pas comprise parmi les oiseaux qui visitent le Languedoc, quoique assuré que, durant les hivers les plus rudes, elle est assez régulièrement de passage dans les départemens situés aux pieds des Alpes. C'est d'après cette indication que Roux Polydore l'avait comprise dans son *Ornithologie Provençale*. Pendant l'hiver de 1841, je trouvai une femelle du Bruant de Neige sur notre marché, qui était dans une même liasse que plusieurs *merles à plastron*, ce qui me fait penser qu'elle aura été prise dans les montagnes voisines de notre département.

GENRE VINGT-NEUVIÈME.

BEC-CROISÉ. — *LOXIA.* (Briss.)

CARACTÈRES. — Bec fort, comprimé latéralement,
crochu à la pointe de ses deux mandibules, qui sont
croisées l'une sur l'autre ; narines étroites, cachées
sous de petites plumes ; ongles très-crochus ; première rémige la plus longue de toutes.

Les Becs-Croisés sont peu nombreux en espèces ; l'Europe n'en a fourni que trois jusqu'à présent Ces oiseaux
habitent le Nord pendant la saison d'hiver.

BEC-CROISÉ COMMUN ou DES PINS. — *L. CURVIROSTRA.* (Linn.)

Nom du pays : *Bé-Croisa.*

COLORATION. — Tête, cou, dos et croupion d'un
cendré jaunâtre ; ailes et queue noirâtres ; joues d'un
cendré brun ; gorge, poitrine, haut du ventre et
flancs d'un jaune un peu glacé de rougeâtre ; abdomen blanchâtre ; couvertures inférieures de la queue
blanchâtres tachées de brun ; bec couleur de corne ;
les deux mandibules longues et croisées l'une sur
l'autre ; iris et pieds bruns. (*Livrée du vieux mâle*).

Le *jeune mâle*, à partir de sa première mue jusqu'à l'âge d'un an, a tout le dessus et le dessous du
corps plus ou moins d'un rouge vermillon ou de couleur de brique, souvent mélangé de jaunâtre.

Les *femelles* et les *jeunes* ont le plumage en dessus
d'un gris brun, nuancé de verdâtre ; le croupion jau-

nâtre, et les parties inférieures sont couvertes de
taches alongées brunes, mais le fond en est blanchâtre.

Remarque. — Dans l'*Ornithologie du Gard*, p. 236, là
où il est dit, en parlant de cet oiseau : *dans le premier âge,*
il faut lire, *dans l'état adulte.*

Le Bec-Croisé, Buff. — C'est en hiver et dans des régions froides que se multiplient les Bec-Croisés ; cette
singularité n'a peut-être pas d'exemples. Leur apparition
dans le Midi n'est pas régulière ; mais, quand elle a lieu,
ils y sont presque toujours très-nombreux. Ces oiseaux
sont pleins de confiance ; on les approche d'aussi près
que l'on veut, surtout s'ils sont occupés à extraire les
amandes des pins. Ils ont l'habitude de s'accrocher de
mille manières aux branches des arbres ou aux barreaux
de leur cage lorsqu'on en nourrit. C'est toujours en été
qu'ils visitent notre pays.

GENRE TRENTIÈME.

BOUVREUIL. — *PYRRHULA.* (Briss.)

Caractères. — Bec fort et court, bombé sur les
côtés, comprimé à la pointe ; arête s'avançant un
peu sur le front ; narines arrondies, latérales ; ailes
courtes.

Les Bouvreuils sont restés longtemps confondus avec les
Gros-Becs, avec lesquels ils ont beaucoup de ressemblance.
Ce sont des oiseaux qui se nourrissent des semences les
plus dures dont ils brisent aisément l'enveloppe ; ils sont
faciles à reconnaître à leur air de famille.

BOUVREUIL COMMUN. — *PY. VULGARIS.* (Briss.)

Nom du pays : *Pivoino*, *Siblur.*

COLORATION. — Sommet de la tête, bec, gorge, ailes et queue d'un noir lustré de violet ; tout le dessous du corps d'un beau rouge-minium, à l'exception du ventre et des couvertures inférieures de la queue qui sont blancs ; parties supérieures d'un joli cendré ; croupion blanc ; iris noir ; pieds bruns. Longueur, 18 centimètres.

La *femelle* ne partage point la belle livrée du *mâle.* Elle a toutes les parties inférieures d'un blanc roussâtre ; le dessus du corps est d'un cendré plus terne et n'a point de blanc sur le croupion.

LE BOUVREUIL, Buff. — Ce charmant oiseau joint à la beauté de son plumage les plus aimables qualités, il peut apprendre à prononcer quelques mots et retenir les airs qu'on lui siffle ; il montre aussi beaucoup d'attachement pour ses maîtres, dont il reconnaît la voix. Il arrive en Languedoc et dans les autres contrées du Midi dans le courant du mois d'octobre et reste en hiver. Il habite les bois des lieux montagneux de préférence à ceux en plaine. On le trouve en France et dans plusieurs pays du Nord.

GENRE TRENTE-UNIÈME.

GROS-BEC. — *FRINGILLA.* (Temm.)

CARACTÈRES. — Bec robuste, bombé, épais, conique ; mandibule supérieure droite ou inclinée à la pointe, entière ou munie vers le milieu d'une dent obtuse, souvent s'avançant dans les plumes du front; narines rondes et en partie cachées par les plumes du front ; ailes courtes ; pieds, trois doigts devant et un derrière.

Ce genre est très-nombreux en espèces ; les unes vivent sédentaires dans nos contrées, d'autres n'y sont que de passage en hiver. Leur voyage s'exécute par bandes nombreuses. Plusieurs de celles qu'on trouve en Europe sont douées d'une voix agréable et variée ; leur nourriture consiste en graines et en semences. Tous les pays du globe possèdent des *Fringilles*.

PREMIÈRE SECTION.

LATICONES.

Bec gros, bombé, plus ou moins rentré sur les côtés.

GROS-BEC VULGAIRE. — *FRINGILLA COCCOTHRAUSTES.* (Temm.)

Nom du pays : *Gros-Bé*, *Pinsoûn-Royal*.

COLORATION. — Croupion, tête et joues d'un brun roux; tour du bec, espace entre celui-ci et l'œil, de même que la gorge, d'un noir profond; du cendré sur la nuque; manteau d'un brun foncé, une tache blanche sur l'aile ; les pennes secondaires coupées carrément; elles ont des reflets violets ; parties inférieures d'un roux vineux ; bec gros, d'un brun grisâtre ; iris rougeâtre. Longueur, à-peu-près 18 centimètres, le *mâle*.

La *femelle* a toutes les couleurs plus claires ; elle est cendrée en dessous.

Le Gros-Bec, Buff. — C'est en automne que le Gros-Bec arrive dans notre pays ; il y est d'abord peu abondant, mais si le froid d'hiver devient rigoureux le nombre augmente aussitôt. Son cri, que l'on entend lorsqu'il vole ou lorsqu'il se pose à l'extrêmité de quelques rameaux d'un arbre élevé, peut se rendre par *zir, zir*, semblable au cri d'une lime. Cet oiseau fréquente de préférence les pays élevés, nos garrigues par exemple, à ceux en plaine ; il recherche les amandes des petits fruits, dont il casse les noyaux avec le secours de son bec robuste ; mais, dans le jeune âge, il est nourri par ses parens avec des insectes. Le Gros-Bec se trouve en France, mais peu dans le Nord.

GROS-BEC VERDIER. — *F. CHLORIS.* (Temm.)

Nom du pays : *Verdun.*

COLORATION. — Le *mâle* a toutes les parties supérieures, la gorge et la poitrine d'un vert jaunâtre ; le ventre est jaune.

La *femelle* est d'un cendré légèrement teint de verdâtre, un peu brunâtre en dessus ; le milieu du ventre et la gorge lavés de jaunâtre. Longueur, 15 centimètres.

Le Verdier, Buff. — Le Verdier est d'un naturel doux et familier ; il se prive vite et peut apprendre plusieurs petits exercices ; sa voix est douce et éclatante, et son ramage, qu'il ne fait entendre que durant la saison des amours, lorsqu'il est en liberté, il le continue pendant plus longtemps en captivité. Il peut même apprendre à prononcer quelques mots. Un grand nombre de Verdiers vivent sédentaires dans le Midi, mais il en passe beaucoup d'autres en automne. Il habite presque toute l'Europe.

GROS-BEC INCERTAIN. — *F. INCERTA.* (Risso.)

COLORATION. — Selon Rafinesque, le *mâle* est entièrement olivâtre, légèrement tacheté de brun vif sur le dos; le ventre blanchâtre; pennes de la queue bordées de brun vif; le bec et les pieds fauves.

La *femelle* a toutes les parties d'un gris verdâtre tirant au brun, la gorge d'un blanc roussâtre, les flancs et la poitrine d'une teinte plus rousse parsemée de quelques taches brunes et alongées; ventre, couvertures inférieures de la queue d'un blanc sale; rémiges et rectrices brunes bordées de brun clair. Longueur, 16 centimètres.

Point dans Buffon. — Selon le témoignage de Roux, cette Fringille est de passage en Provence en automne, mais pas régulièrement tous les ans. Le prince de Musignano l'a comprise dans sa *Fauna italica*, comme étant de passage accidentel en Italie. C'est d'après ces deux naturalistes que je décris cet oiseau comme une espèce qui visite les contrées du Midi, et je ne doute pas que, puisqu'il a été pris en Provence, il ne doive aussi se montrer quelquefois en Languedoc. Il n'en est point fait mention dans l'*Ornithologie du Gard.*

GROS-BEC SOULCIE. — *F. PETRONIA.* (Linn.)

Nom du pays : *Mountagnar, Favar.*

COLORATION. — Une tache d'un jaune citron sur le haut de la poitrine; tout le fond du plumage d'un brun cendré, mêlé de blanchâtre sur les parties inférieures; sourcils d'un blanc roussâtre suivi d'une

bande brune ; toutes les plumes des parties supérieures terminées de blanchâtre ; chaque penne de
la queue porte une tache arrondie d'un blanc profond ; bec brun en dessus , jaunâtre en dessous ; iris
brun ; pieds couleur de chair. Longueur du *mâle* et
de la *femelle*, 16 centimètres. Il y a peu de différence entre les deux sexes.

La Soulcie ou Moineau des Bois, Buff. — Ce n'est
qu'à l'approche du froid que les Soulcies descendent des
pays montagneux pour venir chercher un refuge dans nos
contrées. Elles y sont nombreuses , surtout s'il tombe de
la neige ; nous en voyons alors des bandes nombreuses
qui jettent en volant un petit cri aigu , qui exprime *gnée* ,
gnée , *gnée ;* ces oiseaux sont moins rusés que les *moineaux domestiques* , avec lesquels ils ont beaucoup de ressemblance quant à leurs habitudes. Cette Fringille, qui habite les pays méridionaux , ne niche point dans nos environs , mais elle se reproduit dans la Lozère.

GROS-BEC MOINEAU. — *F. DOMESTICA.* (Linn.)

Nom du pays : *Passéroûn-d'Estéoûlë* *.

COLORATION.—Espace entre l'œil et le bec , gorge ,
devant du cou d'un noir profond ; la poitrine est noire,
mais les plumes sont lisérées de blanc ; joues et parties
inférieures blanchâtres: une bande d'un joli marron
au-dessus des yeux ; plumes du dos et des ailes
marron avec des taches noires dans leur milieu ; une
bande blanche sur l'aile ; bec noir. Longueur, 14
centimètres , les *vieux mâles.*

* *Passerine dus toits.*

La *femelle* n'a pas de marron, ni la gorge ni le devant du cou noirs; elle est en général d'un cendré brun. L'on trouve assez souvent des individus qui varient soit d'un blanc pur, soit d'un blanc sale. J'en possède des uns et des autres.

Le Moineau, Buff. — Les Moineaux sont toujours réunis par troupes nombreuses, soit dans les villes, soit dans les champs; ce sont des hôtes incommodes qui partagent malgré nous notre domicile, mangent nos premiers fruits et dévorent nos récoltes.

Tout le monde connaît l'habitude qu'ont les moineaux de se réunir le soir, pendant la belle saison, sur les grands arbres des promenades, pour y piailler tous ensemble, et, comme on l'a dit déjà, il semble que c'est à cette heure que se plaident et se vident les querelles de la journée. Le Moineau habite l'Europe depuis nos contrées jusque dans les régions du Cercle Arctique; mais on n'en trouve point en Italie, où il est remplacé par l'espèce suivante.

GROS-BEC CISALPIN. — *F. CISALPINA.* (Temm.)

Nom du pays : *Passéroûn.*

Coloration. — La taille et les couleurs de cette espèce sont les mêmes que chez le *moineau domestique*, et sont distribuées de la même manière, mais le Cisalpin se fait reconnaître par le brun marron qui s'étend sur le dessus du cou, tandis qu'il entoure seulement la tête du *moineau domestique*, en laissant un espace gris en dessus, lorsque au contraire il couvre entièrement le vertex, l'occiput et la nu-

que de l'espèce dont il s'agit ici ; les parties inférieures sont lavées de teintes brunes.

La *femelle* est ordinairement d'un brun plus roux
que celle de l'autre espèce.

Point dans Buffon. — Cet oiseau, qui habite toute
l'Italie te autres provinces voisines, où il remplace notre
Moineau, est de passage dans nos contrées dans le mois de
septembre, et se mêle souvent aux troupes des *Moineaux*.
Roux dit que la voix du Cisalpin est plus faible que celle
du *Moineau domestique*, et que les chasseurs provençaux
s'en servent de préférence comme appelant. C'est aux
observations de MM. Vieillot et Temminck que l'on doit
la connaissance de cette espèce.

GROS-BEC ESPAGNOL. — *F. HISPANIOLENSIS.* (Temm.)

Nom du pays : *Passeroûn.*

COLORATION. — Sommet de la tête et nuque d'un
joli marron vif ; joues blanches ; gorge, devant du
cou, poitrine et flancs d'un noir profond ; dos et
manteau noirs ; queue d'un brun roux ; ventre
blanc ; du marron et du blanc sur le haut de l'aile ;
bec de couleur de corne et noir, plus long que chez le
moineau domestique. Longueur, environ 15 centimètres, le *mâle.*

La *femelle* est d'un blanc grisâtre en dessous,
mais chaque plume porte une fine raie d'un brun
isabelle, qui suit la direction de la baguette ; l'abdomen est d'un blanc lavé de cette couleur ; le dos
porte des mèches noires bordées de roussâtre ; le

dessus de la tête, le derrière et les côtés du cou d'un brun grisâtre ; pennes des ailes et de la queue bordées d'isabelle ; bec d'un brun clair.

Roux avait déjà décrit cette espèce parmi les oiseaux qui se trouvent en Provence ; mais, comme il dit que c'est sur la foi d'autrui, je m'étais abstenu de la comprendre dans l'*Ornithologie du Gard* ; depuis lors, un individu mâle du Moineau Espagnol, a été chassé aux filets par M. Maurice, imprimeur, qui le donna à M. Collin, sculpteur, pour le mettre en volière, où il vit encore. Sans doute que cet oiseau passe plus souvent dans notre pays qu'on ne le pense, mais sa ressemblance avec le moineau ordinaire est cause qu'on n'en fait point la distinction. Il habite l'Espagne, la Sicile et l'Egypte ; il est commun dans l'Algerie.

GROS-BEC FRIQUET. — *F. MONTANA*. (Linn.)

Nom du pays : *Sáouzin, Passéroûn de Trâou.*

COLORATION. — La gorge et le devant du cou d'un noir profond ; espace entre le bec et l'œil ainsi que l'orifice des oreilles de cette même couleur ; joues, côtés du cou et demi-collier d'un blanc pur ; dessous du corps blanchâtre ; queue noirâtre bordée de roux ; deux bandes transversales sur l'aile ; iris brun. Longueur, 13 centimètres.

La *femelle* diffère peu du *mâle*.

LE FRIQUET, Buff. — On a donné à cet oiseau le nom de *Friquet*, parce qu'étant perché sur un arbre ou un buisson il ne cesse de se tourner, de frétiller, de hausser et de baisser la queue. Dans notre pays on le nomme *Sáou-*

zin, parce qu'on le trouve le plus souvent sur les saules de notre plaine. Il s'approche peu des villes, mais il rôde autour des métairies dont il fréquente les trous de murailles dans lesquels il niche quelquefois.

Le *Friquet* habite toute l'Europe, depuis le Midi jusque dans les régions boréales.

GROS-BEC CINI. — *F. SERINUS.* (Linn.)

Nom du pays : *Sarazin* ou *Saraziné*.

COLORATION. — Le front, les sourcils, une bande qui entoure la nuque, la gorge, le cou, la poitrine et le ventre d'un jaune jonquille ; côtés de la poitrine et flancs marqués par des taches noirâtres ; croupion jaune ; dos olivâtre avec des taches noirâtres et cendrées ; deux bandes sur l'aile, une jaunâtre, l'autre jaune verdâtre ; bec gris brun. Longueur, 12 centimètres.

La *femelle* a les parties supérieures et inférieures généralement ternes et n'a point de jaune jonquille, mais un roux entremêlé d'un peu de jaune le remplace.

LE CINI et LE SERIN DE PROVENCE, Buff. — Ce charmant petit oiseau n'est pas rare dans le Midi ; indépendamment de ceux qui y sont sédentaires, il en passe beaucoup en novembre et en mars ; c'est par troupes nombreuses qu'ils ont l'habitude de voyager ; le cri qu'ils font entendre est *trirli*, *trirli*, *trirli*. Mais leur ramage est plein d'agrémens au temps des amours ; le mâle le redit en volant au-dessus du nid où couve sa compagne ; tous ses mouvemens et ses battemens d'ailes annoncent l'a-

18

bandon. Le Cini mâle peut fort bien s'accoupler avec une femelle du *Serin des Canaries*, et les métis qui en résultent sont d'excellens chanteurs ; il n'habite guère que le midi de l'Europe.

DEUXIÈME SECTION.

BRÉVICONES*.

Le bec est de forme conique, plus ou moins court, droit et cylindrique, souvent conique partout.

GROS-BEC PINSON. — *F. COELEPS.* (Linn.)

Nom du pays : *Quinsar.*

COLORATION. — Front noir ; haut de la tête et nuque d'un bleu cendré pur ; dos et scapulaires châtain avec une légère nuance d'olivâtre ; croupion vert ; tout le dessous du corps de couleur lie de vin un peu roussâtre ; deux bandes blanches coupent l'aile en travers ; bec bleuâtre ; iris châtain. Longueur, 17 centimètres, le *mâle au printemps.* En *automne*, toutes les teintes sont plus claires et le bec est blanchâtre.

La *femelle*, qui est un peu plus grande, est fortement nuancée d'olivâtre et de cendré bleuâtre ; point de noir sur le front.

LE PINSON, Buff. — Dès les premiers jours d'octobre, les Pinsons arrivent en grand nombre dans nos contrées,

---

* Dans l'*Ornithologie du Gard*, il faut lire *Brevicones*, au lieu de *Brevicornes* ; c'est une erreur typographique.

et ce sont les femelles qui se montrent les premières, puis
les mâles ; ils sont alors peu méfians et donnent dans les
filets que l'on tend dans les champs ; mais dès qu'ils ont
choisi leur canton, ils deviennent très-rusés, et savent
éviter toute sorte d'engins. On les voit pendant l'hiver
réunis en grandes bandes, se mêlant aux *Bruants*, aux
*Verdiers** et aux *Linottes*. Ils se plaisent au milieu des
vignes et des olivettes. Le ramage que le mâle fait entendre au printemps est plein de force et se termine par des
roulades agréables. Dès le mois de mars, les Pinsons remontent vers le Nord, et il n'en reste qu'un petit nombre
pour nicher dans nos environs. Cette espèce habite presque
toute l'Europe.

GROS-BEC D'ARDENNES. — *F. MONTIFRINGILLA.* (Linn.)

Nom du pays : *Quinsar-Rouquié*, *Quinsar d'Espagno*.

COLORATION. — Le *mâle, au printemps et en été,*
a la gorge, le devant du cou, la poitrine et le haut
de l'aile d'un beau roux ; toute la tête, les côtés du
cou et le dos d'un beau noir luisant ; ventre et flancs
blancs ; sous le pli de l'aile, quelques plumes d'un
jaune d'or ; queue noire ; les deux pennes du milieu
et les latérales bordées de blanchâtre ; bec bleuâtre
et noir à la pointe ; iris noisette. *En automne et en
hiver*, la tête et le dos sont variés de brun, de roussâtre et de noir ; le bec est jaunâtre jusque vers la
pointe qui est noire, les autres couleurs sont moins
vives. Longueur, 18 centimètres.

La *femelle* a toutes les parties de son plumage plus

* Dans l'*Ornithologie du Gard*, p. 252, il faut lire *Verdiers* au lieu
de *Verduns*.

ternes ; la tête est grise avec deux bandes noirâtres ; les plumes du pli de l'aile sont tant soit peu jaune d'ocre.

Le Pinson d'Ardennes, Buff. — Le chant de cet oiseau est faible et peu varié, mais son naturel est moins farouche que celui du Pinson. Il est de passage régulier tous les ans en novembre, ou plutôt, selon que le froid se fait sentir, et le nombre augmente en raison de la rigueur de l'hiver. C'est par petites troupes serrées que ces oiseaux voyagent, et les mâles et les femelles se mêlent indistinctement ; mais si l'un d'eux se pose quelque part, toute la bande s'empresse de le suivre. Cette *Fringille* ne niche point en France, M. Temminck la dit très-commune dans les régions polaires.

GROS-BEC NIVEROLLE. — *F. NIVALIS.* (Linn.)

Coloration. — Sommet de la tête, nuque, haut du cou et joues d'un gris cendré ; dos et manteau d'un brun un peu foncé ; grandes couvertures des ailes et dix pennes de la queue blanches, mais celles-ci sont terminées par du noir, les deux du milieu de cette même couleur ; toutes les parties inférieures plus ou moins blanches ; les plumes de la gorge sont noires jusqu'aux deux tiers de leur longueur, mais blanches à leur bout ; bec fort et long, noir en été et jaune en hiver ; pieds bruns. Longueur, 19 centimètres.

La *femelle* ne diffère du *mâle* que par le cendré de la tête qui est nuancé de roussâtre, et le blanc des parties inférieures est toujours moins pur.

Le Pinson de Neige ou La Niverolle, Buff. — Ainsi que je l'ai déjà dit, cet oiseau ne se montre que bien rarement dans nos alentours ; sa demeure favorite est sur les montagnes les plus élevées, toujours dans le voisinage des neiges. En hiver, lorsque la saison est trop rigoureuse et que la nourriture commence à lui manquer, il descend dans les Basses-Alpes et s'égare alors jusque dans la Provence et le Languedoc ; c'est à cette époque que je m'en suis procuré deux individus capturés ici. Mais la personne qui les avait tués en avait vu plusieurs. On trouve la Niverolle sur les hautes montagnes, telles que les Pyrénées et les Alpes Suisses, rarement dans les pays plats.

GROS-BEC LINOTTE. — *F. CANNABINA.* (Linn.)

Nom du pays : *Lignotto.*

Coloration. — Dessus de la tête, derrière et côtés du cou d'un brun cendré ; milieu du ventre et couvertures inférieures de la queue blanchâtres ; le front et la poitrine d'un beau rouge cramoisi ; flancs et abdomen d'un brun rougeâtre ; dos et couvertures des ailes à-peu-près de cette couleur ; pennes de la queue noires, bordées de blanc ; iris brun ; pieds d'un brun roussâtre. Longueur, 14 centimètres, le *mâle vieux au printemps.* Après la mue d'automne, le front et la poitrine sont d'un rougeâtre brun ; le dos est marqué par de grandes taches noires ; et des taches brunes sont répandues sur les flancs.

La *femelle* ressemble assez au *mâle* dans cette livrée, moins la nuance rougeâtre du front et de la poitrine. Cet oiseau varie quelquefois ; il devient isabelle ou d'un blanc pur, blanchâtre et brun cendré. Je possède toutes ces variétés. On trouve encore des individus noirâtres ou d'une couleur plus sombre qu'à l'ordinaire.

LA LINOTTE et LA GRANDE LINOTTE DES VIGNES , Buff. — Cette espèce est extrêmement commune dans le Midi, indépendamment de celles qui y sont de passage au printemps et en automne. Le chant de la Linotte mâle est agréable, il se compose d'une suite de sons soutenus , de cadences et de modulations variées ; en captivité , elle le fait entendre presque toute l'année. Cet oiseau habite une grande partie de l'Europe et au cap de Bonne-Espérance ; chez nous, il niche au milieu des vignes, dans les bois , dans les buissons, dans les haies et les charmilles. Il arrive que si l'on veut élever des jeunes en captivité, ils ne prennent jamais du rouge dans leur plumage , quoique mâles.

GROS-BEC DE MONTAGNE. — *F. MONTIUM.* (GEML.)

COLORATION. — La tête , le dessus du cou , les scapulaires , le dos et les flancs sont d'un brun foncé mêlé de roussâtre ; l'aile est coupée en travers par cette couleur qui borde encore le bord des couvertures supérieures ; rémiges et pennes de la queue d'un brun noirâtre ; elles sont en partie bordées de blanchâtre extérieurement ; croupion cramoisi en été , de la couleur du dos en hiver ; gorge, région des yeux, poitrine et flancs roux, mais ceux-ci, ainsi que les côtés de la poitrine, variés de taches alongées brunes ; pennes caudales terminées en pointe ; ventre et abdomen blanchâtres en hiver ; blancs durant l'été, le *mâle.* Longueur , 14 centimètres,

Les *femelles* et les *jeunes de l'année* ont les bordures blanches des ailes et de la queue plus étroites ; le croupion n'a pas de rouge, mais il est marqué par des taches longues, brunes, sur un fond roux, comme sur le dos.

Voici encore une de ces espèces que l'on ne voit que de loin en loin dans nos contrées, et qu'on serait presque tenté de passer sous silence dans un ouvrage relatif à une seule localité, tant, en effet, ils sont rares dans notre pays.

Roux dit, dans son *Ornithologie Provençale*, que cette Fringille visitait la France et la Provence tous les cinq ou six ans seulement ; je déclare que, pour mon compte, je ne l'ai vue qu'une seule fois ; c'est durant l'hiver 1841, qu'un chasseur aux filets en prit 4 ou 5 en chassant à l'abreuvoir dans nos garrigues ; il confondit d'abord ces oiseaux avec de *jeunes linottes*, et ce n'est qu'en le plumant qu'il crut s'apercevoir de quelque différence dans la distribution des couleurs et plus encore dans la forme du bec ; il m'en apporta deux que je conserve dans ma collection. Vieillot dit que le chant du Gros-Bec de montagne est au moins aussi agréable que celui de la Linotte.

Il habite, en été, l'Ecosse, la Norwège et la Russie qu'il abandonne en hiver.

TROISIÈME SECTION.

LONGICONES.

Bec en cône droit, long et comprimé, terminé en pointe très-aiguë.

GROS-BEC VENTURON. — *F. CITRINELLA*. (Linn.)

Nom du pays : *Viôouloundirē.*

COLORATION. — Cette jolie petite espèce a été quelquefois confondue avec le *Cini* ; mais celle dont nous
parlons a le front, le sommet de la tête, le tour des
yeux, la poitrine, le ventre, les couvertures de
dessous la queue ainsi que le croupion d'un jaune
verdâtre, sans indices de taches ; côtés du cou,
nuque cendrés ; les flancs sont de cette couleur ;
haut du dos et manteau vert sombre ; pennes des ailes
et de la queue noirâtres lisérées de jaunâtre ; queue
fourchue ; iris d'un brun noirâtre. Longueur, environ 13 centimètres.

La *femelle* et les *jeunes* se font distinguer par des
couleurs moins pures ; le cendré de derrière le cou
s'étend jusque sur la poitrine.

LE VENTURON DE PROVENCE, Buff. — Longtemps on a
cru, d'après cet auteur, que cet oiseau se multipliait en
Provence et en Languedoc, tandis que ce n'est qu'en novembre qu'il passe dans ces provinces, et encore il y a
des années où il est fort rare ; il n'y fait jamais qu'un
court séjour. Le Venturon est peu rusé, et donne facilement dans les piéges. Le cri qu'il jette en volant lui a
valu ici le nom de *Viôouloundire* ou (joueur de violon),
parce qu'il a du rapport aux sons que produirait une
chanterelle de violon si on la pinçait. Cette espèce peut
s'appareiller avec le *Serin des Canaries* ; elle habite en
Turquie, en Allemagne, en Suisse et dans l'Italie.

GROS-BEC SIZERIN. — *F. LINARIA.* (Linn.)

Nom du pays : *Lucré.*

COLORATION. — Sommet de la tête d'un cramoisi foncé ; côtés de la gorge , poitrine et parties latérales du ventre d'un cramoisi plus clair ; flancs marqués par des taches alongées , noirâtres ; gorge et lorum noirs ; ventre d'un blanc rosé ; parties supérieures d'un roux brun, avec de petites taches noires ; croupion cramoisi ; ailes et queue noirâtres ; queue fourchue ; bec jaune , noir au bout ; il est effilé et pointu. Longueur, 14 centimètres , le *mâle au printemps.*

La *femelle* est variée de roux et de brun ; la gorge noire , mais point entre le bec et l'œil ; un peu cramoisi sur la tête ; lorsqu'elles sont vieilles , la poitrine est un peu rosée.

LE CABARET, Buff. — C'est au mois de novembre que s'effectue le passage de cette espèce dans le Midi, mais ce n'est que tous les trois ou quatre ans que son apparition a lieu ; ils vont par petites troupes de six à douze , et préfèrent les bois aux champs découverts ; ils se posent sur la cime des arbres, s'accrochent à l'extrêmité des petites branches et en parcourent toutes les sommités avec une grande vitesse. Leur allure en cela se rapproche beaucoup de celle des Mésanges. Lorsque ses pérégrinations sont terminées, ce qui a lieu à l'approche des beaux jours , le Sizerin se retire dans les pays tempérés et jusque fort avant dans le Nord pour s'y reproduire.

GROS-BEC TARIN. — *F. SPINUS.* (Linn.)

Nom du pays : *Turyn.*

COLORATION. — Dessus de la tête et la gorge d'un
noir profond ; une bande jauue partant de dessus
l'œil va en s'élargissant sur les côtés du cou ; dos et
manteau verts, nuancés de brun noirâtre ; croupion,
moitié de la queue et une large bande en travers de
l'aile d'un beau jaune ; poitrine et ventre de la même
couleur ; flancs gris ; le bout des pennes de la queue
noir ; bec et pieds d'un brun clair ; iris noirâtre.
Longueur, 12 centimètres, le *mâle.*

La *femelle* est généralement d'un vert cendré,
parsemé de taches noires qui sont alongées sous le
corps dont le fond est blanchâtre ; la bande de l'aile
est d'un jaune blanchâtre.

LE TARIN, Buff. — Les Tarins sont de charmans petits
oiseaux que nous voyons arriver dans nos environs par
troupes plus ou moins nombreuses en automne ; il y a des
années cependant où ils sont fort rares, ce qui a fait dire
ici qu'ils ne passaient pas tous les ans ; s'ils reparaissent en
mars, ce n'est jamais qu'en petite quantité. Cette espèce
est peu rusée, et si l'on est pourvu d'un appelant, elle
donne dans toutes sortes de piéges. C'est avec un trébu-
chet seulement que chaque année j'en prends beaucoup
dans le jardin que j'habite. Le chant du Tarin n'est pas
très-mélodieux, mais il ne manque pas d'agrémens. Ces
oiseaux chantent toute l'année en volière et sont fort gais,
ils peuvent s'appareiller avec le *Serin des Canaries,*
le *Chardonneret* ou le *Cini.* Les métis sont de très-bons

chanteurs. On trouve le Tarin dans presque toute l'Europe ; il niche jusque fort avant dans le Nord.

GROS-BEC CHARDONNERET. — *F. CARDUELIS.* (Linn.)

Nom du pays : *Cardounio.*

COLORATION. — Du rouge cramoisi sur le front et sur la gorge ; du noir autour du bec, sur l'occiput et la nuque ; ailes noires variées de jaune et de blanc ; joues, devant du cou et parties inférieures d'un blanc pur ; poitrine brune ; dos brun ; queue noire avec deux et quelquefois trois taches blanches sur les pennes latérales ; bec blanchâtre, noir au bout ; iris châtain. Longueur, 9 centimètres, le *vieux mâle.*

La *femelle* a le rouge cramoisi du front et de la gorge moins étendu et moins pur ; joues colorées de brun ; le noir du haut de l'aile est toujours nuancé de cette même couleur. Il varie accidentellement du blanc pur au blanchâtre, ou bien certaines parties du corps ont du blanc qui se confond avec les autres couleurs. Je possède plusieurs variétés dont une a la gorge blanche.

LE CHARDONNERET, Buff. — Le Chardonneret doit son nom aux semences du chardon qu'il recherche en automne ; c'est un des plus beaux oiseaux que l'on rencontre en Europe ; à l'éclat de la parure il joint d'excellentes qualités ; il se plie facilement à l'esclavage, devient familier, reconnaît la voix de ses maitres, et, comme il veut de l'occupation dans son étroite demeure, on peut lui apprendre divers petits exercices très-amusans. Il ne lui

manque que d'être rare pour en faire désirer davantage
la possession. Je ne parlerai pas davantage de ses mœurs,
que tant d'autres ont fait connaître et que bien de personnes ont pu étudier *.

Le Chardonneret est sédentaire dans notre pays, mais
nous en voyons davantage en automne et au printemps.

On le trouve dans presque toute l'Europe.

SERIN DES CANARIES. — *F. CANARIA.* (Linn.)

Nom du pays : *Canâri.*

COLORATION. — Le plumage d'un oiseau aussi
connu et aussi répandu que celui-ci n'a pas besoin
d'être décrit ; l'on sait que le mâle a toujours la couleur plus uniforme que la femelle. Le Canari jaune
jonquille était autrefois le plus rare et celui qu'on re-
cherchait le plus, tandis que maintenant on en compte
plus de trente belles variétés bien marquées. Toutes
ces variétés ou races se reproduisent entr'elles et font
d'excellens chanteurs.

M. Lesson, que je consulte en ce moment, rapporte,
d'après Olina, que, vers le milieu de xviie siècle, époque à
laquelle l'on a commencé à élever les *Canaris* en Europe,
un vaisseau qui portait, outre sa cargaison, une grande
quantité de ces oiseaux, vint échouer sur les côtes d'Italie, et que les serins qui furent mis en liberté par suite de
cet accident se sauvèrent dans l'île d'Elbe où ils se mul-
tiplièrent dans l'indépendance, et où ils se seraient peut-
être naturalisés, si on ne leur eût donné la chasse ; néanmoins, ces oiseaux avaient commencé à s'abâtardir dans
cette île.

* *Voyez* aussi l'*Ornithologie du Gard*, p. 264 et 265.

Avec les *Serins*, on transporta des Hespérides la graine qui devait les nourrir (*phalaris canariensis*), que l'on cultive aujourd'hui dans plusieurs contrées de l'Europe. Comme les hommes font commerce de tout maintenant, il y en a qui vont tous les ans dans certains pays vendre un grand nombre de ces oiseaux qu'ils achètent dans d'autres.

Ces aimables musiciens de chambre font les délices des amateurs qui les font multiplier, ainsi que des personnes qui n'en nourrissent qu'un pour le seul plaisir d'entendre sa jolie voix ; son naturel doux et attachant le fait chérir de son maître, il retient les airs qu'on veut lui apprendre, apprend même à prononcer quelques mots, reçoit et rend les caresses qu'on lui donne, et il est sensible à tous les soins qu'on lui prodigue. C'est aussi de tous les oiseaux celui dont on fait le plus de cas dans une maison. Les femelles ne partagent point la voix harmonieuse des mâles, mais elles gazouillent un tout petit ramage. L'on sait que les *Serins* peuvent s'apparier avec le *Chardonneret*, la *Linotte*, le *Tarin*, le *Cini*, le *Venturon*, le *Verdier*, et même le *Bouvreuil*. Tous ces métis ou hybrides sont de bons chanteurs qui conservent bien plus longtemps leur voix que les *Canaris purs*, et sont plus robustes. Le *Chardonneret* et le *Serin* font surtout d'excellens musiciens, mais il faut autant que possible que le *Chardonneret* soit pris jeune, et nourri de bonne heure avec de la graine de Canari. Si l'on prend un *Chardonneret* qui ait connu la liberté, pour l'apparier il faut qu'il ait passé au moins une année avec les *Serins*, et qu'il puisse se contenter de la même nourriture qu'eux.

Dans leur patrie, les Canaris se plaisent sur les bords des ruisseaux, ils aiment à se raffraîchir souvent ; c'est pourquoi il faut dans la volière leur donner de l'eau propre et la renouveler de temps en temps. Ce charmant volatile n'a pas été connu en Europe avant le xve siècle , car aucun des anciens naturalistes n'en fait mention. Les premiers qui parurent sur notre continent venaient des îles Fortunées, mais le prix d'un *Serin* était tellement élevé qu'il n'y avait que les personnes riches qui en fissent l'acquisition. Aujourd'hui cette espèce est très-commune en France , surtout dans nos contrées , et le prix ne dépasse pas 6 fr. la paire, excepté pour quelques nouvelles races, comme les *Serins hollandais* par exemple, et pour lesquels plusieurs amateurs font de grands sacrifices ; à la vérité ils sont fort beaux et d'une taille qui surpasse celle de toutes les races connues.

ORDRE CINQUIÈME.

ZYGODACTYLES. — *ZYGODACTYLI.* (Temm.)

Caractères. — Bec de forme variée, plus ou moins arqué , quelquefois très-crochu ; le plus souvent deux doigts devant et deux derrière, ou l'extérieur reversible.

M. Temminck a créé cet ordre pour recevoir quelques oiseaux dont le doigt externe peut à volonté se diriger en arrière ou en avant, et d'un grand nombre d'espèces qui ont les doigts par paires, c'est-à-dire deux devant et deux derrière ; ceux qui les ont ainsi conformés peuvent se cramponner et escalader les troncs et les branches des arbres dans tous les sens.

GENRE TRENTE-DEUXIÈME.

COUCOU. — *CUCULUS*. (Linn.)

CARACTÈRES. — Bec médiocre, lisse, arrondi, entier, un peu fléchi en arc; tarses plus courts que le doitg le plus long; ailes longues, pointues.

L'Europe en produit trois espèces connues, dont deux visitent notre pays.

COUCOU GRIS. — *CUCULUS CANORUS*. (Linn.)

Nom du pays : *Couqû.*

COLORATION. — Parties supérieures, le cou, la poitrine d'un cendré bleuâtre; ventre, cuisses et les autres parties inférieures blanchâtres avec des raies en travers d'un brun noirâtre; queue noirâtre marquée de quelques petites taches blanches; tour des yeux et bord du bec d'un jaune orange; iris et pieds jaunes. Longueur, 29 à 30 centimètres, les *vieux*. A l'âge d'un an, cet oiseau prend une teinte plus rousse, ce qui a donné lieu d'en faire une seconde espèce.

LE COUCOU, Buff. — Dès leur arrivée dans le Midi, ce qui a lieu dans les premiers jours d'avril, les Coucous se répandent partout, dans les bois, les champs couverts par des arbres, et dans les grandes avenues. Leur voix, qui est forte, pénètre au loin; méfians à l'excès, on les aborde difficilement; ils diffèrent des autres oiseaux en ce que la femelle fait couver ses œufs par des fauvet-

fauvettes ou autres petites espèces. On prétend qu'après les avoir pondus la femelle les transporte dans son gosier et n'en met qu'un ou deux dans chaque nid, en ayant soin de ne point endommager les œufs qui s'y trouvent. Chaque auteur est d'une opinion différente sur cette particularité ; mais la plus accréditée est que cet oiseau est polygame, et comme les femelles sont plus rares que les mâles, et qu'elles sont forcées d'en recevoir plusieurs qui les poursuivent sans relâche, il leur devient impossible de construire un nid et de s'occuper des soins de la maternité. Mais elles exercent néanmoins une surveillance assidue dans les lieux où elles ont déposé leur fruit, car elles ne se lassent pas de visiter les nids où elles les ont confiés.

COUCOU GEAI ou TACHETÉ. — *C. GLANDARIUS.* (Temm.)

CoLORATION.—Toute la tête, qui est huppée, et les joues d'une couleur cendrée ; une bande d'un cendré noirâtre s'étend depuis la région des oreilles jusque sur le dos ; lequel, avec les scapulaires et le croupion sont bruns avec des reflets verdâtres ; le bout de toutes ces plumes blanc ; les parties inférieures du cou et la poitrine sont d'un blanc jaunâtre ; toutes les autres parties inférieures d'un blanc plus ou moins pur, selon l'âge ; bec noir ; un peu rougeâtre à sa base ; iris jaune. Longueur, 23 à 25 centimètres, les *vieux.*

LE COUCOU HUPPÉ NOIR ET BLANC et GRAND COUCOU TACHETÉ, Buff. — Cette belle espèce habite la côte barbaresque, la Syrie, l'Egypte, le Sénégal, l'Andalousie et le Levant. Son apparition ailleurs est tout accidentelle ; c'est ainsi que cet oiseau se montre quelquefois au printemps dans le midi de la France; mais le nombre n'en est jamais grand; j'eus l'occasion de tuer un beau mâle qui fait partie des oiseaux de ma collection depuis lors; quelques autres individus ont été tués dans le Gard et les pays voisins. Le naturel de cet oiseau est moins farouche que celui de l'espèce précédente.

DEUXIÈME FAMILLE.

CARACTÈRES. — Bec droit, en forme de coin; pieds, deux doigts devant et deux derrière; queue à pennes raides, les deux du milieu dépassent en longueur toutes les autres.

GENRE TRENTE-TROISIÈME.

PIC. — *PICUS.* (Linn.)

CARACTÈRES. — Bec long, droit, anguleux, comme comprimé, en coin à son extrémité; narines cachées par des poils dirigés en avant; pieds forts; ongles aigus, arqués; ailes courtes; queue à pennes raides et élastiques, étagées.

Les oiseaux qui composent ce genre habitent les grandes forêts et les lieux où se trouvent des arbres de haute futaie; ils sont sans relâche occupés au travail pénible qui pourvoit à leur existence, et paraissent ignorer les délices du repos. Leur voix n'est composée que de sons peu agréables, et, lorsque la femelle couve, le mâle ne peut lui faire entendre aucune de ces amoureuses roulades que d'autres espèces prodiguent à leur compagne pour leur faire oublier les peines de l'incubation. Ils nichent dans

19

des trous qu'ils creusent aux arbres à l'aide de leur bec,
et grimpent aux troncs et aux branches au moyen de
leurs pieds ; ils s'appuyent avec l'extrêmité de leur queue,
frappent l'écorce à coups redoublés avec leur bec afin d'en
faire sortir les insectes, ou bien ils les retirent au moyen
de leur langue qu'ils alongent considérablement par suite
d'une organisation toute particulière. Nous en trouvons
quatre espèces dans nos contrées.

PIC NOIR. — *PICUS MARTIUS*. (Linn.)

Nom du pays : *Pi négrë*.

COLORATION. — Ce grand Pic a toutes les parties
du corps, les ailes et la queue d'un noir profond ;
le front, le dessus de la tête et l'occiput d'un beau
rouge cramoisi ; le bec est cendré, blanchâtre et noir
au bout ; pieds gris de plomb ; iris d'un blanc jaunâtre. Longueur, 45 à 46 centimètres, le *mâle*.

La *femelle* n'a du rouge que sur l'occiput seulement.

LE PIC NOIR, Buff. — Cet oiseau est rare dans tous
nos départemens méridionaux, et je ne puis citer qu'un
individu tué ici et que l'on m'apporta. Cette espèce, la
plus grande de toutes celles que l'on rencontre en Europe,
vit dans les montagnes boisées des Alpes, des Pyrénées,
dans celles de tous les pays septentrionaux, et niche dans
les trous qu'elle se creuse, comme dans ceux des arbres,
ce qui cause souvent du tort à ces derniers. L'on prétend
que dans l'extrême disette ce Pic se contente de noix, de
semences ou de baies sauvages.

PIC VERT. — *PICUS VIRIDIS*. (Linn.)

Noms du pays : *Pi-Vert*.

Coloration. — Le *mâle* a tout le dessus de la tête, l'occiput, les moustaches d'un rouge brillant ; parties supérieures d'un beau vert avec le croupion d'un jaune verdâtre ; parties inférieures d'un blanc jaunâtre ; pennes des ailes marquées de blanchâtre ; queue nuancée de brun et de verdâtre, rayée en travers ; bec noirâtre, jaunâtre à la base en dessous ; iris blanc. Longueur, 46 centimètres environ, le *mâle*.

La *femelle* a les moustaches noires, le rouge de la tête est moins étendu. Elle est aussi plus verdâtre en dessus.

Le Pic Vert, Buff. — Ce Pic n'est pas rare dans nos contrées où il reste sédentaire. Il habite les bois des pays montagneux, plus rarement dans ceux en plaine, mais le plus souvent dans les grands parcs où se trouvent des arbres de haute futaie, tels qu'il en existe sur les bords du Rhône.

La voix de cet oiseau est forte, et les syllabes qu'il semble exprimer sont : *tiacacan, tiacacan*, qu'il prononce en chevrotant ; ces sons durs et aigres retentissent au loin dans les lieux qu'il habite. Il grimpe avec vivacité autour des troncs des arbres, de sorte que l'on a de la peine à le découvrir. Le Pic Vert se trouve dans toute l'Europe.

PIC ÉPEICHE. — *PICUS MAJOR*. (Linn.)

Nom du pays : *Piquo-Bos*.

Coloration. — Le dessus de la tête et du cou , le dos , le croupion, les couvertures supérieures des ailes et de la queue d'un noir lustré ; une large bande rouge sur l'occiput ; front roussâtre ; côtés de la tête blancs ; une tache de la même couleur sur les côtés du cou. Une bande noire part du coin du bec, passe au-dessous des joues et s'étend sur la poitrine ; de là elle se divise en deux et va se perdre sur le cou. Dessous du corps gris roussâtre ; bas du ventre et couvertures inférieures de la queue rouges ; des taches blanches sur l'aile et sur les trois pennes latérales de la queue ; iris rouge. Longueur 24 centimètres environ , le *mâle*.

La *femelle* n'a point de rouge à l'occiput.

L'Epeiche ou Pic Varié , Buff. — C'est dans les montagnes qui avoisinent les départemens de l'Hérault et du Gard que se trouve cette jolie espèce de Pic ; elle vit aussi en Provence , où , durant l'hiver , on la voit assez fréquemment dans les campagnes. Ses habitudes sont à-peuprès celles du Pic Vert , mais son cri n'est pas le même. l'Epeiche semble exprimer *tre re re re re* , prononcé d'une voix comme enrouée.

On dit que pour l'attirer à soi il suffit de frapper sur la crosse de son fusil avec un œuf de bois creux. Il niche, comme tous ceux du même genre , dans les trous des arbres , quelquefois à plus de sept mètres environ d'élévation ; cette espèce vit jusque assez avant dans le Nord.

PIC MAR. — *PICUS MEDIUS*. (Linn.)

Nom du pays : *Pi.*

COLORATION. — Front tirant au gris roussâtre ; du
rouge sur la tête et sur l'occiput, mais d'une teinte
moins vive que chez l'*Epeiche* ; gorge blanche ; poitrine un peu lavée de roux et de rougeâtre qui se prolonge sur le bas-ventre et sur les couvertures inférieures de la queue ; parties supérieures, noires ; côtés de la tête gris blanc ; flancs roses, avec des taches
alongées ; quelques taches blanches sur les couvertures supérieures des ailes ; queue noire avec du
blanc sale sur les trois pennes latérales ; iris brun.
Longueur, 22 centimètres environ, le *mâle*.

La *femelle* ne diffère de cette livrée que par des
teintes plus ternes.

LE PIC VARIÉ A TÊTE ROUGE, Buff. — Cette espèce a
été confondue quelquefois avec la précédente, avec laquelle elle a beaucoup de ressemblance ; ce Pic fréquente
les collines boisées et les champs plantés de châtaigniers
des pays voisins de notre département, d'où il descend
parfois dans le Gard ; il est également rare en Provence,
comme Roux le fait remarquer ; ses habitudes sont les
mêmes que celles de l'espèce précédente. La nourriture du
Pic Mar se compose de fourmis et d'insectes, il touche
quelquefois aux noisettes. On le trouve dans le Nord
comme dans le Midi, mais il n'est commun nulle part.

PIC ÉPEICHETTE. — *PICUS MINOR*. (Linn.)

COLORATION. — Front roussâtre ; sommet de la

tête, rouge; occiput, dessus du cou et des ailes, noirs; une tache blanchâtre derrière l'œil; moustaches noires; parties inférieures d'un blanc terne avec de fines raies sur la poitrine et sur les flancs; pennes latérales de la queue, terminées de blanc et rayées de noir; iris rouge. Longueur, 15 centimètres environ, le *mâle*.

La *femelle* manque de rouge à la tête, et porte un plus grand nombre de taches et de raies sur le corps.

LE PETIT EPEICHE, Buff. — Cette espèce est la plus petite du genre; elle descend rarement dans les environs de Nîmes, mais passe assez souvent dans les montagnes boisées les plus hautes de notre département, comme celles qui sont au-dessus du Vigan par exemple. Quoique ce petit Pic ne se montre pas à découvert, il n'est pourtant pas bien farouche ni bien rusé, et se laisse tirer d'assez près.

———

GENRE TRENTE-QUATRIÈME.

TORCOL. — *YUNX.* (LINN.)

CARACTÈRES. — Bec à peu près rond, sans angle, effilé vers la pointe et garni à sa racine par de petites plumes dirigées en avant; pieds, deux doigts devant soudés à leur base, ceux de derrière entièrement séparés; ailes courtes, queue à pennes larges, flexibles, arrondies à leur bout.

Les Torcols tiennent de près aux *Pics;* comme eux ils se nourrissent d'insectes qu'ils saisissent avec leur langue qui est extensible; mais ils ne grimpent point le long des arbres, et leur bec trop faible ne peut leur servir à percer les troncs. Le nom de Torcol leur a été imposé par la singulière habitude qu'ils ont de porter leur bec en ligne perpendiculaire sur le dos. On n'en connaît que deux ou trois espèces. Une d'elles se trouve dans le Midi.

TORCOL ORDINAIRE. — *YUNX TORQUILLA.* (Linn.)

Nom du pays : *Tiro-Lëngo, Fourmié.*

COLORATION. — Tout le dessus du corps d'un cendré roux et couvert d'une multitude de taches brunes et noirâtres ; une bande d'un brun noirâtre s'étend depuis la nuque jusque sur le long du dos ; queue grise, traversée par cinq bandes noires ; devant du cou roussâtre, avec de petites raies en travers ; les autres parties inférieures blanchâtres, parsemées de taches en forme de piques ; iris d'un brun jaunâtre. Longueur, 17 centimètres environ.

LE TORCOL, Buff. — Cet oiseau est deux fois de passage par an dans les provinces du Midi, en automne et au printemps. Il a l'habitude de se tenir souvent à terre, pour y découvrir des fourmilières dans lesquelles il enfonce sa langue qu'il retire ensuite chargée des fourmis qui s'y trouvent attachées par la matière gluante dont elle est enduite. Le Torcol est d'un naturel lent et peu farouche, il se laisse facilement approcher, et s'il s'envole, c'est pour se poser à peu de distance ; on le voit souvent le long des fossés, parmi les arbres et les buissons. On le trouve dans toute l'Europe.

ORDRE SIXIÈME.

ANISODACTYLES. — *ANISODACTYLI*. (Temm.)

Caractères. — Bec droit ou un peu arqué, pointu, déprimé sur les côtés ou un peu arrondi, couvert à sa base par de petites plumes dirigées en avant; pieds, trois doigts devant et un derrière; l'extérieur soudé à sa base à celui du milieu; pouce très-long, muni d'un ongle recourbé.

M. Temminck dit : « Tous les genres d'oiseaux, tant indigènes qu'exotiques, que j'ai cru devoir réunir dans cet ordre, participent plus ou moins des habitudes et des mœurs des *Zygodactyles grimpeurs*. Comme eux, la plupart escaladent les troncs et les branches des arbres ou les pans verticaux des rochers, ou bien ils se cramponnent fortement à ceux-ci ; presque tous sont insectivores et se nourrissent, quoique avec d'autres moyens, à la manière des *Pics* ».

GENRE TRENTE-CINQUIÈME.

SITELLE. — *SITTA*. (Linn.)

Caractères. — Bec droit, cylindrique; narines recouvertes à claire-voie par des poils dirigés en avant; pieds, trois doigts devant, l'extérieur soudé à sa base à celui du milieu; doigt postérieur très-long, l'ongle arqué, queue à baguettes faibles.

Les Sitelles ne sont pas nombreuses en Europe, on n'en a observé jusqu'à ce jour que deux espèces dont une vit chez nous. L'ancien et le nouveau Monde en ont fourni quelques-unes.

SITELLE TORCHEPOT. — *S. EUROPÆA.* (Linn.)

Nom du pays : *Piqué*, *Pi blû.*

COLORATION. — Parties supérieures d'un cendré bleuâtre ; gorge et une bande sous l'œil, blanches ; face d'un roux jaunâtre ; flancs et cuisses d'un roux marron ; les quatre pennes du milieu de la queue ont une tache blanche ; bec d'un cendré bleuâtre ; pieds gris ; iris noisette. Longueur 15 centimètres environ.

LA SITELLE ou TORCHEPOT, Buff. — Cet oiseau s'attache le long des arbres, les frappe avec son bec à la mamière des *Pics*, pour en faire sortir les insectes cachés sous l'écorce ; le cri qu'il fait entendre est : *tui, tui, tui, tui;* il le répète souvent en parcourant les branches avec une grande vivacité. Cette Sitelle vit sédentaire dans les pays montueux et boisés du département du Gard et dans les pays voisins. Elle a l'habitude de faire de petites provisions de noisettes et de différens grains qu'elle cache dans les trous des arbres qui lui servent de retraite.

GENRE TRENTE-SIXIÈME.

GRIMPEREAU. — *CERTHIA.* (Temm.)

CARACTÈRES. — Bec plus ou moins arqué, triangulaire, effilé, aigu ; narines à moitié fermées par

une membrane; ailes courtes; queue à rectrices raides, un peu arquées, pointues.

Ce genre n'est composé que d'environ quatre ou cinq
espèces, dont une seule habite l'Europe. Les Grimpereaux
escaladent les arbres en s'appuyant sur les pennes fortes
et élastiques de leur queue.

GRIMPEREAU FAMILLIER. — *CERTHIA FAMILIARIS* (Linn.)

COLORATION. — Noirâtre, roussâtre et tacheté de
blanc en dessus; parties inférieures blanches, lavées
de roussâtre; croupion roux; sourcils blancs; pennes
des ailes brun foncé œillé de jaune blanchâtre; queue
d'un cendré roussâtre, terminées en piquans; bec
arqué; iris noisette. Longueur, 14 centimètres.

Ce petit oiseau est de passage au printemps et en automne dans le Midi; et je me suis assuré depuis quelque
temps qu'il en nichait aussi dans nos environs; il n'est
nullement effrayé quand on l'approche; on le voit toujours occupé à grimper autour des arbres, ou de temps
en temps il jette un petit cri perçant qui annnonce sa présence, car, comme il tourne sans cesse autour des branches, il arrive qu'on a de la peine à le découvrir. Il aime
à fréquenter les bois, les vergers, les bords des ruis-
teaux et les arbres touffus. Le Grimpereau Familier habite
toute l'Europe, jusqu'en Sibérie.

GENRE TRENTE-SEPTIÈME.

TICHODROME. — *TICHODROMA*. (Temm.)

CARACTÈRES. — Bec plus long que la tête, légère-

ment fléchi, déprimé à la pointe ; narines horizon-
tales ; pieds, trois doigts devant, le postérieur muni
d'un ongle très-long ; queue arrondie, à baguettes faibles ; ailes amples ; 5e et 6e rémiges les plus longues.

Tout ce que le Grimpereau fait sur les arbres, cette
espèce le fait contre les pans des rochers ou contre les
vieilles murailles, aux parois desquelles il se cramponne
fortement pour y découvrir les insectes dont il se nourrit.

TICHODROME ÉCHELETTE. — *T PHENICOPTERA*. (Temm.)

Noms du pays : *Grimpo-Ro*, *Parpayoûn*.

COLORATION. — Tête d'un cendré foncé ; bas du
cou, dos et scapulaires d'un cendré clair un peu
rosé ; gorge et devant du cou d'un noir profond ; parties inférieures d'un cendré noirâtre ; du rouge vif
sur l'aile ; les pennes qui sont noires sont tachetées de
blanc et de jaune, mais ces taches ne paraissent point
lorsque les ailes sont ployées ; queue noire, terminée de blanchâtre et de cendré ; iris et pieds noirs.
Longueur, 17 centimètres environ, le *mâle au printemps* et *en été*. *En automne* et *en hiver*, la gorge
et le devant du cou n'ont point de noir.

Le *femelle* ressemble au *mâle* dans cette livrée.

On ne rencontre guère cet oiseau réuni à ses semblables ;
ses habitudes sont de voyager seul et silencieusement.
Son vol est peu élevé, et ne paraît pas être soutenu ;
mais, comme il n'abandonne jamais les endroits montagneux et les rochers, ses migrations sont faciles. Ce Ti-
chodrome passe deux fois par an dans notre pays, au prin-

temps et en automne , mais je ne pense pas qu'il y niche ;
les lieux où l'on peut le rencontrer sont le long des grandes
roches taillées à pic , au milieu desquelles il voltige à la
manière des papillons pour découvrir les larves et les araignées cachées dans les fentes ; mais cette espèce n'est
jamais commune chez nous. Les Alpes , les Pyrénées et
quelques contrées de la Provence sont les endroits qu'il
préfère en été ; l'hiver , il émigre plus au Midi.

GENRE TRENTE-HUITIÈME.

HUPPE. — *UPUPA*. (Linn.)

CARACTÈRES. — Bec plus long que la tête , faiblement arqué, grêle ; narines placées à la base du bec,
surmontées par les plumes du front ; doigt intermédiaire réuni à la base avec l'externe ; ailes à pennes
bâtardes très-courtes.

L'on ne connaît que deux espèces de Huppes qui vivent
en Afrique ; l'une visite l'Europe au printemps ; l'autre ,
qui habite le cap Bonne-Espérance et le Sénégal , n'émigre point sur notre continent. Ces deux espèces se ressemblent beaucoup.

HUPPE. — *UPUPA EPOPS*. (Temm.)

Noms du pays : *Pupu* , *Lipégo*.

COLORATION. — Une belle huppe formée par deux
rangées de longues plumes rousses ; mais noires au
bout ; le reste de la tête, le cou , le haut du dos, la
poitrine et le ventre d'un roussâtre vineux ; abdomen

d'un blanc pur; des lignes noires sur les flancs; ailes et queue noires; cette dernière partie est traversée par une bande blanche, les ailes en ont cinq d'un blanc lavé de jaune; bec noir; iris brun. Longueur, 31 centimètres environ, le *mâle vieux*.

La *femelle* diffère peu de celui-ci.

La Huppe, Buff. — C'est d'Afrique que nous vient la Huppe; dès les premiers jours de mars, elle commence à se montrer dans le Midi, d'où elle se répand jusque fort avant dans les contrées du Nord; cet oiseau vit solitaire, il recherche les lieux humides et ombragés; mais il se perche moins qu'il ne court, et c'est à terre qu'il cherche sa nourriture, qui consiste en vermisseaux, en scarabées et en frais de grenouilles, etc. Le cri de cet oiseau est fort; il semble exprimer *poour*, et d'autres fois *bou, bou, bou*; il en reste pour nicher dans nos contrées, et c'est dans les trous des arbres, les crevasses des rochers et les vieilles masures que la femelle dépose ses œufs; le nid est fait avec des matières dégoûtantes. La Huppe nous quitte en septembre, mais son passage dure jusqu'au mois d'octobre.

ORDRE SEPTIÈME.

ALCYONS. — *ALCYONES.* (Temm.)

CARACTÈRES. — Bec médiocre ou long, droit et arqué; pieds courts; jambes dénuées de plumes sur leur partie inférieure; doigts extérieurs réunis jusqu'au-delà du milieu de leur longueur.

Cet ordre, formé par M. Temminck, comprend les Guêpiers (*Merops*) et les Martins Pêcheurs (*Alcedo*) ; il est très-nombreux en espèces, et toutes sont généralement parées de belles couleurs ou de teintes vives.

Les oiseaux de cet ordre volent avec une grande vitesse, marchent peu et ne grimpent jamais. Ils s'emparent de leur nourriture en volant ou à la surface des eaux ; ils sont voyageurs.

GENRE TRENTE-NEUVIÈME.

GUÊPIER. — *MEROPS*. (Linn.)

CARACTÈRES. — Bec médiocre, tranchant, pointu, un peu courbé, à arête convexe ; narines nues, un peu cachées par des poils dirigés en avant ; pieds courts, trois doigts devant, l'extérieur soudé jusqu'à la seconde articulation au doigt du milieu, qui est lui-même réuni avec l'intérieur jusqu'à la première articulation.

Les Guêpiers sont habitans de l'Afrique et de l'Inde, l'Amérique n'en a point encore fourni ; ce sont de beaux oiseaux au plumage lustré et orné de jolies couleurs ; leur livrée ne subit aucun changement avant comme après la mue, et les femelles diffèrent peu des mâles. Ils vivent de bourdons, de cigales, de mouches, d'abeilles et de guêpes ; c'est de ces dernières que dérive leur nom. C'est en volant qu'ils s'emparent de leur proie. Les bords escarpés des fleuves, les coteaux de terres et de sables, sont les endroits qu'ils choisissent pour nicher ; ils y pratiquent des trous obliques et profonds qu'ils tapissent intérieurement avec de la mousse.

Deux jolies espèces de Guêpiers s'échappent de l'Afrique pour venir au printemps dans nos contrées méridionales.

GUÊPIER VULGAIRE. — *M. APIASTER.* (Linn.)

Nom du pays : *Séréno.*

COLORATION. — Le front d'une jolie couleur d'aigue-marine ; dessus de la tête, nuque et haut du dos marron ; la gorge est d'un jaune doré, entouré d'un collier noir ; poitrine et ventre d'un bleu d'aigue-marine ; pennes des ailes et de la queue d'un vert bleuâtre ; les deux pennes du milieu de cette dernière partie plus longues que les autres ; iris rouge ; bec noir ; pieds bruns. Longueur, 28 centimètres environ, le *mâle vieux*.

La *femelle* ne diffère que par des couleurs plus ternes, surtout en dessus.

LE GUÊPIER, Buff. — Ces beaux oiseaux abandonnent l'Afrique au mois d'avril pour venir passer l'été dans le midi de la France. C'est par troupes nombreuses qu'ils entreprennent leurs voyages. Ils ont le vol rapide, mais on les voit quelquefois tournoyer longtemps à la même place, en jetant des cris que l'on peut rendre par ces mots : *grul, grul, proui, proui;* mais s'ils découvrent quelques ruches, ils s'y abattent dessus, et font une grande destruction des abeilles et des guêpes qu'ils rencontrent ; ils sont si peu farouches alors qu'ils se laissent tuer les uns après les autres sans chercher à fuir.

Le Guêpier Vulgaire se trouve en été dans l'Allemagne Méridionale, en Suisse, en Italie et en Espagne où il est commun. Il est également abondant aux iles d'Hyères, et dans les environs de Toulon au moment de son arrivée d'Afrique.

GUÊPIER SAVIGNI. — *M. SAVIGNII.* (Levaill.)

Nom du pays : *Séréno.* (Peu connu ici.)

Coloration. — Front un peu blanchâtre, surmonté d'une bande d'une belle couleur d'aigue-marine nuancée d'azur, qui s'étend au-delà des yeux ; une bande semblable, mais plus étroite, part de la commissure du bec, passe au-dessous de l'orbite et se prolonge avec l'autre jusque sur l'occiput ; toutes les parties supérieures d'un beau vert nuancé de bleuâtre et d'aigue-marine ; les rémiges et les pennes de la queue fortement nuancées d'olivâtre ; les deux du milieu, qui dépassent les autres d'environ deux pouces et demi, sont d'un olivâtre brun ; gorgerette jaune ; cette teinte se fond dans le marron vif qui s'étend sur la gorge ; toutes les parties inférieures sont d'un vert plus ou moins vif, qui prend des reflets selon l'aspect de la lumière ; le bec est plus grêle que chez l'espèce précédente, pointu et noir ; iris rouge ; pieds couleur de corne. Longueur, 25 centimètres environ, *sans compter les filets de la queue. Les deux sexes dans l'état adulte.*

Point dans Buffon. — J'ai dit dans l'*Ornithologie du Gard* que deux individus de cette belle espèce avaient été pris dans le département de l'Hérault à la suite d'un orage, et qu'un chasseur m'en avait signalé trois autres qu'il avait tués dans le Gard, près de la mer ; depuis lors il n'est pas venu à ma connaissance qu'il s'en soit tué d'autres dans nos contrées ; ainsi cet oiseau doit être mis au rang de ceux qui ne nous visitent qu'accidentellement. Au reste, il n'y a que peu de temps encore que M. Temminck a décrit cette espèce parmi les oiseaux qui se trouvent en Europe. Sa véritable patrie est l'Afrique, il n'est pas rare dans la Nubie et en Egypte.

GENRE QUARANTIÈME.

MARTIN-PÊCHEUR. — *ALCEDO*. (Temm.)

Caractères. — Bec long, quadrangulaire, droit, pointu, à bords tranchans, à mandibules égales ; narines basales, latérales, presque fermées par une membrane nue ; pieds courts, nus au-dessus du genou.

Le vol des Martins Pêcheurs est extrêmement rapide, et plusieurs grandes espèces exotiques font entendre un claquement de bec en prenant leur essor ou lorsqu'on les surprend. Ils sont très-rusés et se laissent approcher difficilement. Ces oiseaux sont abondans dans les pays chauds, et sont presque tous ornés de vives couleurs, où le bleu domine souvent. Ils vivent au bord des eaux, quelquefois par paires, rarement en famille, jamais en troupes, le plus souvent seuls. On en connaît plus de quatre-vingts espèces ; deux seulement se trouvent en Europe.

MARTIN-PÊCHEUR. — *ALCEDO ISPIDA*. (Temm.)

Nom du pays : *Argné**, *Varlé-dé-Vilo*.

Coloration. — Ce bel oiseau a le dos, le crou-

---

* Le nom d'*Argné*, qui signifie ici *Teigne*, *Dermestrë*, lui a été im-

pion et les couvertures supérieures de la queue d'un bleu d'azur éclatant ; cette couleur forme des mouchetures sur la tête ; un espace roux au-dessous des yeux, suivi d'un autre espace d'un blanc pur ; depuis l'angle du bec jusqu'à l'insertion des ailes s'étend une bande d'un bleu d'azur, la gorge et le devant du cou d'un blanc parfait ; dessous du corps d'un roux de rouille ; pieds rouges ; iris brun. Longueur, 20 centimètres, le *mâle*. La *femelle* diffère peu.

LE MARTIN PÊCHEUR OU L'ALCYON, Buff. — Ce Martin Pêcheur est un des plus beaux oiseaux de ceux que l'on trouve en Europe, car son plumage ne le cède en rien, pour la vivacité des nuances, aux plus riches espèces des tropiques ; mais son naturel est triste et solitaire, rarement on en voit deux à la fois, si ce n'est au moment où la nature leur fait sentir le besoin de se rapprocher pour la propagation. Nous en avons ici deux passages, un en automne et l'autre au printemps ; plusieurs restent l'hiver dans nos contrées, et quelques-uns nichent dans les pays élevés qui nous avoisinent. Cet oiseau jette un cri perçant dès qu'il part, mais il se tait bientôt et va se poser sur une branche qui avance sur l'eau ; d'autres fois sur des racines ; c'est de là qu'il guette les petits poissons dont il se nourrit, et qu'il saisit en tombant d'aplomb sur eux.

Cette espèce habite les contrées du Midi de préférence à celles du Nord. Elle niche au bord des eaux, dans les trous des rats ou dans ceux des écrevisses, selon la localité.

posé dans le pays parce qu'on croit généralement qu'il suffit de placer cet oiseau, après lui avoir enlevé les entrailles, dans une garde-robe pour que les draps et les étoffes de laine soient à l'abri des insectes rongeurs ; mais cela n'est qu'imagination.

ORDRE HUITIÈME.

CHÉLIDONS. — *CHÉLIDONS.* (Temm.)

CARACTÈRES. — Bec petit, déprimé à sa base, glabre et presque triangulaire; mandibule supérieure courbée vers son bout; l'inférieure droite et plus courte; narines situées à la base du bec; bouche très-ample; pieds courts, nus; le doigt postérieur quelquefois reversible; ailes longues; queue le plus souvent fourchue.

Les Chélidons sont des oiseaux pourvus de grandes ailes qui leur permettent de se soutenir longtemps dans les airs; leurs mouvemens sont brusques, leur vue est perçante, et leur bec, qui est très-fendu, leur permet de saisir en volant les insectes ailés dont ils font leur unique nourriture. Ce sont des oiseaux essentiellement voyageurs, qui abandonnent notre pays à l'approche de l'hiver pour émigrer vers des contrées plus chaudes.

GENRE QUARANTE-UNIÈME.

HIRONDELLE. — *HIRUNDO.* (Linn.)

CARACTÈRES. — Bec court, large à sa base, déprimé, fendu jusque près des yeux; mandibule supérieure entaillée, un peu crochue à sa pointe; narines basales, closes en arrière par une membrane; pieds courts, nus, quelquefois emplumés; ongles faibles; ailes longues; queue souvent fourchue.

Les Hirondelles sont des oiseaux timides et confians.
Toutes celles qu'on rencontre en Europe y sont de passage
périodique. Elles se réunissent par bandes nombreuses
pour le départ. Leur vol est puissant et longtemps soutenu ; leur nid est construit avec beaucoup d'art ; les Hirondelles font ordinairement deux pontes par saison dans
nos climats. Le plumage des mâles et des femelles n'est
marqué que par de légères différences. C'est en rasant la
surface de l'eau qu'elles étanchent leur soif, et c'est
même en plein vol qu'elles se baignent. De six espèces qui
visitent l'Europe, cinq se rencontrent dans le Midi.

HIRONDELLE DE CHEMINÉE. — *HIRUNDO RUSTICA.* (LINN.)

Nom du pays : *Hiroundello.*

COLORATION. — Cette Hirondelle a le front et la
gorge d'un marron roux ; le dessus du corps entièrement noir, à reflets violets ; cette couleur est la même
sur la poitrine ; ventre et abdomen d'un blanc terne
ou roussâtre ; queue noire avec une tache blanche
sur quelques pennes, les deux extérieures longues
et effilées ; le *mâle vieux au printemps.*

La *femelle* ne diffère que par des couleurs moins
vives ; *varie accidentellement* d'un blanc pur ou d'un
blanc jaunâtre ; souvent le plumage est mélangé de
blanc. (

L'HIRONDELLE DE CHEMINÉE ou DOMESTIQUE, Buff. —
Cette Hirondelle arrive dans nos climats avec les beaux
jours. C'est celle aussi qui se plaît le plus dans le voisinage
de l'homme, et recherche sa société jusqu'à construire son
nid dans sa demeure. Le mâle et la femelle ont l'un pour
l'autre une grande tendresse et un attachement durable ;

tandis que la femelle couve, le mâle, qui dort peu, passe
la nuit en sentinelle, placé sur le bord du nid, après avoir
voltigé jusqu'à la dernière heure du jour, et, dès la première aurore, il commence à gazouiller, et prodigue des
caresses à sa compagne qui les reçoit en battant des ailes.
Fidèles à leurs souvenirs, ces timides oiseaux retournent
dans le même nid qu'ils avaient déjà occupé l'année précédente, ou bien ils en construisent un autre tout près.
Elle émigre en Afrique.

HIRONDELLE ROUSSELINE. — *H. RUFALA.* (LEVAIL.)

Nom du pays : *Hiroundello.*

COLORATION. — Cette rare espèce a sur le sommet
de la tête une calotte d'un noir bleuâtre à reflets d'a-
cier poli ; une raie ou sourcil, les joues, la nuque et
cinciput d'un roux de rouille ; parties du cou, manteau et couvertures de la queue d'un noir bleuâtre
à reflets ; croupion d'un beau roux qui devient de
couleur isabelle pâle près de l'origine des pennes caudales ; dessous du corps d'un blanchâtre lavé de roussâtre, plus foncé sur les flancs ; chaque plume porte
une fine raie brune le long de la baguette ; les ailes
et la queue noires, cette dernière très-fourchue ;
les deux pennes latérales longues, larges et subulées ;
bec et iris noirs ; pieds brun noirâtre. Longueur,
20 centimètres, les *vieux mâles.*

La *femelle* ne diffère du *mâle* que par l'absence
de la calotte noire bleuâtre du sommet de la tête ;
chez elle, cette partie est en entier d'un roux de
rouille.

L'Hirondelle a Tête Rousse, Buff. — L'Hirondelle
Rousseline a été depuis quelques années seulement incor-
porée parmi les oiseaux qui visitent l'Europe. Sa véritable
patrie est l'Afrique Méridionale, quoique cependant on la
trouve en Egypte, et c'est de là probablement que de
temps en temps quelques individus arrivent dans le Midi
de l'Europe en compagnie des autres hirondelles. J'ai été
heureux de la rencontrer un des premiers en France en
1835 ; depuis lors, j'ai encore acquis quelques individus
tués dans le pays. Les habitudes de cette espèce sont les
mêmes que celles de l'Hirondelle de cheminée ; comme
elle, elle niche sur les maisons habitées. La Rousseline
n'arrive pas chaque année dans nos contrées, ou du
moins elle doit y être bien rare.

HIRONDELLE DE FENÊTRE. — *HIRUNDO URBICA.* (Temm.)

Nom du pays : *Barbajhôou, Hiroundello Quiôu-blanc.*

Coloration. — La tête, la nuque et le haut du
dos d'un noir à reflets bleuâtres ; ailes, queue et couvertures supérieures de cette partie du corps d'un
noir mat ; gorge, poitrine, ventre, abdomen, couvertures inférieures de la queue et croupion d'un
blanc pur ; queue fourchue ; bec et iris noirs ; pieds
couleur de chair, garnis de petites plumes blanches.
Longueur, 14 centimètres environ.

La *femelle* ne diffère que par le blanc de la gorge
qui est comme sali. Elle varie quelquefois comme
dans l'*Hirondelle de Cheminée.*

L'Hirondelle a Croupion Blanc ou Hirondelle de Fenêtre, Buff. — Cette espèce arrive en Languedoc quelques
jours après l'*Hirondelle de Cheminée* ; elle est la plus com-

mune de toutes celles qui visitent l'Europe. Ainsi que l'explique son nom, elle aime à placer son nid sous la corniche des maisons et des grands édifices, surtout de ceux qui font face à la campagne ; mais ce n'est pas seulement sur les habitations de l'homme qu'elle fait sa demeure, elle bâtit également son nid contre les pans des grands rochers taillés à pic, situés sur le bord des rivières et exposés au midi, comme le long du Gardon, du Vidourle, et près de la Fontaine de Vaucluse ; l'on voit ces nids entassés les uns sur les autres, et chacun sait qu'ils sont faits avec de la terre à l'extérieur, particulièrement de celle qui a été rendue par les vers et que l'on aperçoit çà et là à la surface des prairies ; elle fait deux ou trois pontes par an. Les *Hirondelles de fenêtre* semblent ne point redouter le voisinage des oiseaux de proie, car il n'est pas rare chez nous de voir leurs nids placés à côté de l'aire du Faucon Cresserelle. Il arrive que longtemps après leur départ nous en voyons encore quelques-unes voltiger chez nous, mais ce sont des retardataires ou des individus malades qui se sont recrutés en chemin. Cette année, 1843, j'en ai vu cinq ensemble, le 10 novembre, qui volaient au-dessus de notre Fontaine.

HIRONDELLE DE RIVAGE. — *HIRUNDO RIPARIA.* (Temm.)

Nom du pays : *Barbajholé grisé.*

COLORATION. — Cette petite hirondelle a toutes les parties supérieures, les joues et une large bande sur la poitrine d'un cendré brun ou gris de souris ; la gorge, le devant du cou, le ventre et les couvertures de dessous la queue d'un blanc pur ; celle-ci fourchue ; tarses et doigts nus, garnis, quelquefois seulement, de quatre ou cinq plumes placées à l'inter-

section du doigt postérieur ; iris noisette. Longueur,
14 centimètres environ.

La *femelle* ne se fait distinguer que par des couleurs plus ternes. Elle varie accidentellement comme
l'espèce précédente.

L'HIRONDELLE DE RIVAGE, Buff. — Cette espèce arrive
en même temps que l'*Hirondelle de cheminée*, avec laquelle elle se mêle, mais ne fait que passer dans le pays.
Ses habitudes diffèrent un peu de celles des autres espèces ;
elle ne vit que sur les bords des eaux, sur les terrains
sablonneux, dont elle rase continuellement la surface d'un
vol rapide pour y saisir les insectes ailés qui lui servent
d'unique nourriture. On ne la voit guère se poser ailleurs
que sur les rochers où elle s'accroche au moyen de ses ongles aigus. C'est à cette petite Hirondelle que l'on attri-
buait la faculté de passer l'hiver en léthargie dans la vase
des marais ; mais cette impossibilité est parfaitement éta-
blie. L'Hirondelle de rivage se répand dans toute l'Europe au printemps. Dans les premiers jours d'octobre elle
retourne en Afrique en compagnie de l'*Hirondelle de fenêtre*.

HIRONDELLE DE ROCHERS. — *HIRUNDO RUPESTRIS*. (Temm.)

Nom du pays : *Hiroundello griso*.

CÓLORATION.—Parties supérieures d'un brun clair ;
les ailes et la queue sont plus foncées, excepté les
deux pennes du milieu de cette dernière qui sont de
la couleur du dos ; les autres ont une tache blanche
ovale à leur bout, excepté les deux plus latérales ;
gorge, devant du cou, poitrine blancs, très-légère-

ment lavés de roux clair ; ventre et abdomen d'un gris terne ; pieds garnis d'un léger duvet brun ; iris de couleur aurore. Longueur, 14 centimètres environ, le *mâle* et la *femelle vieux*.

Les *jeunes de l'année* ont le bord des plumes d'un roux clair.

L'Hirondelle Grise de Rochers, Buff. — Les pans de rochers qui bordent le Gardon, le Vidourle, les environs de la fontaine de Vaucluse, et autres localités semblables, sont les lieux où se rencontre cette Hirondelle que l'on voit rarement dans les champs, si ce n'est au moment de son passage. Son vol est peu rapide, et les ondulations qu'elle décrit en volant sont peu fréquentes ; on voit souvent le père et la mère à côté de leurs petits, posés en ligne sur les corniches des rochers ; c'est de là que les jeunes commencent à essayer leur force dans les airs. Cette espèce est la première à arriver dans le pays ; nous la voyons dans le mois de mars, et elle reste souvent longtemps à quitter nos contrées après que les autres hirondelles sont parties. Elle habite le Midi, et ne se montre jamais dans le Nord de la France. L'espèce n'est commune nulle part.

GENRE QUARANTE-DEUXIÈME.

MARTINET. — *GYPSELUS*. (Temm.)

Caractères. — Bec très-fendu, déprimé ; mandibule supérieure courbée vert le bout, l'inférieure un peu plus courte ; narines larges, couvertes par de petites plumes ; pieds très-courts, à demi emplumés ;

quatre doigt dirigés en avant entièrement divisés ;
queue composée de dix pennes ; ailes très-longues.

Aucun oiseau peut-être n'est plus favorisé pour le vol
que les Martinets ; la structure de leur squelette, la longueur de leurs ailes contribuent à leur procurer une locomotion aérienne des plus rapides et des plus soute-
nues ; aussi les voit-on presque toujours dans des hautes
régions, où ils se maintiennent comme sur un point
d'appui ; mais s'ils se posent dans la campagne, ce qui
arrive rarement, c'est toujours sur une petite élévation,
autrement ils ne pourraient prendre leur essor, vu la longueur de leurs ailes et la briéveté de leurs pieds. C'est
dans les trous des vieux édifices ou dans les fentes des rochers qu'ils établissent leurs nids, qui sont faits avec des
substances molles, et qu'ils enduisent d'une matière vis-
queuse qui leur est propre. Ils émigrent en Afrique.

MARTINET A VENTRE BLANC. — *GY. ALPINUS.* (Temm.)

Nom du pays : *Grand Balestrié*, *Hiroundello dé Mar.*

COLORATION. — Gris uniforme en dessus ; cette
couleur forme encore une grande tache sur la poitrine, descend le long des flancs, sur l'abdomen et les
couvertures inférieures de la queue ; gorge et ventre
d'un blanc pur ; pieds garnis de petites plumes brunes ; iris noisette. Longueur totale environ 25 centimètres.

La *femelle* se reconnaît à la bande en travers de
la poitrine, qui est moins large, et par la couleur de
son plumage qui est moins foncée que chez le *mâle*.

Le Grand Martinet a Ventre Blanc, Buff. — Ce Martinet a le vol d'une rapidité étonnante ; c'est à peine si on peut le distinguer s'il vient à passer près de vous ; il passe sa vie dans lés airs, car il ne rentre que le soir dans les fentes qui lui servent de retraite pendant la nuit ; nous l'avons ici sur les bords escarpés du Gardon, et c'est dans les plus grands rochers taillés à pic qu'il établit son nid. Au moment de leur départ, qui a lieu vers la fin du mois de septembre, les Martinets à Ventre Blanc sont plus abondans chez nous qu'à toute autre époque ; souvent alors, les trous du Pont-du-Gard leur servent de lieu de rendez-vous ; mais, si un orage vient à éclater, ils descendent dans la plaine aussitôt que le soleil parait ; ils sont souvent très-nombreux dans une même localité, et, à la manière des *Hirondelles de Cheminée*, ils rasent la terre de près pour saisir les fourmis ailées que la chaleur du soleil fait sortir de la terre. On rencontre ce Martinet en Espagne, en Italie, en Sardaigne et dans plusieurs hautes montagnes de la France.

MARTINET DE MURAILLE. — *GY. MURARIUS.* (Témm.)

Nom du pays : *Balestrié.*

COLORATION. — La gorge d'un blanc cendré ; tout le reste du plumage d'un brun noirâtre ou couleur de suie, légèrement reflété de vert ; la queue très-fourchue.

La *femelle* ne diffère du *mâle* que par le blanc de la gorge, qui est moins espacé. Longueur des deux sexes 21 centimètres environ.

Le Martinet Noir, Buff. — Les Martinets ne font pas un long séjour en France ; ils y arrivent vers la fin du mois d'avril, et en repartent dans les derniers jours de juillet ou les premiers jours du mois d'août. Cette espèce se plaît à habiter les vieux édifices et les hautes tours des villes; on les voit toujours en grand nombre, volant aux alentours de leurs demeures, surtout le soir et le matin, jettant tous à la fois des cris aigus en se poursuivant sans relâche. Leur vue est très-perçante, et l'on assure qu'ils peuvent apercevoir un objet de cinq lignes de diamètre à trois cents pas de distance. On prétend aussi qu'ils retournent tous les ans dans les mêmes trous; ils sont presque toujours couverts d'insectes parasites qui sucent leur sang.

GENRE QUARANTE-TROISIÈME.

ENGOULEVENT. — *CAPRIMULGUS*. (Linn.)

CARACTÈRES. — Bec petit, très-déprimé, garni à sa base de soies divergentes; comprimé et crochu vers la pointe; mandibule inférieure retroussée vers le bout; narines larges, fermées par une membrane; bouche très-fendue; tarses courts, en partie emplumés; les doigts antérieurs réunis à leur base par une petite membrane, le doigt postérieur reversible; tête aplatie; yeux grands; ailes longues; queue arrondie ou fourchue, n'ayant que dix pennes.

ENGOULEVENT ORDINAIRE. — *C. EUROPOEUS*. (Temm.)

Nom du pays : *Nichoûlo, Chaoûcho-Grapâou, Této-Cabro.*

COLORATION. — Le corps est recouvert de plumes longues et soyeuses qui forment un mélange de

points, de taches et de lignes longitudinales et transversales plus ou moins cendrées, noirâtres, brunes
et jaunâtres; mais sur les bords de la mandibule inférieure du bec, sur les côtés de la gorge, ainsi que
sur le bas des deux pennes extérieures de la queue
est une tache blanche; haut de l'aile roux vif; les
rémiges qui sont noires sont coupées par du roux, et
les trois extérieures ont une tache blanche, la queue
est bariolée comme les ailes; des traits longitudinaux
noirs sur la tête, les parties inférieures rayées transversalement; iris noir; le bec est de la même couleur,
avec de longs poils raides sur les bords de la mandibule supérieure. Longueur, 28 centimètres environ.

La *femelle* ne diffère que par des couleurs plus claires, et manque de taches blanches sur les rémiges et
sur les deux pennes extérieures de la queue.

L'Engoulevent, Buff. — L'aspect de cet oiseau n'est
pas gracieux; la couleur sombre de son plumage, ses
grands yeux et son large bec lui donnent un air si singulier, qu'il lui a valu des noms assez bizarres en divers
pays. On l'a nommé *Tête-Chèvre*, parce qu'on croyait
qu'il tétait les chèvres; *Crapaud-volant*, parce qu'on
trouve de la ressemblance entre un de ses cris, et la voix
de ce reptile; chez nous, il a reçu la dénomination pa-
toise de *Nichoûlo* et de *Chaoûcho-Grapaôu*, (Traîne-Cra-
paud). C'est au printemps et durant l'été que nous voyons
cet oiseau dans le Midi, il est toujours seul ou par paires;
il ne vole point le jour, mais, dès que le soleil est prêt
de quitter l'horizon, il commence à sortir de sa retraite
obscure, et se met à voler pour chercher sa nourriture
dans les airs, en tenant la bouche béante pour engloutir les

insectes nocturnes, et comme l'intérieur de son bec est enduit d'une matière gluante, la plus petite proie ne peut lui échapper. L'Engoulevent devient fort gras, surtout à l'approche de l'automne, au moment où il quitte nos contrées pour émigrer vers l'Afrique. Sa chair est un très-bon manger.

ENGOULEVENT A COLLIER ROUX. — *C. RUFICOLLIS,* (Temm.)

Nom du pays : Confondue avec l'espèce suivante.

COLORATION. — Cette espèce diffère de l'*Engoulevent ordinaire* par le devant du cou qui est blanc, et par un large collier roux qui, entourant la nuque, descend de chaque côté du cou, passe sous les yeux et s'étend sur la gorge qui est de la même couleur; la tête est gris clair avec des traits longitudinaux noirs; les couvertures des ailes et toutes les parties inférieures sont plus nuancées de roux que dans l'espèce précédente; trois taches blanches sur les pennes de chaque côté de la queue; bec noir; iris et pieds bruns. Sa taille est d'environ 50 centimètres.

Point dans Buffon. — La patrie de cet oiseau est l'Afrique et le midi de l'Espagne. Ce n'est qu'à de grands intervalles qu'il visite la France, toujours à la même époque que l'autre espèce y arrive; mais il est très-rare, car on peut encore compter les captures qui ont eu lieu; on m'a assuré pourtant qu'on le voyait assez souvent dans les environs de Perpignan. L'on ne sait rien des mœurs de cet Engoulevent qui doivent, sans doute, être les mêmes que celles de l'espèce commune. La forme et la couleur de ses œufs sont également inconnues.

APPENDICE

AU GENRE ALOUETTE.

ALOUETTE DE MONTAGNE. — *ALAUDA MONTANA**. (Mihi.)

COLORATION. — Bec déprimé dans toute sa longueur, se recourbant en bas ; l'ongle postérieur peu
arqué, de la longueur de ce doigt ; l'articulation des
phalanges des doigts antérieurs très-apparente ; les
ongles noirs et très-courts ; de larges sourcils qui s'é-
tendent jusqu'à l'occiput, gorge et un demi-collier
blancs ; côtés de la tête roussâtres, avec de très-petites
taches noiratres ; joues roussâtres ; poitrine blanchâtre, avec de petits traits noirs sur la moitié de la baguette ; ces traits sont moins longs que dans l'*Alouette
des Champs*, et finissent carrément à leur bout ; ils
sont aussi moins espacés que dans cette espèce ; partie
inférieure de la poitrine, ventre, abdomen, couver
tures inférieures de la queue, blancs ; flancs roussâtres ; tête, nuque et parties supérieures d'un gris-
roussâtre ; le front est couvert de très-petites taches
noirâtres, et toutes les plumes des autres parties sont
de la même couleur dans leur milieu, plus grandes et
noires sur le haut du dos et les scapulaires ; les grandes couvertures des ailes sont noirâtres à leur partie
antérieure, cendrées sur le reste ; *elles ne sont point*

(*) Je donne ce nom à cette espèce par rapport aux lieux qu'il fréquente ; de plus habiles que moi le changeront s'ils le jugent nécessaire.

entourées par une bordure roussâtre, comme on le voit dans l'*Alouette Commune*; iris noirâtre; queue semblable à celle de cette dernière. Longueur, 17 centimètres environ.

Cette Alouette, qui n'a pas encore été mentionnée, habite les hautes montagnes du département des Basses-Alpes. Je dois la connaissance et la possession d'un individu qui figure dans ma collection à M. l'abbé Caire, amateur très-zélé d'ornithologie; cet ecclésiastique m'a assuré que cet oiseau vivait dans le voisinage des neiges; il en a tué plusieurs fois lui-même, et l'espèce niche dans ces lieux élevés. M. Caire m'a envoyé aussi des œufs, comme appartenant à cette Alouette, mais j'ai cru ne devoir point les décrire comme tels, car je suis convaincu que ce sont des œufs du *Bruant-Proyer*, ainsi que j'ai eu l'honneur de le lui faire savoir.

Sans doute que cette espèce habite d'autres localités analogues à celles que j'ai indiquées.

FIN DU PREMIER VOLUME.

APPENDICE

AU GENRE VAUTOUR.

VAUTOUR AURICOU. — *VULTUR AURICULARIS*. (Daud.)

Coloration. — Ce Rapace , le plus puissant des
Vautours connus , a le bec vigoureux , élevé , fortement courbé. Il se distingue par sa fraise composée de
plumes courtes et arrondies , par les plumes du ventre très-longues , accuminées , courbées , et qui recouvrent mal un duvet d'un blanc pur ; enfin , par
les cuisses qui sont pourvues seulement de ce duvet,
sans être couvertes de plumes ; il est muni , dans un
âge avancé , d'un repli de la peau ou fanon , s'étendant de l'orifice des oreilles jusque vers la moitié de
la partie nue du cou ; plumage d'un brun couleur de
suie ; longues plumes du ventre brunes. Les *vieux*
ont le bec jaune d'ocre , et la nudité couleur de chair ;
les *jeunes* , à bec noir et nudité cendrée. Longueur
totale 1 mètre 55 centimètres. *L'adulte des deux
sexes.*

Les *jeunes de l'année* ont la livrée d'un brun
clair ; toutes les plumes sont bordées d'une teinte
roussâtre ; celles de la poitrine et du ventre ne sont
point contournées en lame de sabre , et la tête et le
cou sont entièrement couverts d'un fin duvet très-
touffu. (Temm.)

Le Vautour Auriculaire , Daud. Vautour Auricou ,
Vaillant. — Cette grande et belle espèce d'oiseau de proie

20*

n'a pas encore été signalée comme visitant la France. M.
Barthélemy, directeur du Muséum de Marseille, vient d'a-
voir la bonté de m'écrire, qu'un individu qui fait partie
de la belle collection confiée à ses soins avait été tué il
n'y a pas longtemps encore sur les montagnes de la Provence, auprès de Salon.

Ce rapace habite toute l'Afrique, et se trouve en Grèce,
particulièrement dans les environs d'Athènes.

M. Temminck dit que sa nouriture et sa propagation
sont inconnues pour l'Europe. D'après Vaillant, la femelle
pond dans les crevasses des rochers et sur un nid composé de bûchettes, deux œufs blancs et rarement trois.

FIN DU PREMIER VOLUME.

NOMS

DES AUTEURS CITÉS DANS CET OUVRAGE.

Bechstein.
Bibron.
Bloch.
Bonaparte (Charles.)
Brisson.
Brogniart.
Blumenbach.
Buffon.
Bonaterre.
Boié.

Cuvier (F.)
Cuvier (G.)

Daudin.
Desmarest.
Duméril.
Dugès.

Erxleben.

Fritz.
Fizenberg.

Geoffroi St-Hilaire père.
Geoffroi St-Hilaire (Ire)
Gesner.
Gmelin.
Gould.
Godolfus.

Hermann.

Illiger.

Jacquin.
Johan.

Klein.

Lacépède.
Lathan.
Latreille.
Laurenti.

Leisler.
Lesson.
Levaillant.
Linné.

Marmora.
Marcel de Serres.
Meyer.
Montagu.
Milne Edwards
Merrem.

Nestor.

Pallas.

Rai.
Risso.
Roesel.
Rondelet.
Roux (Polydore.)

Savi.
Savigni.
Selys (de Lonchamps.)
Schweiger.
Scopoli.
Sonnini.
Stor.
Swainson.
Sikes.

Temminck.
Tschudi.

Wagler.
Wolf.

Vieillot.
Viger.

Yarrel.

ERRATA.

www.ingramcontent.com/pod-product-compliance
Lightning Source LLC
Chambersburg PA
CBHW060131200326
41518CB00008B/998